HTML & CSSの基本がゼロから身につく！

Web デザイン 見るだけノート

服部雄樹　監修

宝島社

HTML & CSSの基本がゼロから身につく!

Webデザイン見るだけノート

服部雄樹 監修

宝島社

Webサイトは「自分で作れる」

近年、インターネットは様々な面で私たちの生活に欠かせないものとなっています。社会の大きな変化により、リモートワークが浸透し、メールやチャット、ビデオ会議システムなど、インターネットに接続しない日はない、という人も多いのではないでしょうか。インターネット黎明期には、膨大な情報に一瞬でアクセスできることから、よく「巨大な図書館」と例えられることがありましたが、いまや図書館だけでなく、ショッピングモールや、交流の場、映画館、会議室などなど、あらゆる機能を持ち始めています。

そんなインターネットの中でも、中心にあると言えるのがWebサイトです。Webサイトを使えば、世界中の人に向けて情報を発信したり、商品やサービスを販売したり、問い合わせや予約を受け付けたりといったことが簡単にできるようになります。本書は、そんなWebサイトの作り方を、ごく基本的な知識から、コードの書き方のような専門的な知識に至るまで幅広く紹介し、Webサイト作り＝Webデザインを身近に感じてもらうことを目的としています。

前半では、Webサイトがどのように表示されるのか、検索エンジンとはどういった仕組みなのかなど、Webサイトそのものの基本的な知識を解説し、徐々に、Webデザインの本質であるHTMLやCSSといったコードの書き方のような専門的な内容に入っていきます。そして後半では実際にコードを書き、簡単なサンプルサイトを作りながら理解を深められる構成としました。一見難解に思えるコードを手早く覚えるコツは、実際に書いて覚えることです。手を動かしながらひとつずつ理解していけば、実はそれほど難しくないことが分かるはずです。

これだけ毎日のように使っているものでありながら、その作り方となると知っているようでよく知らない、そんなWebサイトを「自分で作れる」ようになることで、会社の中でWeb担当者として活躍したり、副業を始めたり、あるいは独立開業！ といったこともできるかもしれません。その第一歩として、まずはWebデザインの全体像を「見るだけ」で理解できるよう、簡単な言葉で分かりやすく解説することを心がけました。本書が皆さまにとって、新しい可能性を発見するための一助となればこれ以上の喜びはありません。ぜひ楽しみながら挑戦してみてください。

服部雄樹

HTML＆CSSの基本が
ゼロから身につく！

Webデザイン見るだけノート

Contents

Chapter 01 Webデザインを始める前に

Chapter 02
Web サイトの骨組みとなる HTML の基本

Chapter 03
Web デザインを決める CSS の基本

Chapter 05
web サイトの公開

WEB DESIGN
MIRUDAKE
NOTE

CHAPTER 01

Webデ
を始め

Webサイトとは何か?
を知ることが
Webデザインの
第一歩となります

ザイン

る前に

Web サイトおよび Web デザインを考えるうえで重要なのは、「誰がそのサイトを見るのか」ということです。すなわち、「ユーザーが求めているサイト」を追求することが大切なのです。そのためには、まず「そもそも Web サイトって何?」という基礎を知っておく必要があります。この第 1 章では、まずは Web サイトが表示される仕組みから、Web デザインの第一歩となるデザインやコーディングなどの基礎、そして、最も大切ともいえるユーザビリティなどについて解説します。

CHAPTER 01

KEY WORD 目的／ターゲット／機能

01 Web サイトの制作を始める前に

趣味の Web サイトを作るならともかく、会社の仕事として、または自分のお店のサイトを作るとなると緊張するものです。ホームページの出来栄えが売上に影響することもあり得るからです。でも、Web サイトの基本を学んでおけば、そんな心配はいりません。

「ホームページを作る」と決めたら、まずは**目的**、どんな人に見てもらいたいか（**ターゲット**）、**機能**を書き出してみましょう。そして、競合サイトも閲覧してどんな目的で、誰をターゲットに、どのような機能のホームページとしているのかを検証し、良いと思った部分を参考にしながら自分のホームページに反映させましょう。

目的、ターゲット、機能を突き詰める

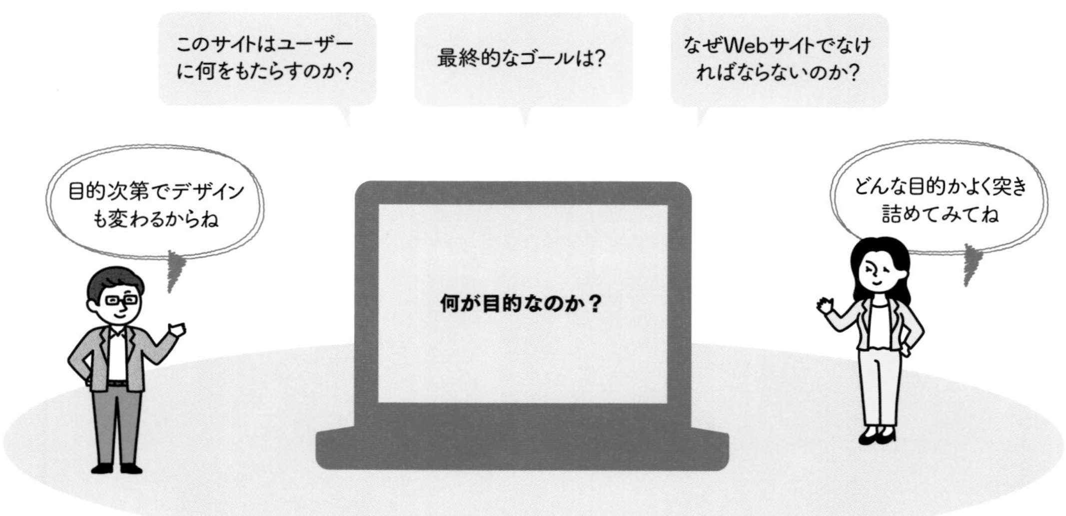

まずは目的をはっきりさせましょう。宣伝、集客など最終的な目標は様々だと思いますが、そのホームページを見たユーザーをどこに導くのかを明確にする必要があります。そして、Web サイト（オンライン）ならではのメリットも理解した上で、なぜ Web サイトでなければならないのかも突き詰めて考えましょう。

※CMS＝コンテンツ・マネジメント・システム。専門的知識がなくても
Webサイトを管理・更新できるシステム。

競合Webサイトの検証

Webサイトを作るうえで、競合する会社やお店のWebサイトは最も参考になる教科書と言えるでしょう。顧客やユーザーになった気持ちで、どうしてそのサイトを見てみたくなるのか、商品を買ってみたくなるのか、使いやすいのかといった視点から検証して、良い部分を取り入れましょう。

CHAPTER 01

KEY WORD　Dreamweaver ／ WordPress

02 Webサイトの色々な作り方

Web サイトの作り方には様々な方法がありますが、プロの Web デザイナーが使うような高額のソフトでも、基本的には HTML などのスキルが必要です。プロ向けのソフトを使いこなすのは至難の業ですが、今後、本格的に挑戦するときのための参考としてください。

一般的にはホームページ・ビルダーがよく知られていますが、プロの Web デザイナーが使用するソフトとして古くからよく使われているのがアドビ社（Adobe）の **Dreamweaver** です。HTML や CSS をサポートできることから利便性がよく、デザインの自由度も高いためです。ただ、月額 2480 円し、慣れるのに時間がかかるという欠点があります。

Dreamweaverの長所と短所

長所
・本格的な機能が備わる
・デザインの自由度が高い
Dw
短所
・使いこなすには HTML の習得が不可欠
・SEO 対策が難しい
・スマホサイトをデザインするのに専門知識が必要
うまく使いこなすのは難しそう
腕を磨いてチャレンジだね!

Dreamweaver は非常に高度な機能を持ったソフトですが、初心者が使いこなすには少し難易度が高いです。Web サイトを作るならスマホ対応はほぼ必須であり、難しい専門知識をつけるには時間がかかります。まずは HTML や CSS などの基本を習得し、慣れた段階でチャレンジすることをおすすめします。

無料で登録できる？

Dreamweaver は高性能な反面、高価であるという欠点があります。一方、WordPress は登録すれば無料で利用できるうえ、HTML を書く必要もありません。本来はブログの作成に使用されるソフトですが、デザインのテンプレートが豊富で、うまく活用すれば Web サイトにも応用できます。ただし、デザインを変更したい場合は、自分で HTML を書き変える必要があります。

WordPressを
利用する際も
サーバーを借りる
必要があります

WordPressの長所と短所

長所

- デザインのテンプレートが豊富
- 無料でシステムが利用できる
- ブログ感覚で Web サイトの作成・更新が可能
- 多くの機能を備える

短所

- 個人で使いこなすには専門知識が必要
- SEO 対策が難しい
- 更新できる部分が少なくなる可能性がある
- 電話のサポートが受けられない

でも、自在に
使いこなすには
いろいろと
覚えなくては
いけなそう

ただし、WordPress を使用する場合も、本格的なカスタマイズを行う場合はプログラム言語の知識が求められます。基本は HTML と CSS が分かればデザインカスタマイズは十分にできますが、より高度なカスタマイズを行ったり、機能を加える場合には PHP、Javascript などの知識も求められます。

CHAPTER 01

KEY WORD 制作ソフト

03 自分でWebサイトを作るといくらかかる？

「Webサイトを作ってみよう！」と決意しても、「いくらかかるのだろう？」と不安に思う人もいるでしょう。結論からいうと、ほぼ無料でできます。一方、制作ソフトを使用するとお金はかかりますが、凝ったデザインが作りやすくなります。

自分でHTMLを書く場合、テキスト・エディタがあればWebサイトを作ることはできます。かかる費用はほぼ無料。WordPressを使う場合も無料ですが、テンプレートなどが別料金になる場合があります。一方で**制作ソフト**を使うと、種類にもよりますが2～8万円ほどの費用がかかります。

自分でHTMLを書く場合

ほとんどのパソコンは購入したときから何らかのテキスト・エディタが組み込まれているので、何も買わずにHTMLファイルを作ることが可能です。ただし、HTMLを一から学ぶ必要があるため、初めは分かりにくいかもしれません。独特のタグなどに慣れるまで、粘り強く取り組む必要があるでしょう。

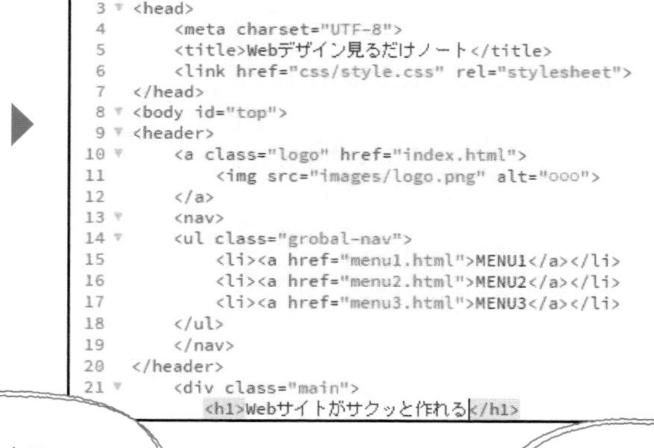

```
<!DOCTYPE html>
<html>
<head>
    <meta charset="UTF-8">
    <title>Webデザイン見るだけノート</title>
    <link href="css/style.css" rel="stylesheet">
</head>
<body id="top">
<header>
    <a class="logo" href="index.html">
        <img src="images/logo.png" alt="ooo">
    </a>
    <nav>
    <ul class="grobal-nav">
        <li><a href="menu1.html">MENU1</a></li>
        <li><a href="menu2.html">MENU2</a></li>
        <li><a href="menu3.html">MENU3</a></li>
    </ul>
    </nav>
</header>
    <div class="main">
      <h1>Webサイトがサクッと作れる</h1>
```

HTMLって暗号みたい。
無料というのは嬉しいけど
なんだか難しそう…
簡単なコードを
書いてみて
まずは慣れよう

上で「自らHTMLファイルを作成する場合は無料」と書きました。しかし、確かにホームページを作るためのコストは無料ですが、それとは別に運営コストがかかります。でも、心配しなくても大丈夫です。レンタルサーバー代とドメイン代を合わせても、概ね月額500～600円程度で済みます。

制作ソフトを使用する場合

Webサイト作成のためのものとして「ホームページ・ビルダー」や「Dreamweaver」といった支援ソフトが市販されていて、これらを使う方法もあります。ただしホームページ・ビルダーは約1万円から約3万円、Dreamweaverは月額で2480円、年額で2万6160円かかります。特に後者は、個人で購入するには少し高いかも知れません。

ホームページ・ビルダー22 ビジネスプレミアム（ジャストシステム）

お店や企業、趣味のWebサイトまで、見栄えよく、簡単作成。高品質なテンプレートや写真、イラスト画像を豊富に収録。

他にも色々あるCMS

CMSの中でも人気が高いのが、前にも触れたWordPress。無料でホームページ制作ができますが、凝ったデザインを望むときは1枚1万円程度のテンプレートを買う必要があります。他にも人気のCMSとして、Jimdo、Wix、ペライチ、グーペなどがあります。

いろいろあって
選ぶのも一苦労だな
どれも便利そうだけど
本当に簡単なのかしら

Jimdo（ジンドゥー）

メリット
- 簡単で初心者向け
- スマホアプリでWebサイトの作成と編集が可能

デメリット
- 記事更新に不向き
- バックアップ機能がない

Wix（ウィックス）

メリット
- 見栄えの良いサイトが作れる
- 機能が豊富

デメリット
- 完成までに時間がかかる
- バックアップ機能がない

ペライチ（Peraichi）

メリット
- ランディングページが簡単に作れる
- デザインテンプレートが豊富

デメリット
- デザイン性が低い
- 作れるページ数に制限がある

グーペ（Goope）

メリット
- 簡単で初心者向け
- テンプレートが豊富

デメリット
- デザインのカスタマイズ性が低い
- 無料版がない

CHAPTER 01

KEY WORD Web 制作会社

04 Web 制作会社に依頼した場合の相場は？

高クオリティの Web サイトを望む場合、Web 制作会社に依頼するのもひとつの方法です。プロのクリエイター集団が望みどおりのサイトを制作してくれるでしょう。ただし、自分で Web 制作支援ソフトなどを用いるより、数倍高いお金がかかる場合がほとんどです。

インターネットで検索すれば、**Web 制作会社**は無数にヒットします。中には格安で制作してくれる会社もありますが、ここでは一般的な相場を紹介します。写真などの素材を自ら準備したり、交渉次第で値引きに応じてくれることもあるので、あくまでも目安として考えてください。

Web 制作費用一覧表（一般的な相場）

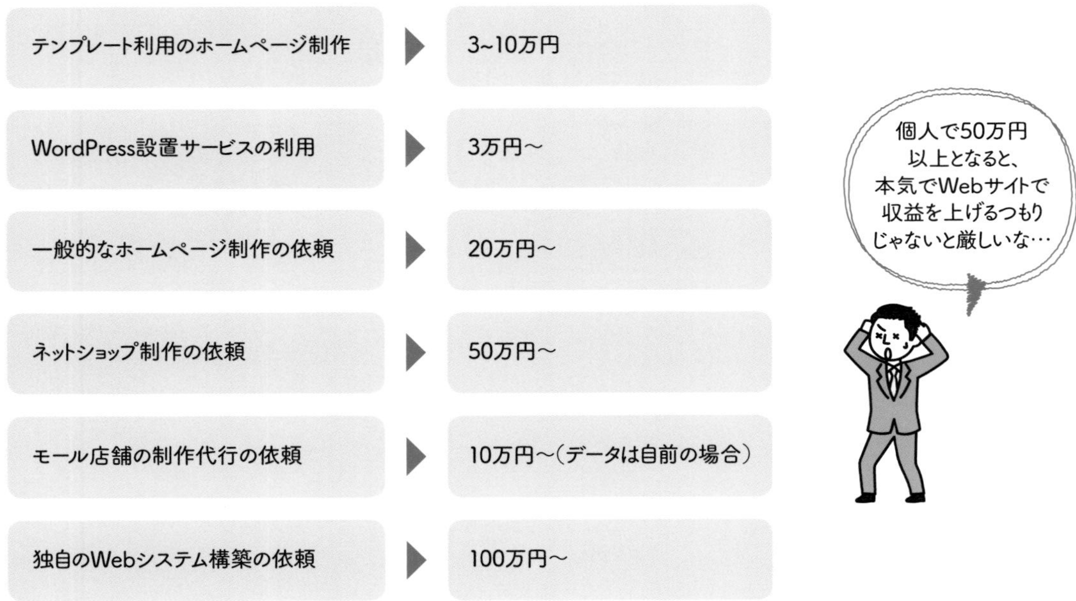

内容	費用
テンプレート利用のホームページ制作	3~10万円
WordPress設置サービスの利用	3万円～
一般的なホームページ制作の依頼	20万円～
ネットショップ制作の依頼	50万円～
モール店舗の制作代行の依頼	10万円～（データは自前の場合）
独自のWebシステム構築の依頼	100万円～

個人で50万円
以上となると、
本気でWebサイトで
収益を上げるつもり
じゃないと厳しいな…

上記の例はあくまでも目安ですが、一般的なホームページの制作を制作会社に依頼すると 20 万円程度かかる場合が多いようです。ちょっと高いかな、と思われがちですが、人件費などを含めるとどうしてもそのぐらいの額になってしまいます。自分で HTML を書けば、このコストはかかりません。

CHAPTER 01

KEY WORD Windows と Mac

05 Web デザイン向きなのは Windows ？ Mac ？

デザインというと Mac が思い浮かぶ方も多いかも知れません。確かに Web デザイナーは Mac を使用する人が多いのですが、一般的にはまだまだ Windows が圧倒的多数派。果たして Windows は、Web デザインに向かないのでしょうか？

結論からいうと、**Windows** でも **Mac** でも Web デザインはできます。最新機なら性能差もほとんどありません。それぞれに一長一短あり、どちらかでないと駄目、というわけではないので、手元にパソコンがあるのならそれを使うのが一番です。新しく買おう、という方は以下の比較表を参考にしてください。

Windows と Mac の比較

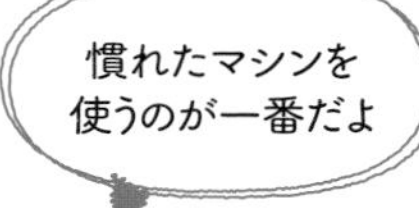
慣れたマシンを
使うのが一番だよ

でも、Macで
デザインできたら
かっこいいかも…

Windows	Mac
・購入価格が安価で済む	・購入価格がやや高い
・シェアの多くは Windows なので、見る人と同じ環境で作業できる	・拡張性や柔軟性がやや乏しい
・ソフトの種類が多い	・Windows も使える
・フォントの種類が少ない	・プログラミングにも使いやすい

すでにパソコンを持っている人が買い換える場合、同じ OS を選ぶことになりがちです。Web デザインを始めるに際して、思い切って乗り換えるのもいいかも知れませんが、Windows から Mac、またその逆も、慣れるまでに意外と時間がかかる場合があります。

KEY WORD バージョンとスペック

CHAPTER 01

06 Webサイトの制作環境を整える

Webデザインを始める前に、まずは自分が使っているパソコンのバージョンやレンタルサーバーについて知っておく必要があります。せっかくデザインを始めても、動作が遅かったり、公開できなければ意味がありません。作業を始める前に、まずは確認しておきましょう。

自宅にあるパソコンをWebデザインに使おうと思っている人は、まずは**バージョン**を確認しましょう。IT機器は日進月歩で進化してるため、知らない間にバージョンが古くなっていて、Webデザインに使えないという場合もあるからです。必要な**スペック**を以下にまとめました。

Webデザインに必要なパソコンのスペック

CPU：インテル Core i 5 以上
メモリ：8GB 以上
ハードディスク：500GB 以上
OS：Windows10 又は MacOS 最新バージョン
モニター：20 インチ以上、フル HD (1920 × 1080)
グラフィックカード：なくても OK
まずはスペックを確認しよう
ウチのパソコンはどうだったかなぁ?

お手持ちのパソコンが型遅れでスペックが足りない場合は、容量をアップするか、新しく買い替える必要があります。これからWebサイトを立ち上げて、運用していくつもりでしたら、思い切って買い替えたほうが良いかもしれません。パソコンはどんどん進化するので、買い換えた途端にサクサク作業が進んでびっくりするかも知れません。

レンタルサーバーとは？

ページをクリックする行為は、クライアントを通じてホームページのデータを開示するように要求していることとイコールになります。サーバーはそのリクエストに応じて該当するデータを開示していることになります。これがサーバーの働きです。レンタルサーバーは、そのシステムを貸し出す仕組みなのです。自分でサーバーを構築し、管理するのはお金も手間もかかりますが、レンタルすれば月々数百円で利用できるのでとても便利です。

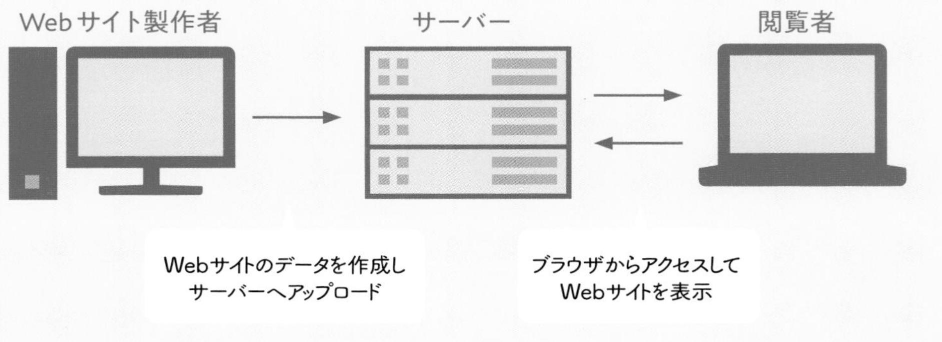

Webサイトのデータを作成し
サーバーへアップロード

ブラウザからアクセスして
Webサイトを表示

レンタルサーバーの種類

共用サーバー

1台のサーバーを複数の利用者で共用して使用します。利用料金が安価なメリットはありますが、複数の利用者が1台のサーバーを共有するため、個別の設定をすることができず自由度が低いのはデメリットです。

専用サーバー

契約すると、1台のサーバーを占有できるのが最大のメリットです。サーバーのスペックも高いことが多く、個別に好きなように設定できます。ただ、その分専門的な知識も要し、金銭面の負担も大きくなります。

レンタル
サーバーは
月々数百円で
借りられます

VPS（仮想専用）サーバー

1台のサーバーを複数人で使用するため、分類上は共用サーバーの一種ですが、専用サーバー並みのスペックと自由度を持っています。共用サーバーと専用サーバーのいいとこ取りをしたシステムと考えるとぴったりかも。

クラウドサーバー

最も新しいタイプのレンタルサーバーで、1台のサーバーを複数人で使用します。VPSサーバーに近い特徴がありますが、必要に応じて柔軟に使用するスペックを追加したり減らしたりできるため、とても便利です。

CHAPTER 01

KEY WORD Illustrator と Photoshop

07 ちょっと高いけど揃えた方がいいソフト

HTML や CSS で Web サイトを作る場合、テキスト・エディタで最低限のページを作ることはできますが、「今どきこんなの古いよ」と言われかねません。ここで紹介するソフトを使うことで、見栄えの良い Web サイトを作れるようになります。

では、どんなソフトを揃えると便利なのでしょうか。まずはアドビ社の２つのグラフィックソフト **Illustrator** と **Photoshop** が挙げられます。この２つは Web に限らず、グラフィックを扱うデザイナーなら大抵、利用しているソフトです。

Illustratorとは？

アドビ社が販売しているグラフィックソフトです。広告や商品パッケージなど、印刷分野で使用されてきました。ロゴの作成やタイトル、イラスト作りなど、Web制作にも適したソフトです。ホームページに載せる地図なども作れます。これを使えばページのクオリティもアップするはずです。

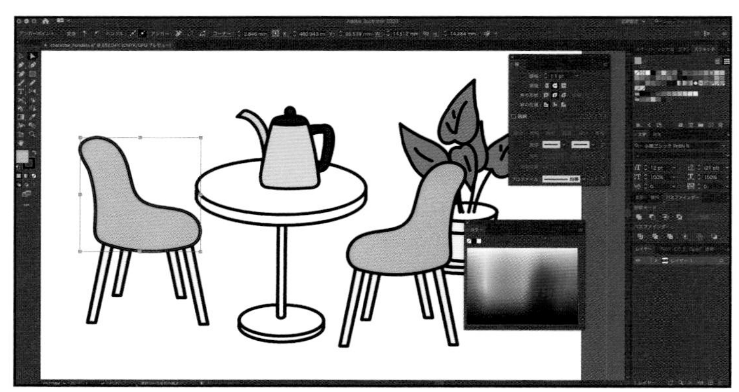

Illustratorで制作中のイラスト（画像提供：フクイサチヨ）

Illustratorで描いた
イラストや文字は
拡大・縮小しても
画像が劣化しません

Illustrator の次は Photoshop です。Photoshop には、画像の編集・加工・合成などに優れた様々な機能があります。たとえば写真の明るさの補正や汚れ取りといった加工から、Web サイトに適した形式に変換したり、不要な箇所を切り抜くなど、写真を思い通りに加工することができます。

Photoshopとは？

Webデザインでは最もポピュラーなソフトのひとつです。撮影をミスしてブレた写真の修整ができたり、顔をぼかしたり、不要な物を消すこともできます。また、背景をトリミングして見せたい物や人だけを切り抜くこともできます。商品を紹介するサイトなどでは、対象となる商品だけを切り抜いた写真を載せていることがよくあります。

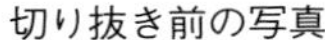
切り抜き前の写真

Photoshopで切り抜いた写真

その他の便利な無料ソフト

Adobe XD
Webサイトやスマホ向けメディア制作用のデザインソフト。機能限定版のスターター プランは無料。

Pixlr Editor
初心者向けの簡単な写真加工や編集に最適。Photoshop代わりに使ってもOK。

Canva
ブラウザ上でロゴやポスター、バナーなどのグラフィックデザインができる。

MediBang Paint
ブラシやレイヤーなど多彩な機能を備えたイラスト・マンガ制作用ソフト。

すべて無料で使えるのでいろいろと試してみよう

これらのグラフィックソフトを揃えると、クオリティの高いホームページをデザインすることができるでしょう。しかし、Illustrator も Photoshop も月額で 2480 円、年額で 2 万 6160 円と、少しお金がかかります。「使いこなせないかも知れないのに、ちょっと…」という人は、上に挙げたような無料ソフトを使ってみるのも手です。

CHAPTER 01

KEY WORD テキスト・エディタ

08 まずは必要なソフトをインストール

Web サイト制作を始めるにあたって、まずはテキスト・エディタを準備する必要があります。Windows はメモ帳、Mac にはテキストエディットなどが内蔵されていますが、「Brackets」「Atom」「Visual Studio Code」など HTML を書くのにより便利な無料ソフトもあります。

以下では Brackets を中心に紹介します。Brackets はアドビ社が開発したフリーソフトで、Web 開発に特化した**テキスト・エディタ**です。無料なうえに拡張性も高く、Web デザイナーはもちろん、初心者向けとしても最適なソフトです。

Brackets の特徴

Brackets は最初から日本語設定にできるため、インストールしたらすぐに使用することができます。変更箇所をすぐにブラウザで確認できる「ライブプレビュー」や、カーソルを画像ファイル名の文字列にのせると画像がポップアップで出てくる「ホバービュー」など、様々な便利な機能があります。

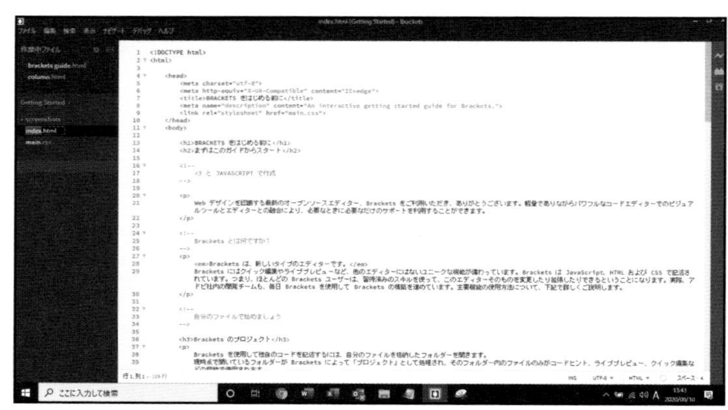

Brackets の表示画面。HTML や CSS などのコード入力に特化しているため初心者にも入力しやすい。

Bracketsはプログラムに
向いているんだね。
無料だから
入手して損はない

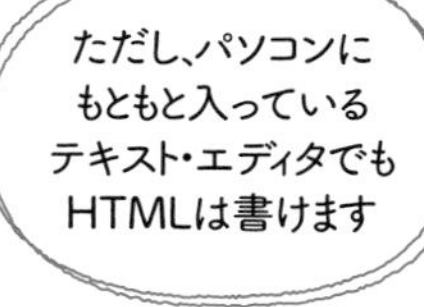
ただし、パソコンに
もともと入っている
テキスト・エディタでも
HTMLは書けます

ブラウザの用意

次はブラウザを用意する必要があります。パソコンにはあらかじめ「Microsoft Edge」、「Safari」といったWebブラウザソフトがインストールされています。日頃、インターネットを利用している人にはお馴染みのソフトかも知れません。これらのブラウザでも問題ありませんが、今回は「Google Chrome」を使用します。まずは、Google Chromeをダウンロードしましょう。

右の画面が
Google Chromeの
公式ページ。
画面中央の青いボタンを
クリックして
ダウンロードしよう

Google Chromeとは?

Google Chrome とは、Google 社が開発した Web ブラウザソフトです。シンプルで使い勝手がよく、拡張機能を Chrome ウェブストアから追加でダウンロードできるため非常に便利で、自分の好みにカスタマイズすることも可能です。以下に便利な機能 9 選を紹介します。

Chromeの便利な拡張機能9選

Pushbullet（プッシュバレット）

スマホやタブレットと同期する機能で、パソコンとスマホで同じものを見ることも可能。

OneTab（ワンタブ）

大量のタブを 1 つにまとめてリスト化してくれる機能。メモリの節約にもなります。

Web Developer（ウェブデベロッパー）

様々な状況下でのページ表示確認や動作テストなどを簡単に行うことができます。

Awesome Screenshot（オーサムスクリーンショット）

画面のキャプチャができる機能。スクロールして 1 ページ分のキャプチャも可能。

ColorZilla（カラージラ）

Web サイトで使用されている色の情報を拾うことができます。

MeasureIt！（メジャーイット！）

画面上でサイズの計測ができるツールで、Web サイトの幅などを測ることができます。

WhatFont（ホワットフォント）

カーソルを当てるだけで、Web サイトで使用されているフォントが分かります。

Window Resizer（ウィンドウリサイザー）

パソコン、スマホなど、指定したサイズにブラウザのウィンドウを変更できます。

SimilarWeb（シミラーウェブ）

サーバー上や HTML 内に解析コードを設置しなくてもアクセス情報を調べられます。

CHAPTER 01

KEY WORD World Wide Web

09 Webサイトの仕組みと特性を理解する

毎日何気なく見ているWebサイト。その総数は全世界で16億といわれています。まずはWebサイト作成の前に、どんな仕組みで膨大なデータが見られるのか、また、従来の紙媒体と比較したときWebサイトの特性はどんなところにあるのかを学んでおきましょう。

インターネットはメール送信やファイル転送など多くの機能を持ち、Webはそのうちの一つです。正式には「**World Wide Web**」といい、Webサイトで情報の発信をしたり、閲覧できるシステムです。あなたが制作するWebサイトは、Webサーバーに保存され、全世界の人が見ることができるようになります。

World Wide Web

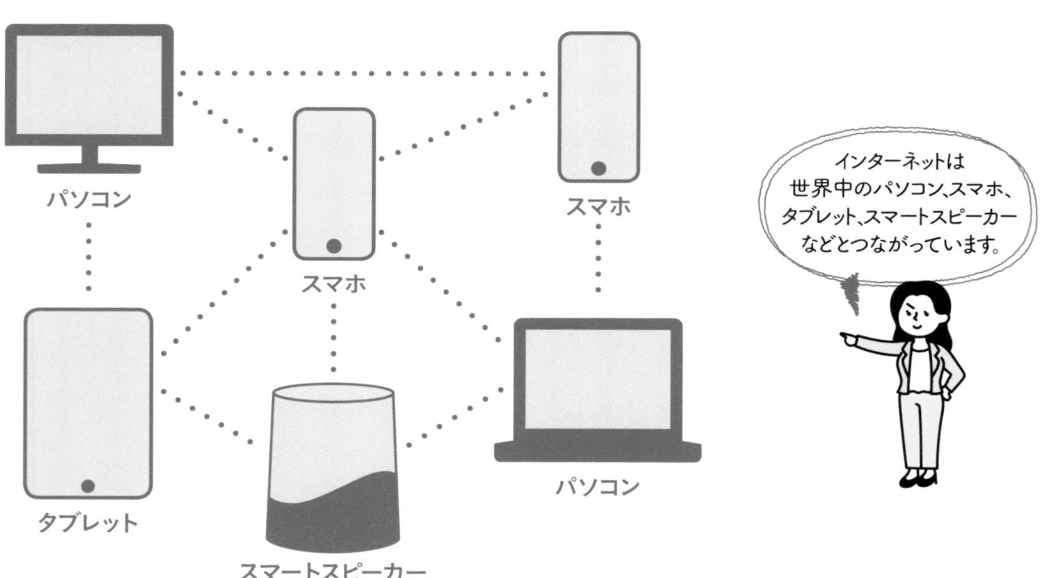

スマートフォンやタブレットが普及したことから、インターネット利用者は全世界で約40億人にも達しました。これは世界人口の53%に相当し、世界の半数以上の人が何らかの形でWebサイトを閲覧していることになります。

インターネット普及前の媒体

インターネットが普及する前、何らかの情報を得るには新聞や雑誌、テレビに頼るしかありませんでした。これらはメディア側が情報を発信し、ユーザーは受け取るだけでした。例えばテレビの通販番組や通販雑誌で物を買う場合、ユーザーはハガキ、電話などで申し込む必要があります。情報の伝達が一方通行なのが従来の媒体でした。

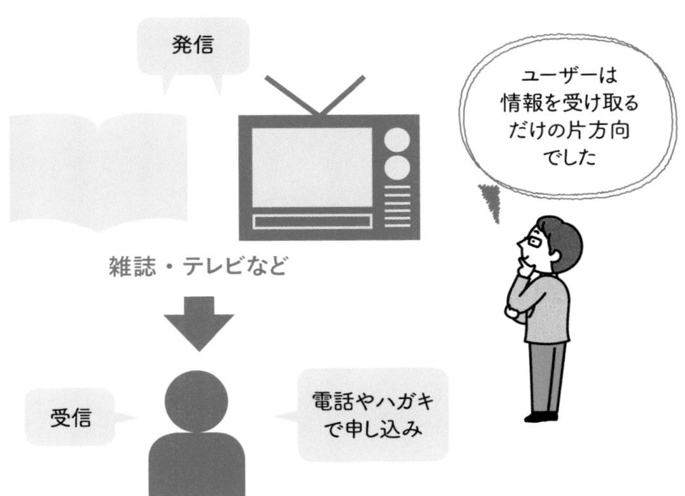

インターネットの場合

Webの通販サイトで物を買う場合、その場で申し込むことができます。購入ボタンをクリックすれば、手続きのページに飛び、届け先や支払い方法などを選択し、購入することができます。メディア側からだけではなく、ユーザー側からも画面上でアクションを起こすことができるのが大きな特徴です。Webメディアは両側通行なのです。

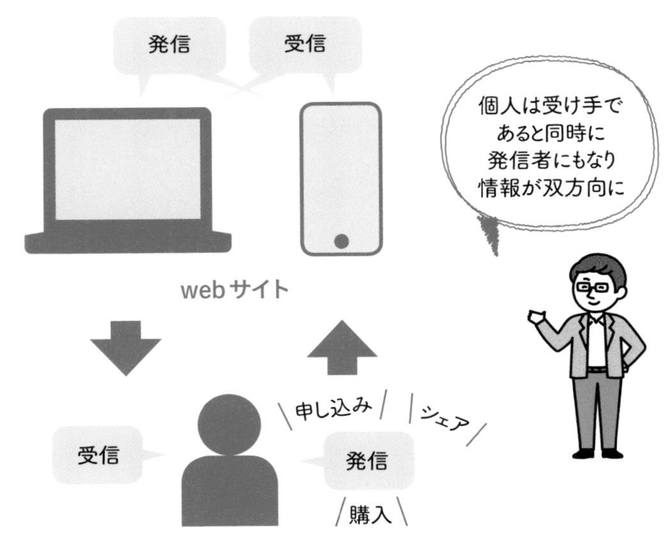

従来のメディアはユーザーが見るものだったのに対して、Webサイトはユーザーが使うものだといえます。上の図解では通販を例に挙げましたが、サイト上に問い合わせフォームを設けてその場でメッセージを送れるのもWebの特徴です。それだけに、誰もが使いやすいデザインにすることが大事なのです。

CHAPTER 01

KEY WORD ドメイン／IPアドレス

10 Webサイトが表示される仕組み

特定のWebサイトを開くとき、その裏ではどんなことが起こっているのでしょうか。これまでインターネットを利用していて、疑問に感じていた人も多いと思います。まずはWebサイトがどのように表示されているのかを見てみましょう。

Webサイトを公開することを分かりやすく例えるなら、「実際にお店を出店すること」と同じようなことだといえます。街の店舗にはどこも「店名」や「住所」がありますが、Webサイト ではこれを「**ドメイン**（＝店名）」「**IPアドレス**（＝住所）」と呼び、Webサイトを表示する上で重要な要素となっています。

ドメインとIPアドレス

現実世界で出店する場合、ビル内のテナントに店を構えることもあります。その場合、テナントが入ったビルが「サーバー」、テナントに入店している店舗が「Webサイト」と言えるでしょう。これに「ドメイン」「IPアドレス」を合わせて、システムが構築されています。「ドメイン」と「IPアドレス」は、右のようなものです。

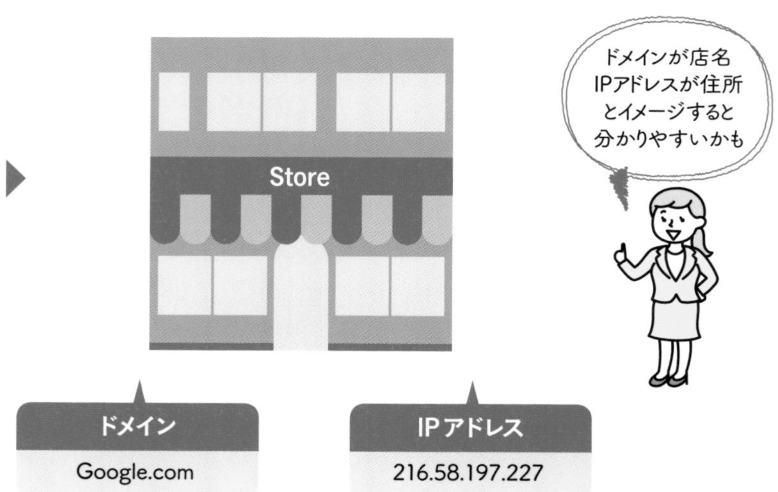
Store
ドメインが店名
IPアドレスが住所
とイメージすると
分かりやすいかも
ドメイン
Google.com
IPアドレス
216.58.197.227

例えばGoogleのIPアドレス「216.58.197.227」で検索してみましょう。するとGoogleの検索エンジンが表示されます。そして開いたページのURLに表示される「google.com」がドメインです。ドメインで検索してもGoogleの検索エンジンが表示されるはずです。宛名だけでも住所だけでも届く手紙だと考えるとピッタリです。

Webサイトが表示される仕組み

❶ Webブラウザでドメインにアクセス

まずはブラウザを立ち上げ、目的のWebサイトのURLを入力します。これがドメイン＝店名で検索している状態です。現実社会でいうと店名を宛名に手紙を出した状態です。

例えるなら
パソコンが
お店を探して
いる状態だね

Webブラウザで目的のWebサイトのURLまたはドメインを入力

❷ DNSサーバーにIPアドレスを聞く

ドメイン名とIPアドレスを管理するDNSサーバーにIPアドレス＝住所を聞いている状態です。すると、目的のWebサイトのドメインに基づいたIPアドレスがDNSサーバーから返ってきます。

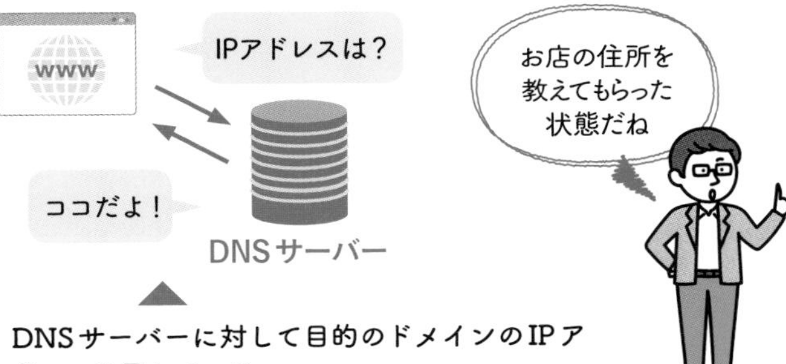

WWW
IPアドレスは？
ココだよ！
DNSサーバー
お店の住所を
教えてもらった
状態だね

DNSサーバーに対して目的のドメインのIPアドレスを尋ねている

❸ Webサーバーの IPアドレスへ接続

DNSサーバーから返ってきたIPアドレスをもとに、Webサイトが管理されているWebサーバーへアクセスし、目的のURLに合致したファイルを受け取ります。

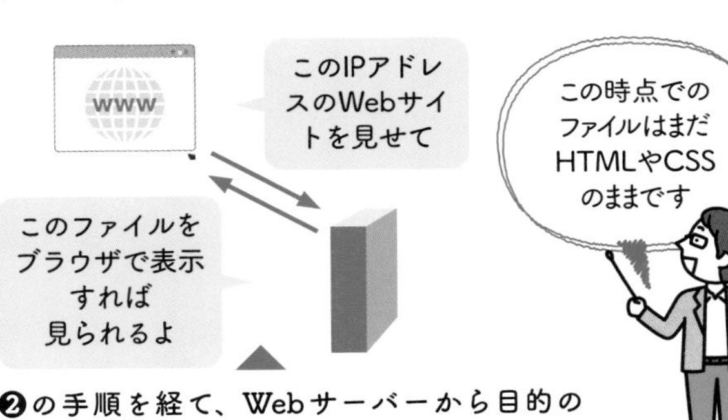

WWW
このIPアドレスのWebサイトを見せて
このファイルをブラウザで表示すれば見られるよ
この時点での
ファイルはまだ
HTMLやCSS
のままです

❷の手順を経て、Webサーバーから目的のURLに関連したファイルが提供されます。

❹ Webブラウザがファイル変換して表示

Webサーバーから受け取ったファイルはコンピューター言語で書かれており、そのままでは見ることができないため、Webブラウザが変換してWebサイトを表示します。

で情報が渡される

形にして表示

優秀なんだね

このようにWebブラウザはサーバーとのやり取りのほかコンピューター言語の翻訳も行う。

CHAPTER 01

KEY WORD 検索エンジン

11 Webサイトが検索される仕組み

インターネットを利用するときは、GoogleやBingといった検索エンジンを使ってキーワード検索するのが一般的です。目的のキーワードを入力すれば、無数にヒットするので目当てのサイトを見つけやすくなります。このとき、検索エンジン上ではどんなことが行われているのでしょうか。

例えばGoogleのサイトにキーワードを入力して、それに関連するWebサイトを探し出して表示するシステムのことを**検索エンジン**と言います。Googleの検索エンジンは、クローリング、インデックス、ランキングの3つの行程を経てWebサイトの順位を決めています。

検索の3つの行程

❶クローリング

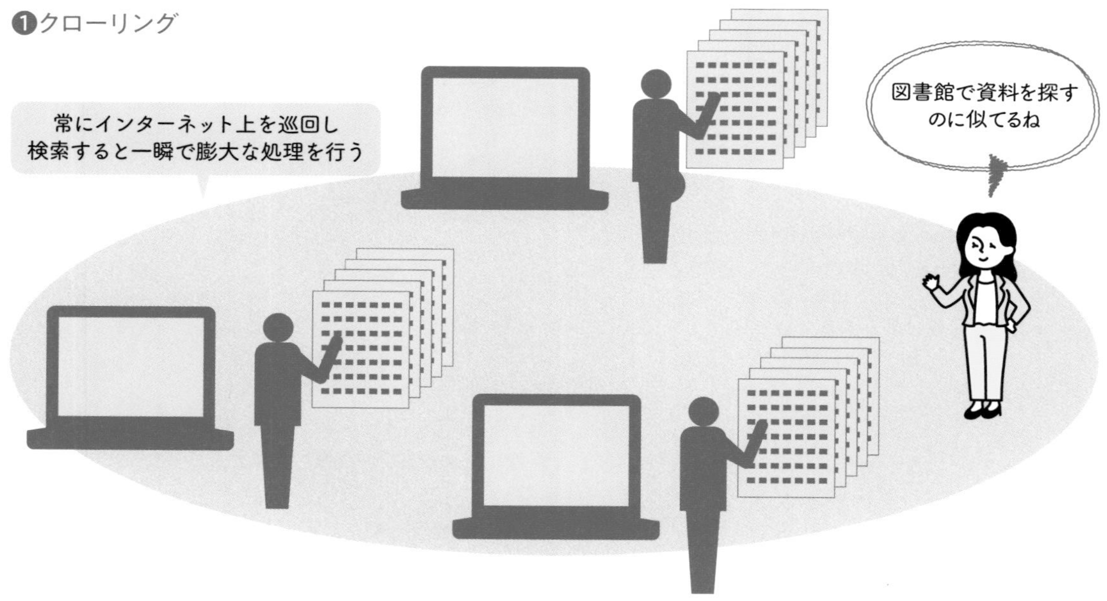

常にインターネット上を巡回し
検索すると一瞬で膨大な処理を行う
図書館で資料を探す
のに似てるね

クローラーはインターネット上で様々な情報を集め、自動的に検索データベースを作成する巡回プログラムです。Web上を這うことから「crawl＝這う」と呼ばれます。検索エンジンを運営する企業が運営しており、「常にインターネット上を巡回して情報を集めている人」と考えるとイメージしやすいかもしれません。

クローラーは常時、大量に情報を収集しています。こうして集めた情報を整理して登録することをインデックスといいます。インデックス化されていないと、検索画面に結果が表示されません。図書館などで大量に集めてきた資料をカテゴリーごとに分類し、本棚に整理するようなイメージです。

❷インデックス

クローラーが集めたWebサイト情報をデータベースへカテゴリーごとに分類して登録
インデックス化されていないと、情報がバラバラで検索できなくなります
❸ランキング
アルゴリズムとは問題を解決するための方法や手順のことで、プログラミング作成の基礎となるものです
アルゴリズム
Google
関連性が高いWebサイトはどれかをアルゴリズムで決定

続くランキングでは、検索されたキーワードに対してどのWebサイトへの合致率が高いかを決定しています。検索アルゴリズムというプログラムが世界中のWebサイトから順位を決め、検索すると上位から表示されるようになっています。私たちが検索を行うと、瞬時にこれだけのことが行われているのです。

CHAPTER 01

KEY WORD　3つのファイル

12 Webサイトを構成するファイルの種類

すでにあるWebページを実際に見てみると、多くのページにはテキストや写真がバランスよくレイアウトされ、文字にも色がついているはずです。実は、これらは別のファイルに分かれています。具体的にどんなファイルなのかを見ていきましょう。

Webページを構成しているファイルは主に**HTMLファイル**、**CSSファイル**、**画像ファイル**の3つです。画像ファイルはJPEGファイルとも呼ばれ、多くの場合はデジカメやスマホなどで撮影されたものです。その他のHTMLファイル、CSSファイルはそれぞれに役割があるので、このあと説明します。

Webサイトを構築する3つのファイル

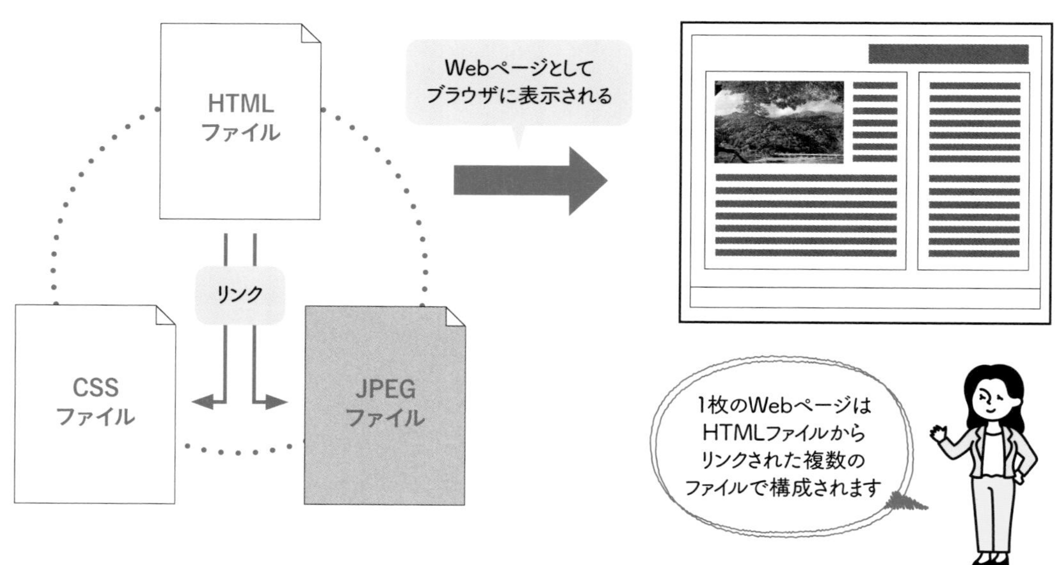

上の図で示したとおり、HTMLファイルはCSSファイルと画像ファイルをリンクする役割を持っています。HTMLファイルはすべてのWebページの基本となるファイルです。ブラウザは、HTMLがリンクする関連ファイルをWebサーバーからダウンロードして表示しています。

先にも解説したとおり、Web サイトの基本構造となるのが HTML です。ブラウザが Web ページを表示する時には、HTML コードを上から順に文法に則っているかチェックしながら解析する HTML パースという処理を行います。この HTML パースを行うプログラムのことを HTML パーサーと言います。

❶HTML パーサーとは?

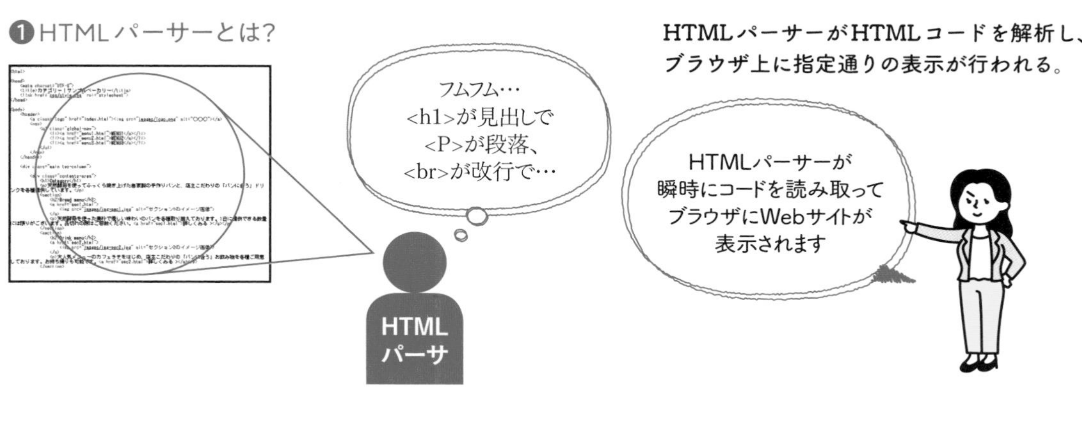

❷CSS の役割

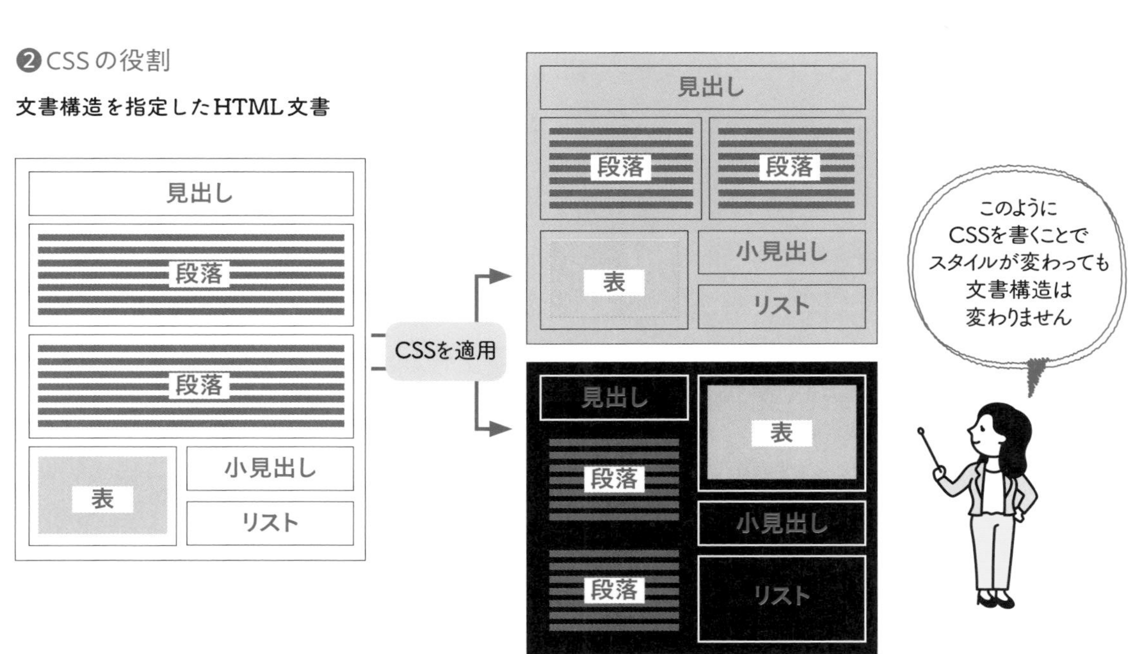

HTML ファイルは掲載するテキストや画像などを表す機能を持っていますが、テキストの色や背景の色、見やすくレイアウトするなどの機能はほとんどありません。見やすく、見栄えの良い Web サイトを作るには、HTML の要素をレイアウトするスタイルシートが必要です。これを構成するのが CSS という言語です。

CHAPTER 01

13 SEO の基本を学ぶ

KEY WORD SEO 対策

Web サイトを運営するうえで重要なのが SEO 対策です。ユーザーが検索した際に上位に表示されるようにする対策のことで、「検索エンジン最適化」とも呼びます。これは、Web サイトで販売などを行う場合、多くのユーザーから見てもらうためにとても大切な対策です。

SEO 対策は、Web サイトを運営するうえで最も大切なものの一つです。その理由はいうまでもなく、より多くのユーザーに Web サイトにアクセスしてもらうことが Web サイト運営のうえで最も重要なことの一つであり、この SEO 対策が売り上げに直結してくるからです。

SEOの目的

現在、Webサイトを使って通販などを行う企業はもとより、一般の企業でも、一定のコストをかけてSEO対策を行っています。なぜなら、多くの人に自社のWebサイトを見てもらい、商品やサービスを広めて、販売する必要があるからです。こうした努力を行うことで、各企業は売上増や将来的な成長につなげているのです。現在は、それほどWebサイトを通じた集客が重要視されているということです。

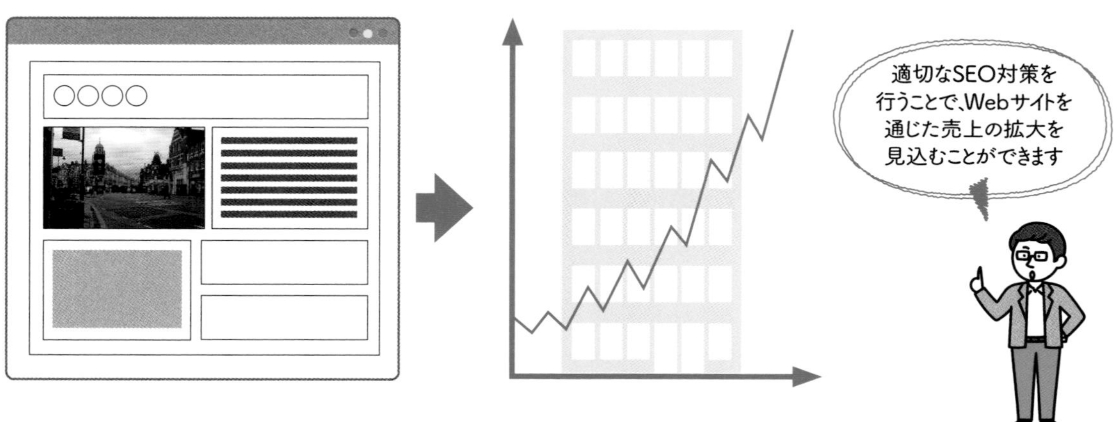

○○○○
適切なSEO対策を行うことで、Webサイトを通じた売上の拡大を見込むことができます

お店の宣伝や商品のブランディング、広報や販売そのものなど、企業が Web サイトを作る目的は様々ですが、ゴールは収益増につなげることです。そのためには SEO 対策が何よりも重要だと認識しておいた方がいいでしょう。これは大企業に限ったことではなく、中小企業や店舗などにおいても同様です。

SEO対策のメリット

SEO対策を行うことによるメリットとして、まずは「検索流入の増加」が挙げられます。Webサイトでの販売が目的である場合はもとより、Webサイトは広告としても機能するため、多くの人がアクセスすれば自社や商品の知名度アップが期待できます。

SEO

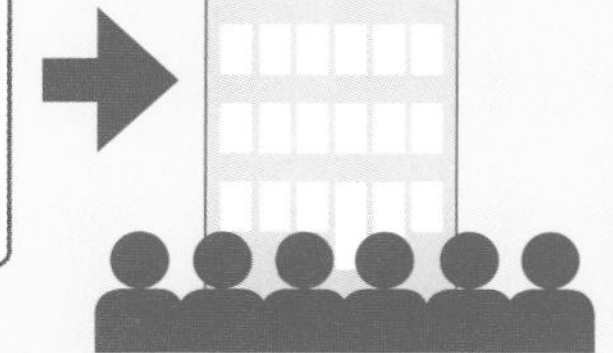

❶ 検索流入とコンバージョンの増大

SEO対策により訪れる人が増えることで販売数や会員登録、資料請求などの増加（コンバージョンの増大）が見込める。

❷ 売上の増加と維持

Webサイトがユーザーに多くのメリットを提供できれば、検索流入で得たユーザーがリピーターとなり、企業を支える存在に。

SEO対策の3つのポイント

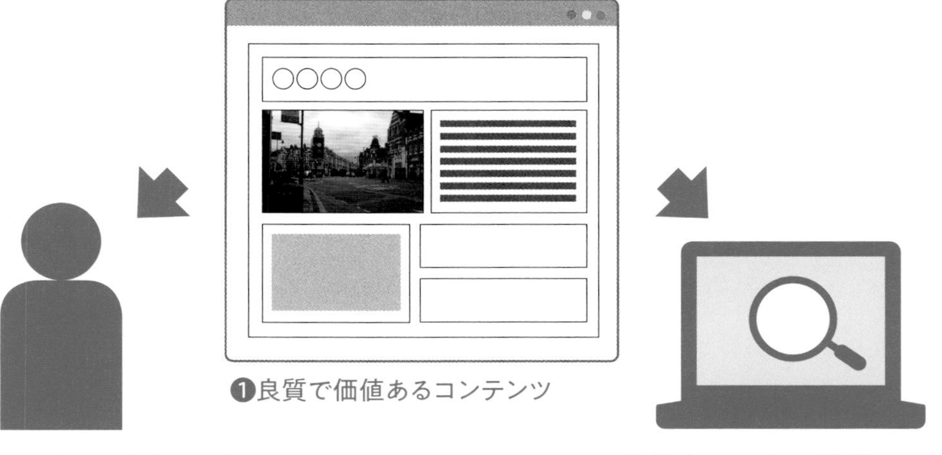

❶良質で価値あるコンテンツ

❷ユーザーにとって分かりやすい

❸検索エンジンが認識しやすい

検索エンジンの中で全体の約92%と圧倒的なのがGoogleです。そのため、SEO対策はGoogleの検索エンジンに対して行われることが多いです。Googleはユーザーに対して「検索品質評価ガイドライン」や「ウェブマスター向けガイドライン（品質に関するガイドライン）」「検索エンジン最適化（SEOスターターガイド）」などを提供しているので、それらのマニュアルを読み解いてSEO対策に活用しましょう。

KEY WORD デザインのイメージ

14 デザインのイメージを決める

では、いよいよWebサイトのデザインを決めていきます。まずは紙と鉛筆を用意して、自分の頭の中にあるイメージを具体的にスケッチしていきましょう。浮かんだアイデアをすべて書き出し、取捨選択していくことで具体的なイメージが浮かんでくるはずです。

Webデザインを行う前提として、自社でPRしたい商品やサービスのイメージに合致したWebサイトを作る必要があります。例えばお寿司屋さんの公式サイトが英語ばかりでは様になりませんし、フランス料理店のホームページが和風ではイメージが湧きません。

❶色々なサイトを見てみる

右のWebサイトはゲームメーカー「任天堂」のトップページです。ゲーム会社だけにロゴやキャラクターを多用し、楽しさが伝わるイメージとなっています。このホームページを見た人は「さすがに日本でトップクラスのゲームメーカー！」と思うはずです。

任天堂 HP

このように、アピールしたい商品に合ったサイトを作ることが重要です

ファッションと同じように「ハズし」の方向性もあります。例えば、和風の文字を使った落ち着いたデザインの若者向け商材のサイトなどが考えられます。こうした意外性が話題になるかもしれません。ただ、それを行うのはデザインの腕が上達してからの話。まずは王道のイメージで作ってみましょう。

❷商品に合ったイメージを決める

表の右と上にいくほど複雑な作りになっていくね

リッチ

トレンドに沿ったデザイン。見た目重視なのでコラムなどのコンテンツが読みにくくなる場合も。

セガ HP　© セガ

伊豆シャボテン動物公園 HP

親しみやすいイメージで集客に適しているが、デザインが過剰になりがちで、おしゃれさのアピールは難しい。

クール

親しみやすさ

ニュースサイト「朝日新聞デジタル」

トレンドに流されないデザイン。シンプルに商品だけをアピールできるのでブランディングサイトなどに合う。

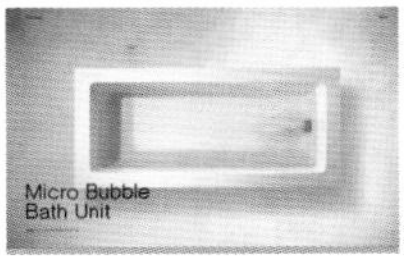

リンナイ「マイクロバブルバスユニット」サイト

シンプル

文字が中心のサイト。ニュースなどを発信したい時におすすめ。作るのに手間はかからないが、ブランドイメージ構築には不向き。

❸文字・色・装飾・余白を決める

フォントを使い過ぎると読みにくくなってしまうので、2～3種類にとどめておくのがベターです。文字には色をつけることもできます。リンクを同じ色で統一するなどの使い分けをして、分かりやすく構成することを心がけましょう。肝心のクリックボタンも同様です。中身が分かりやすくなるよう、余白の設定にも気を使いましょう。

服部制作室 HP

シンプルで分かりやすくでも、こだわりを感じさせるサイトにしたいよね

CHAPTER 01

KEY WORD ユーザビリティ

15 ユーザビリティを第一に考える

様々な Web サイトを見ていると、時に「文字が読みにくい」「クリックするボタンの場所が分からない」などの不満を持つことがあると思います。自分でサイトを制作するに先立って、利用者にそんな思いをさせないためにもユーザビリティを学びましょう。

ユーザビリティとは、「使い勝手の良さ」といった意味の言葉です。使いにくい Web サイトは利用者をイライラさせます。特に急いでいる時は、「どこをクリックすれば次に進めるか分からない」といった一見些細な欠点も、その Web サイトの信頼度を損なう要因となってしまいます。

色使いには注意が必要

Webデザインに慣れてくると、だんだんお洒落で凝ったサイトを作りたくなるものですが、常にユーザー目線でデザインする姿勢は忘れないようにしましょう。特に色使いは重要です。黒地にグレーの文字が並んだサイトを想像してみてください。読んでいるうちに目が疲れ、途中で閉じたくなるでしょう。また、ポップな黄緑地にピンクの文字色のページも読みにくくて仕方がありません。誰が読んでも目が疲れない色使いも大切です。

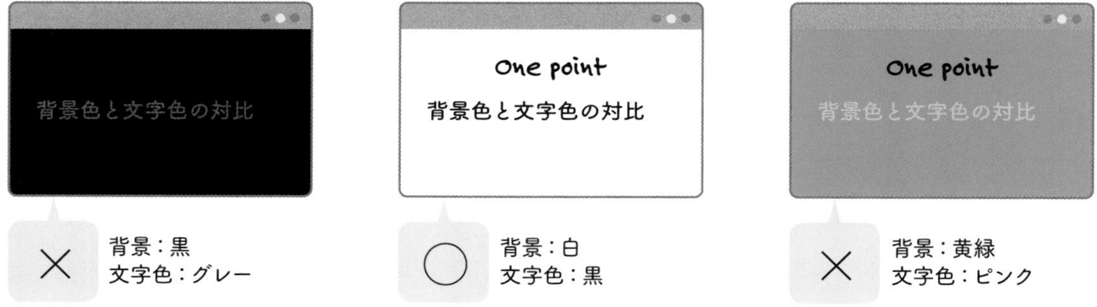

背景と文字色が近い色合いだととても読みにくくなります。自分で様々なサイトを閲覧し、読みにくいと思った色使いは避けましょう。

背景はできれば白、色をつけるならパステルカラー調の淡い色がベスト。その場合、読みやすい文字色は自然と黒、茶色など強い色になります。インターネット黎明期には上で紹介したような「目が疲れる」サイトを散見しましたが、現在では多くが読みやすい配色を心がけるようになりました。

ボタンは“予想ができる言葉”に

右の２つのクリックボタンを見てみてください。上は駄目な例です。「ここをクリック」と書いてあっても、ユーザーはクリックしたらどうなるのか予想ができません。一方、下のクリックボタンのように「お申し込み」と添えてあれば、ユーザーは「ここをクリックすれば申し込めるのだな」と一目で分かります。

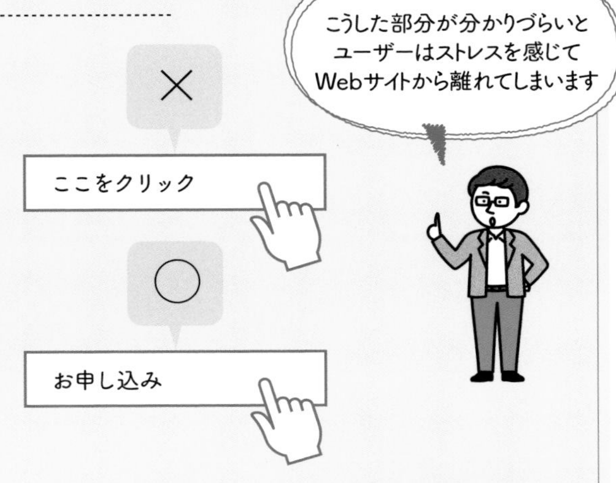

こうした部分が分かりづらいと
ユーザーはストレスを感じて
Webサイトから離れてしまいます
ここをクリック
お申し込み

ユーザビリティで重視すべきポイント

使いやすい操作性
- 予想ができるようにする
- 動作を速くする
- 一目見て分かるようにする

見やすいデザイン
- 配色
- 目立たせたいものを明確にする
- レイアウトを統一する

読みやすい文章
- 結論を先に書く
- 専門用語を避ける
- 簡潔にまとめる

まずはユーザーファーストで考える!
作り手の自己満足では駄目なんだね

KEY WORD 主要なパーツ

Webページのパーツ

良い Web デザインには分かりやすさが求められます。そして、分かりやすく Web ページを構成するためには、Web ページ上で求められるパーツを分かりやすくユーザーに提示する必要があります。ここでは、ベーシックなレイアウトパターンを例にそれぞれの名称や役割を学びましょう。

さまざまな Web サイトを見れば分かるように、Web ページは見せ方も構成も様々です。しかし、主要なパーツはほぼ同じもので構成されています。それぞれのパーツの役割を知り、適切に配置することは、ユーザビリティの高い Web サイトを制作するうえで必須の条件です。

Webページを構成するパーツの名称

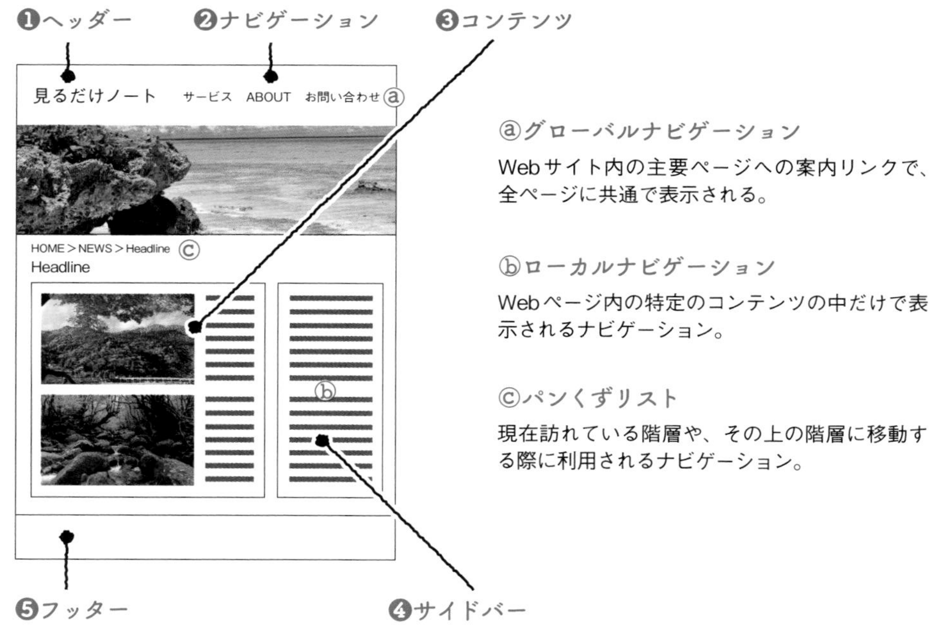

ⓐグローバルナビゲーション

Webサイト内の主要ページへの案内リンクで、全ページに共通で表示される。

ⓑローカルナビゲーション

Webページ内の特定のコンテンツの中だけで表示されるナビゲーション。

ⓒパンくずリスト

現在訪れている階層や、その上の階層に移動する際に利用されるナビゲーション。

Web ページは、主にヘッダー、ナビゲーション、コンテンツ、サイドバー、フッターという5つのエリアによって構成されます。各要素にはそれぞれ個別の役割があり、それらの役割を持った要素が集まった集合体が Web ページなのです。

❶ヘッダー

Webページの一番上に配置されているのがヘッダーです。このエリアには主にロゴやナビゲーション、電話番号などが配置されます。

❸コンテンツ

Webページのメインであるコンテンツ（情報や内容）が掲載されるエリアです。

❷ナビゲーション

ヘッダー内にある場合と、独立している場合があります（図は前者の例）。このエリアには、主にページ間を移動するためのリンクが掲載されます。

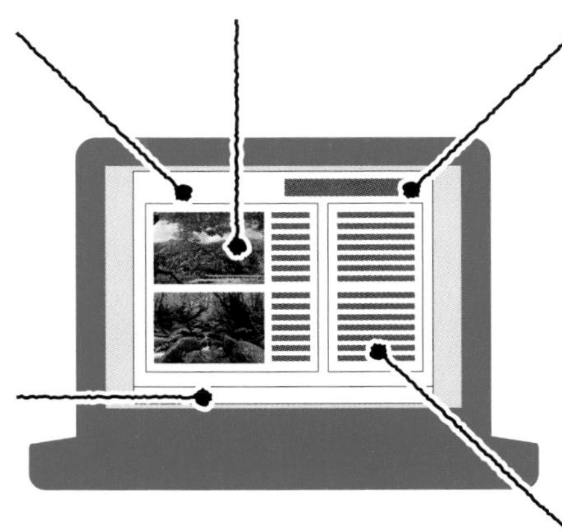

❺フッター

Webページの一番下に表示されるエリアです。少し前までは「©～」といった著作権表示のみという場合も多かったのですが、最近はサイドバーのないレイアウトが増えてきているため、フッターに補足情報が掲載されるケースも多いです。

❹サイドバー

詳細メニューやバナー、プロフィール、新着情報など、補足的な情報が掲載されることが多いエリア。情報量の多いサイトでは特に有効です。

ソーシャルプラグインとは？

最近増えてきているのが、企業が運営するFacebookやTwitter、Instagramなどのソーシャル・ネットワーク・サービス（SNS）のサイトへ誘導するための「ソーシャルプラグイン」です。サイドバーについている場合が多いですが、ヘッダーやフッターに配置されるケースもあります。特定のコードをサイト内に埋め込むことで導入することができます。

CHAPTER 01

KEY WORD 目的別のデザイン

17 目的によってWebサイトのデザインは異なる

集客、ブランド力アップ、通販などWebサイトには多様な目的があります。そしてデザインも用途ごとに異なります。今日までに、多くのWebサイトが生まれ、ジャンルごとのルールが確立しました。ここでは3つのジャンルに絞って、デザインするうえで大切なポイントを解説します。

今回、取り上げたのはコーポレートサイト、ブランディングサイト、ECサイトです。それぞれに「ここだけは押さえておきたい」というポイントがあります。これを外すと、何をしたいサイトなのか分からなくなってしまうこともあるので注意しましょう。

目的別Webサイトの3つの事例

KDDI ウェブコミュニケーションズ HP

コーポレートサイト

会社の特色やポリシー、メッセージなどをトップページで印象づける。

「顔」だけに
第一印象が大事!
企業イメージを
決定づけるきっかけに
なることも

会社のホームページは企業の顔ともいえます。ユーザーが「どんな会社かな？」と思った時、多くの人はまずインターネットで情報を得ようとするからです。そのため、Webサイトのトップページで会社の特色、メッセージなどを分かりやすく見せる必要があります。

大塚製薬オロナインＨ軟膏公式サイト

ブランディングサイト

商品の写真を大きく掲載し、キャッチコピーも分かりやすく配置。

商品の写真なのに
なんだか
キャラクターみたいで
親しみを感じるね

ブランディングサイトの主役は対象となる商品です。大塚製薬ではコーポレートサイトの他にオロナインの特設サイトを設けています。商品写真を画面の中央に大きく載せることが何よりも重要で、このサイトは基本に忠実に作られています。また、特徴も吹き出しにして分かりやすく表示しています。

ECサイト

メニューバーを設置して商品を探しやすくし、キャンペーン情報も目立つ色とデザインで配置。

ZOZOTOWNトップページ

こうやって綺麗に
メニューバーが
並んでいると、
もともと欲しかった
ものとは
別の商品の情報も
見ちゃうかも

Webサイト上で販売を行うECサイトでは、ページの左端にメニューバーを設置しているものが多いです。なぜなら人間の視線は左から右へと移動する特性があるので、まずユーザーに必要な情報をより早く見つけてもらうためです。

CHAPTER 01

KEY WORD 計画／制作／運用

18 Webサイト制作の流れ

実際にWebサイト制作に入る前に、どう進めていくのかをざっくりと学んでおきましょう。最初のうちは「次は何をしたらいいんだっけ？」と迷うことがあるかもしれません。そこで流れを一通り頭に入れておくことが大事になります。途中で迷ったら、立ち止まって確認してみましょう。

Webサイトを立ち上げるまでには多くの工程があり、主に**計画**、**制作**、**運用**の3つに分けられます。このうち、最も手間がかかるのが制作段階です。各段階はさらに詳細に分かれており、下の図のような流れになっています。

Webサイトができるまでの3段階

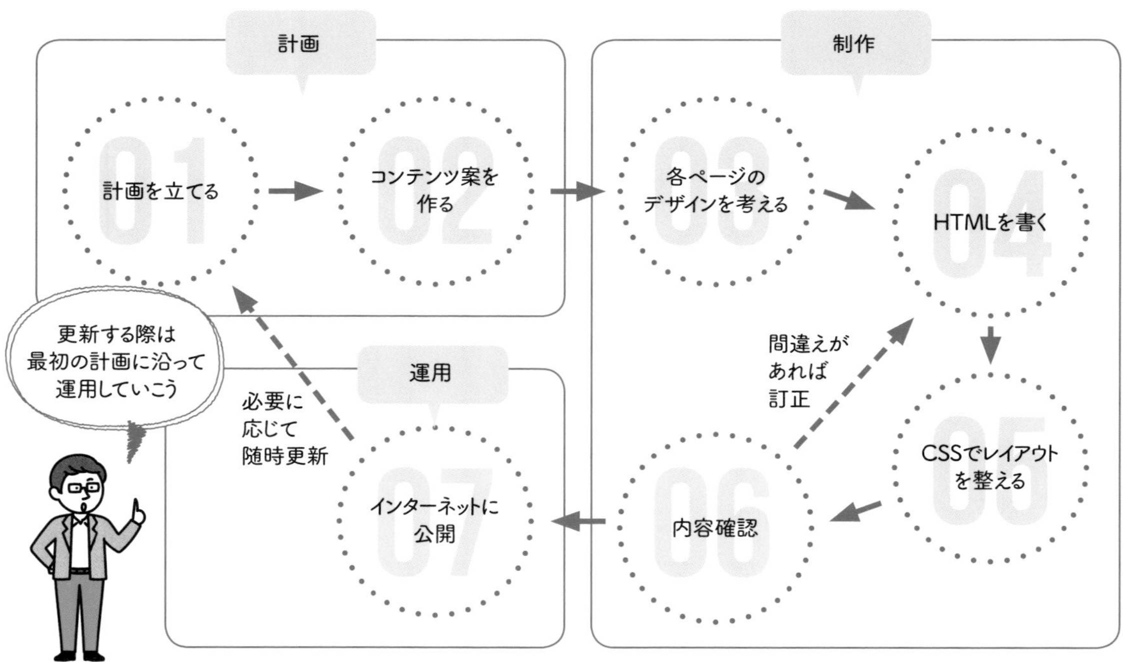

途中まで行ってテキストや写真がうまく表示されなかったら、⓸の「HTMLを書く」に何らかの問題があります。HTMLを間違えてしまうとうまく表示されないので、⓺の「内容確認」で何かしらの問題が発生したら⓸の「HTMLに書く」に戻って見直しましょう。

サイト構成図を作る

あらかじめサイト構成図を作っておくと、Webサイトの全体像が掴めるため便利です。PowerPointなどで作ることもありますが、手描きで下に示したようなスケッチを作成しても構いません。トップページからどこのページにリンクするのか、最初のうちは制作の途中で迷うことも多いでしょう。一目瞭然で理解できるサイト構成図は欠かせません。

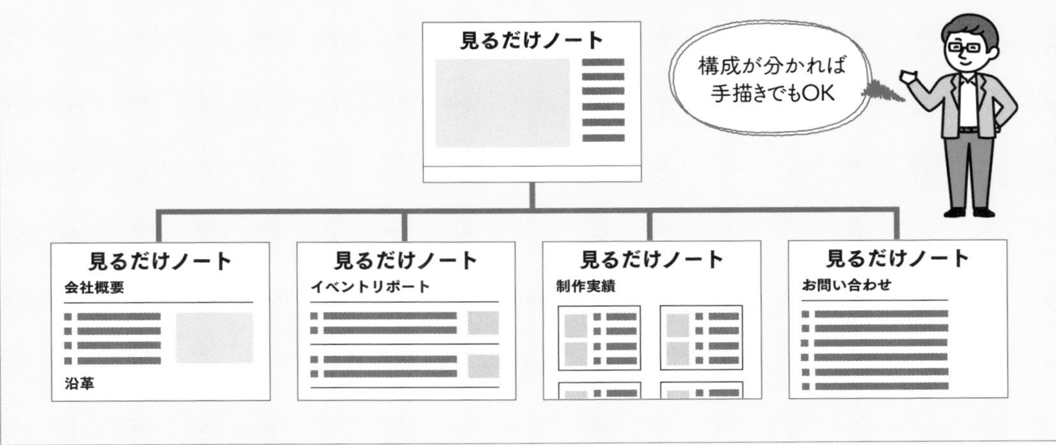

デザインカンプを作ろう

■デザインする

プロはこの段階で「ワイヤーフレーム」という骨組みを作り、クライアントとの打ち合わせを行った上でデザインを始めます。皆さんも写真が入った簡単な骨組み（デザインカンプ）を作ってからデザインに入ることをおすすめします。Illustratorなどのグラフィックソフトを使うと便利です。これで一度、画像の配置や配色、フォントなどを検証してみると最終的なデザインのイメージがしやすくなります。

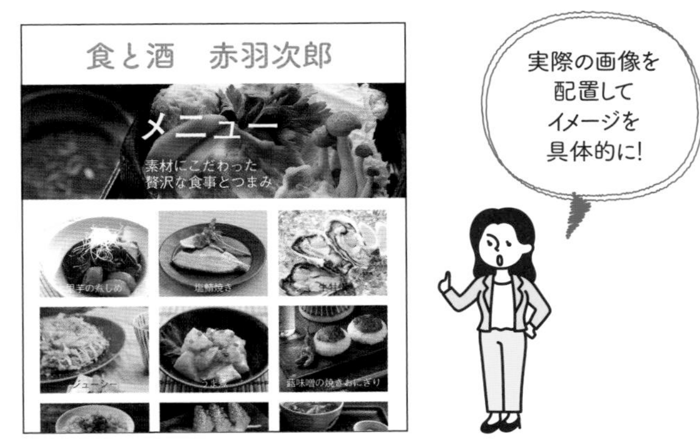

Webサイトに限らず、デザインをする上で最も大事なことは、イメージを固めてしまうことが大事です。グラフィックソフトがなければ紙と鉛筆で手描きしても構いません。ゴールが見えていると、そこに至るまでの道筋も見えてくるのでまずはしっかりとイメージしてください。

CHAPTER 01

KEY WORD コーディング

19 コーディングとは？

コーディングを一言で説明すると「プログラミング言語を使ってソースコードを作成すること」です。具体的にはデザインをブラウザ上で見えるように言語化することを指し、HTMLやCSS、JavaScriptなどを書き込むこと言います。また、コーディングを行う専門の人を「コーダー」と呼ぶこともあります。

HTMLとCSSは慣れないうちは混同してしまうこともあるかもしれません。両者は似て非なるものなので、しっかりと分けて考えていく必要があります。HTMLはどのようにサイトを構成し、どの部分を他ページへのリンク情報として扱うかなどを記述するもので、CSSは文書中の文字の色やスタイルなどを記述するものです。

HTMLとCSSの違い

Webサイト内の文字やスタイルの装飾は、HTMLではあまりできません。また、CSSでWebサイトの基本構造を記述することはできません。

HTML＝骨組み

CSS＝装飾

大工さんがHTML
内装や塗装などの
業者がCSSという
イメージかも

HTMLはそのWebページの基本的な枠組みを決めるものです。建物に例えると、土台や骨組みなどの位置や形をHTMLコードによって決めています。一方のCSSは、HTMLで作成したWebページの骨組みを装飾するもの。建物に例えると、内装や外装などに当たります。迷ったら家の建築過程を思い出して、骨組みなのか、装飾なのかを考えると判断しやすいでしょう。

コーディングとは？

「コーディング」とは、文字通りコードを書くこと。つまり、Webサイトの構築に必要なプログラミング言語により、ソースコードを作成することです。「プログラミング」が設計からテスト、修正までの工程を指すのに対し、ソースコードを記述する作業のみの意味で「コーディング」の語が用いられることが多いです。Webサイトの制作会社によっては分業を行います。

文書構造を考えてコードを書く

以下のようなデザインカンプの見た目のままコードを書くと、「画像」「見出し」「文章」の配置がユーザーにとって分かりづらくなってしまいます。

デザインカンプと文書構造

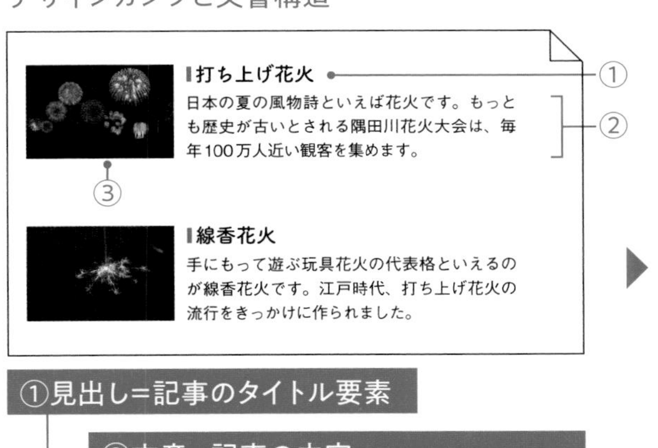

①見出し=記事のタイトル要素

②文章=記事の内容

③画像：記事内容を補足するイメージ

デザインカンプの見た目のままコーディングすると…

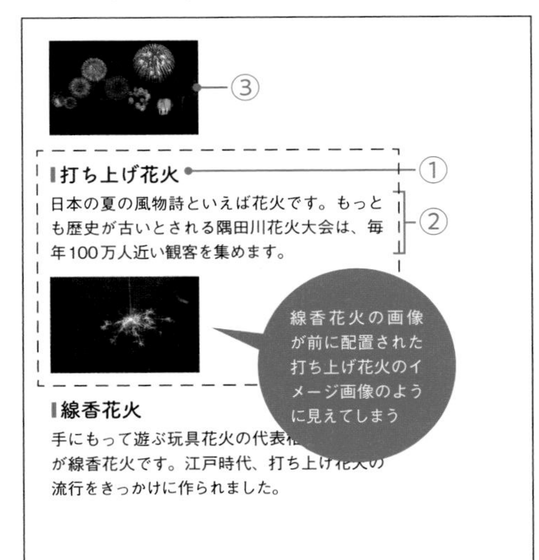

Webサイトでは論理的に正しい文書構造が守られているかが重要です。文書構造を間違えてしまうと、上の例のようにタイトルの上に写真が配置されてしまうなど、デザインが崩れて表示されてしまうこともあります。

CHAPTER 01

KEY WORD デバイス

20 デバイスの種類

デバイスとは、広い意味では装置・機械を指す言葉です。ここではパソコンの周辺機器のことを指すと思ってください。この場合、デバイスには2通りの意味があり、1つはいわゆる「端末」を意味し、もう1つはUSB対応機器やメモリーカードなどの機器を意味しています。

スマートフォンやタブレット、ノートパソコンなどはすべてデバイスと総称されます。デバイスは、製造するメーカーやプラットフォーム、端末の用途によって細かくカテゴリー分けされています。自分が持っているデバイスがどこに含まれているのか、確かめてみてください。

Webサイト制作に役立つ様々なデバイス

端末を指すデバイス

モバイルデバイス（スマートフォン、タブレット、ノートパソコンなど）。持ち運びできる上、パソコンと接続して使用できる機器のことを指します。代表的なのが広義の意味でのスマートフォンやタブレットです。

iOSデバイス（iPhone、iPad、iPodなどのApple製品）

Apple社が開発しているモバイルOS「iOS」を搭載した機器の総称です。Apple製品以外のスマートフォンやタブレットはまた別のカテゴリーに分けられています。

Androidデバイス（iPhone以外のほとんどのスマートフォン）

Google社が開発した携帯電話向けの動作規格を搭載したスマートフォンを指しています。iPhone以外のスマートフォンのほとんどをAndroidデバイスと呼んでいます。

ウェアラブルデバイス（Apple Watch、Google Glassなど）

最近増えてきたのがこのタイプのデバイスです。身に着けることができる端末を指しています。例えばApple Watch、Google Glassなど。開発途上で新製品が続々出ています。

IoTデバイス（工場などの遠隔操作機器、ドローンなど）

今後、大きな発展が期待されているのがIoTデバイスです。IoTは「モノのインターネット」という意味で、インターネットを通じて生産現場の機械などを遠隔操作する技術です。

パソコン周辺機器としてのデバイス

パソコン単体でもWebサイト制作はできますが、以下のようなデバイスを活用すると、保存やデータの持ち運びなどができるようになり、より便利になります。必要に応じて揃えておくとよいでしょう。

USBデバイス

パソコンのUSBポートに差し込んで使用する周辺機器全般を指します。キーボードやマウスが代表的でしょう。ただ、近年は無線のものが主流になっており、少なくなっています。

ストレージデバイス

データを保存のするための記録媒体を指しています。外付けのハードディスク、ＳＤメモリーカードなどがこれに該当します。

オーディオデバイス

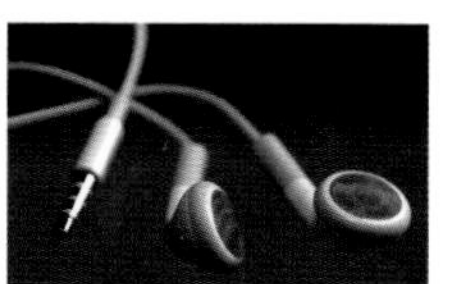

スピーカー、マイク、ヘッドセットなど、パソコンに接続するサウンドの入出力機器を指しています。ヘッドホンやイヤホンもオーディオデバイスの一種です。

デバイスはWebデザインにも必要

パソコンを所有していても、それ単体で使っている人は少ないでしょう。ほとんどの人は何らかのデバイスを所有しているはず。Webデザインをする上でもマウス、キーボードの他、データを保存するための外付けハードディスク、データ持ち運びのためのUSBメモリーなどは必要になってきます。

外付けHDDや
USBメモリーなどの
デバイスがあると
Webデザインにも便利です

すでに持っているものも
多いかもしれませんが
まずはWebサイトを作ってみて
必要に応じて揃えましょう

Column

Web デザイン基礎用語辞典

これから Web サイト作成の要である HTML や CSS の解説に入りますが、その過程で分からない用語が出てくることもあるでしょう。ここでは、Web サイト作成の際によく使われる用語をピックアップして解説します。

A ~ Z

CMS	Contents Management System の略で、Web サイトの制作や更新ができるシステムのこと。WordPress が代表的。
CMYK	Cyan（青）、Magenta（赤）、Yellow（黄）に黒（K）の 4 色を元にした発色方法で、印刷物に使用される。
CSS	Cascading Style Sheets の略で、スタイルシートとも呼ばれる。Web ページのデザインや色使いなどビジュアル要素を指定するための言語。
EC サイト	EC とは Electronic Commerce の略で、訳すと「電子取引」。オンラインショップを指している。
FTP	File Transfer Protocol の略。ネットワーク上のサーバーとクライアントがファイル転送を行うための通信プロトコルの 1 つ。
HTML	HyperText Markup Language の略で、Web ページを構成するマークアップ言語のこと。Web ページを作る基本となる。
Illustrator	アドビ社のグラフィックソフト。Web デザインではロゴやバナー、地図の作成などで使える。
JavaScript	Web ページに動きを与える言語のこと。Web サイト上のスライドショーなどで使用される。
SEO	Search Engine Optimization の略で、検索したときに上位に表示させるための対策のこと。
SSL	Secure Sockets Layer の略。インターネット上でデータを暗号化して送受信するシステムのこと。個人情報やクレジットカード情報を扱う際には欠かせない。
Photoshop	アドビ社の画像編集ソフト。写真の加工やトリミング、切り抜きなどで幅広く使える。
RGB	Red（赤）、Green（緑）、Blue（青）の 3 色で表す発色方法。Web サイトでは RGB が使われる。
Web フォント	あらかじめサーバー上に置かれたフォントやインターネット上で提供されているフォントを呼び出し、表示するための技術。

あ行

アクセシビリティ	アクセスのしやすさを指す。
アコーディオンメニュー	クリックすると展開されるナビゲーションメニューのこと。メニュー項目が多くなる場合に用いる。
オウンドメディア	自社の情報やノウハウをブログ形式で公開し、自社サイトへと導くサイトのこと。集客力アップに効果的。

か行

カラム	Web ページにおける垂直方向の区切りを指す。ランディングページなどによく用いられている。
グリッドレイアウト	Web デザインの中でも基本とされるレイアウト。整然としたデザインが特徴で使いやすい。
コーディング	様々なプログラミング言語を使って、コードを作成すること。コードを書く人のことをコーダーと呼ぶこともある。
コーポレートサイト	企業のホームページのこと。事業内容など会社のことがよく分かる内容が求められる。

さ行

サーバー	Web サーバーともいう。HTML ファイルをはじめ、Web サイトに必要なデータを保存し、ブラウザなどに転送するシステム。
スプリットスクリーンレイアウト	メインとサブに 2 分割したレイアウト。印象に残りやすい。

た行

通信プロトコル	通信を行うためのルールのこと。
ティザーサイト	新しい商品やサービスを発表する前に予告するサイトのこと。予約などを促して、発表後の集客につなげる狙いがある。
テキスト・エディタ	テキストファイルを作成するためのアプリケーション。Web 上の原稿を執筆するのにはもちろん、HTML や CSS のコーディングにも使用できる。
ドメイン	インターネット上に存在する Web サイト固有の住所のこと。オリジナルのドメインも取得できる。

は行

バナー・広告	Web サイト上で表示される広告のこと。
フッター	Web の最も下にある部分のこと。多くはお問い合わせフォームへのリンクや関連記事などが配置される。
ブラウザ	Web サイトを見るためのアプリケーション。Google Chrome、Firefox などが代表的。
フラットデザイン	シンプルで平面的なデザイン手法のこと。利用しやすいため、近年増加している。
ブランディングサイト	会社や事業、または扱う商品やサービスにブランド価値を付随するためのサイト。
プルダウンメニュー	カーソルを当てたり、クリックをしたときに複数のメニューを表示させる方法。
プロモーションサイト	商品やサービス、イベントの認知度を高めるためのサイト。期間限定公開されることもある。
ヘッダー	Web サイトの一番上に位置している部分のこと。多くの場合、会社名やタイトルが配置される。
ポータルサイト	Google、Yahoo などの検索エンジンを有するサイトが代表的。グルメ情報などの情報掲載サイトもポータルサイトに数えられる。

や行

ユーザーインターフェイス	UI と略されることもある。ユーザーがパソコンの入力時に使用する入力方法や表示方法などのこと。
ユーザーエクスペリエンス	UX と略されることもある。その Web サイトによってユーザーが得られる体験のことを指す
ユーザビリティ	Web サイトを見た人の使いやすさのこと。サイトのアクセスを増やすために重要になる。

ら行

ランディングページ	ユーザーが最初の訪れるページのこと。アクセス数を伸ばす上で最重要項目の 1 つに数えられる。
レスポンシブデザイン	様々な画面サイズに 1 つのファイルで対応させるデザインのこと。Web ブラウザの横幅を縮小・拡大したときに変化するデザインを指す。

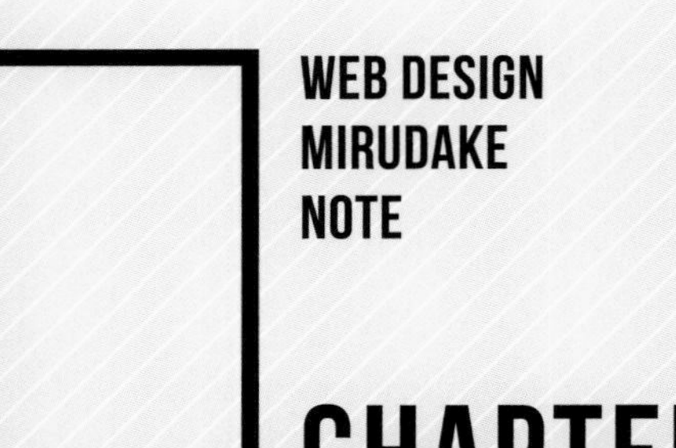

CHAPTER 02

Webサイ
となるHT

トの骨組み
MLの基本

「HTML」という言葉だけを聞くと、「何それ、難しそう」とひるんでしまう人もいるかもしれません。しかし、HTML の仕組み自体は、基礎から順を追って覚えていけば、さほど難しいものではありません。第 2 章では、実践の前にまずは知っておきたい HTML の基礎的な知識について解説します。まずは簡単なコードを実際に書いてみながら、HTML の構造や使い方を学んでいきましょう。

KEY WORD HTML

01 HTMLって何？

HTML（エイチティーエムエル）はWebページの土台・骨組みを作るための文書記述方法です。Webデザインを学ぶ上でも土台となるものなので、その役割や記述方法をしっかり理解しましょう。基本さえ理解できればそんなに難しくはありません。

HTML は HyperText Markup Language（ハイパーテキスト マークアップ ランゲージ）の略で、「タグ」を使って文書内に目印（マーク）をつけて文書の構造、役割を決めていきます。リンクで参照する文書に移動できるのがハイパーテキストの特徴です。

ブラウザがHTMLを理解して表示

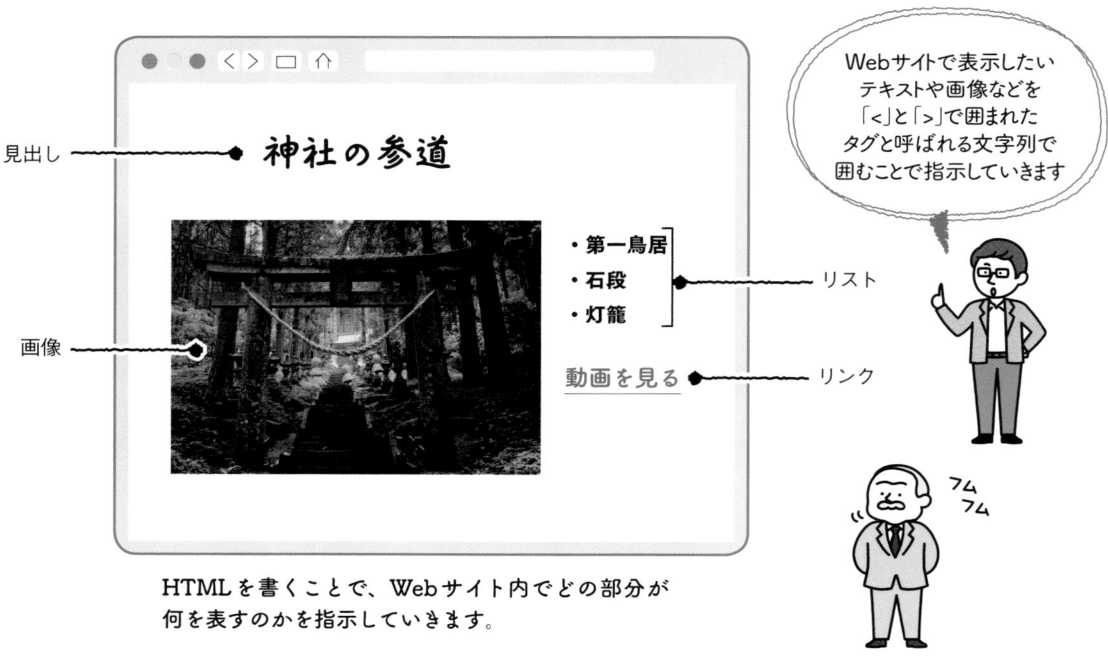
見出し
神社の参道
・第一鳥居
・石段
・灯籠
リスト
画像
動画を見る
リンク
Webサイトで表示したい
テキストや画像などを
「<」と「>」で囲まれた
タグと呼ばれる文字列で
囲むことで指示していきます
フム
フム

HTMLを書くことで、Webサイト内でどの部分が何を表すのかを指示していきます。

「タグ」を使って「ここが見出しですよ」「ここに画像を表示します」といった指示を出すことで、Webブラウザがそれを理解してタグに合わせて表示方法を変えます。ブラウザやOSなど環境によって見た目は違ってきます。見た目の調整にはCSSを使うのが現在では一般的です。

HTMLの最大の特徴はリンクをはることで文書同士をつなげられることです。このリンクのことを正式にはハイパーリンクと呼びます。ハイパーリンクでは文書だけでなく、画像、動画、音声などもつなげることができ、ファイル形式によってはページ内に埋め込んで表示できます。

情報を結びつけて整理する

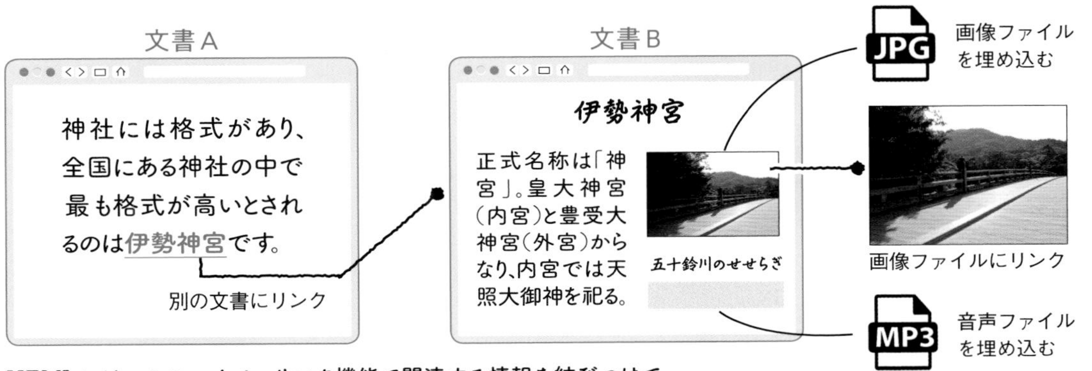

HTMLには、このハイパーリンク機能で関連する情報を結びつけて、情報を整理することができるという特徴がある。

マークアップとは？

「タグ」を使って文書内に目印をつけることをマークアップと呼び、HTMLはマークアップ言語と呼ばれています。マークアップにより文書内の各部分の役割を指定することで、文書の構造をコンピューターに教えるのがHTMLの目的です。あくまでも見た目ではなく構造を定義していることがポイントで、正しい文書構造でマークアップすることは検索エンジンに正しく情報を伝える上でも重要とされています。

このようにコンピューターに理解できるよう文書を構成することがHTMLの役割です

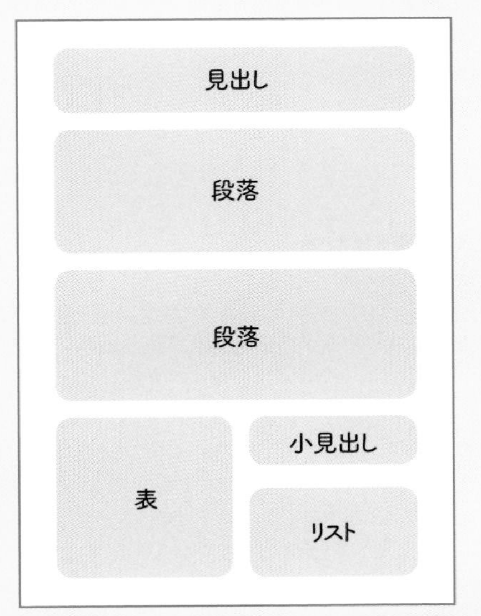

マークアップ（Markup）により文書の各部分を「見出し」「表」といった要素に分ける。

タグを使用した基本的なHTMLの書式例

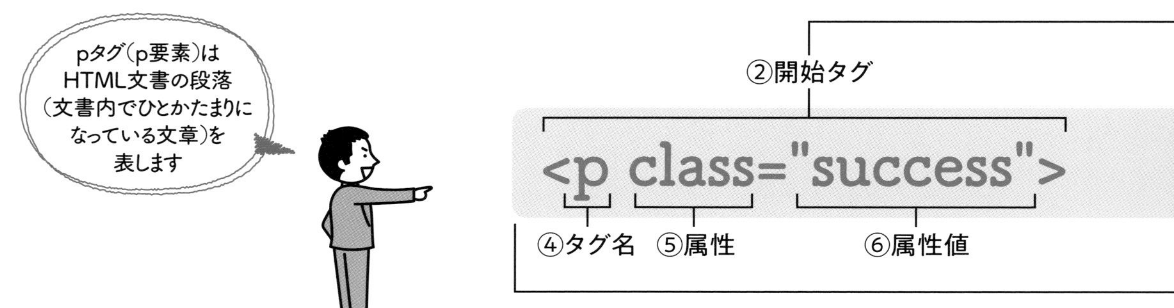
pタグ(p要素)は
HTML文書の段落
(文書内でひとかたまりに
なっている文章)を
表します
②開始タグ
<p class="success">
④タグ名
⑤属性
⑥属性値

①タグ

タグは「<」と「>」で囲まれた部分のことです。タグは基本的に全て半角で記述します。アルファベットは大文字小文字の区別はありませんが、小文字で記述するのが一般的です。

②開始タグ

開始タグは「<」＋タグ名＋「>」でスペースなどは間に入りません。属性を1つまたは複数含む場合もあり、その場合は半角スペースで区切ります。

③終了タグ

「</」のあとに開始タグのタグ名と同じタグ名が入り「>」で終わります。閉じタグという呼び名もあります。終了タグには属性などは含まれません。

④タグ名

タグ名はそのタグの機能を表す英単語か英単語の省略形です。数字や記号が使われる場合もあります。たとえばpタグは「paragraph」の略で段落を定義するときに使います。

⑤属性

その要素に固有の意味や役割を持たせるためにつけられるのが属性です。開始タグのタグ名のあとに半角スペースで区切って記述します。

⑥属性値

属性の後ろに「=」で繋げて「"(ダブルクォート)」で囲んで記述します。複数の属性値を使用する場合もあり、そのときは属性値と属性値の間を半角スペースで区切ります。属性値には日本語が使われる場合もあります。

タグ名は
元の英単語がわかると
覚えやすいよ

①タグ
③終了タグ
正しいHTMLです。</p>
⑦コンテンツ
⑧要素

HTMLなどの
マークアップ言語では
このタグを使って画像の配置、
ハイパーリンクなどを
記述します

⑦コンテンツ

開始タグ～終了タグに挟まれた部分をコンテンツと呼びます。Webブラウザの画面上に表示するためのテキストはこのコンテンツ部分に記述します。コンテンツの中にさらに別のタグが含まれた入れ子の状態になっていることも多いです。

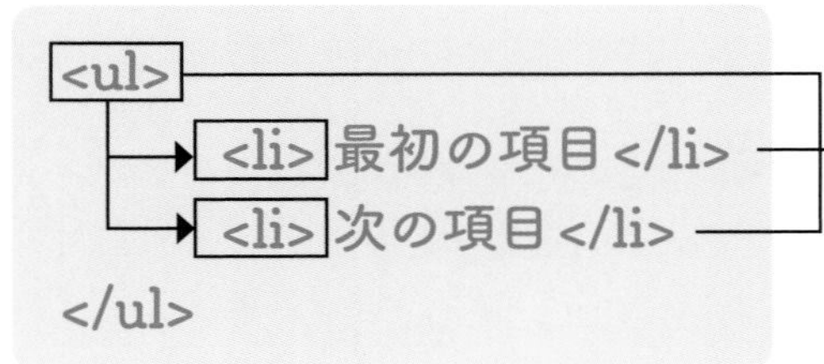
<ul>
<li>最初の項目</li>
<li>次の項目</li>
</ul>

ulタグのコンテンツに「子要素」としてliタグが含まれています。

⑧要素

開始タグ～終了タグまでを要素と呼びます。また、この例ではp要素という言い方もできます。複数の要素が集まってHTMLファイルが構成されています。なお、要素を囲まず開始タグだけで終了タグのない「空要素」もあります。

```
<!DOCTYPE html>
<html>

<head>
    <meta charset="UTF-8">
    <title>カテゴリー | サンプルベーカリー</title>
    <link href="css/style.css" rel="stylesheet">
</head>

<body>
    <header>
        <a class="logo" href="index.html"><img src="images/logo.png" alt="○○○"></a>
        <nav>
            <ul class="global-nav">
                <li><a href="menu1.html">MENU1</a></li>
                <li><a href="menu2.html">MENU2</a></li>
                <li><a href="menu3.html">MENU3</a></li>
            </ul>
        </nav>
    </header>

    <div class="main two-column">

        <div class="contents-area">
            <h1>Category</h1>
            <p>天然酵母を使ってふっくら焼き上げた自家製の手作りパンと、店主こだわりの「パンに合う」ドリンクを各種提供しています。</p>
            <section>
                <h2>Bread menu</h2>
                <a href="sec1.html">
                    <img src="images/img-sec1.jpg" alt="セクション1のイメージ画像">
                </a>
                <p>天然酵母を使った素朴で優しい味わいのパンを各種取り揃えております。1日に提供できる数量には限りがございます。品切れの際はご容赦ください。<a href="sec1.html">詳しくみる ></a></p>
            </section>
            <section>
                <h2>Drink menu</h2>
                <a href="sec2.html">
                    <img src="images/img-sec2.jpg" alt="セクション2のイメージ画像">
                </a>
```

見た目を
整えるのは
CSSなどです

すべて文字（コード）で
指定されている

HTML内の要素とWebブラウザでの表示とを見比べてみました。どう表示されるかはCSS、JavaScriptなども影響を与えます。

CHAPTER 02

KEY WORD タグ

02 HTMLの基本的なルール

はじめての人には呪文のようにも見えるHTMLですが、その書式の仕組みを知ればそれほど難しいものではなさそうだと気づいていただけたかと思います。ここでは初歩からHTMLの記述方法のルールを見ていきましょう。

HTMLの文書内にあるテキストは必ず何かしらの***タグ***に挟まれていて、タグによってその中に含まれるテキストがどういう役割をするのかを定義しています。タグ書き方の基本ルール、実際に記述した（マークアップした）例を解説していきます。

HTMLの構文ルールは簡単

●HTMLの構文ルール

HTMLの書き方の基本のルールは、**開始タグ**と**終了タグ**で対象となるコンテンツを囲むということです。開始タグと終了タグは必ずセットになっていて、同じタグ名が入ります。終了タグのタグ名の前には「/」を忘れないようにつけましょう。「/」の前後にはスペースなどは入りません。タグは全て半角で記述します。

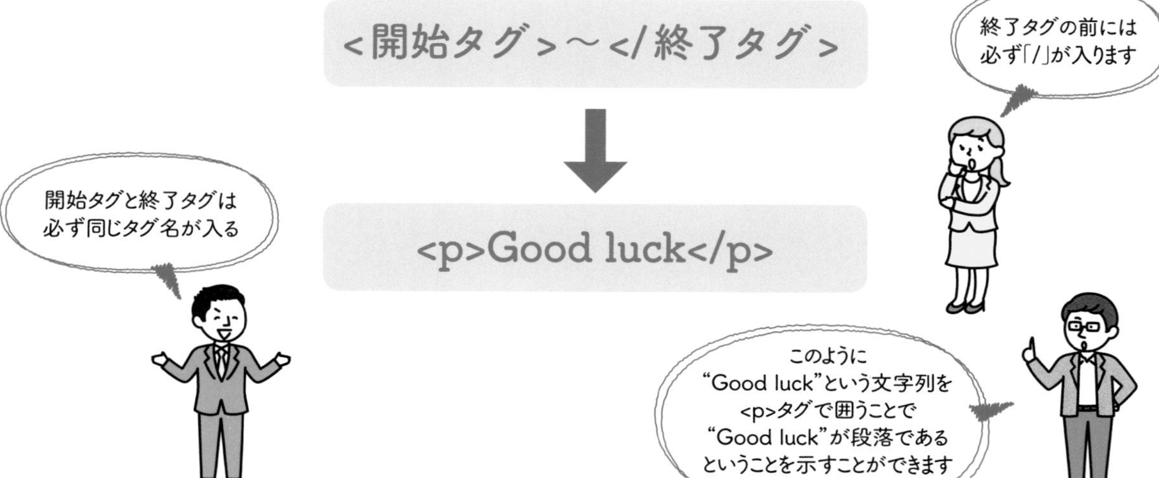
<開始タグ>～</終了タグ>
<p>Good luck</p>
終了タグの前には必ず「/」が入ります
開始タグと終了タグは必ず同じタグ名が入る
このように“Good luck”という文字列を<p>タグで囲うことで“Good luck”が段落であるということを示すことができます

●HTMLの構造

全体をHTML文書として定義する大きな箱があり、その中に主にコンピューターに知らせる情報を入れる箱であるHEAD領域、ページを見に来たユーザーのための情報を入れる箱であるBODY領域が入っています。

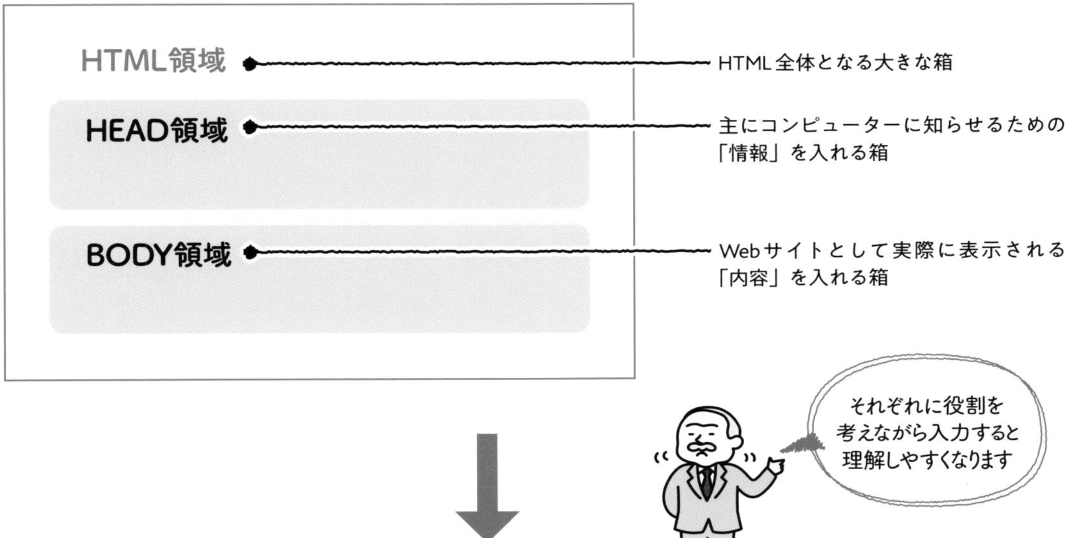

HTML全体となる大きな箱

Webサイトとして実際に表示される「内容」を入れる箱
それぞれに役割を考えながら入力すると理解しやすくなります

HTMLの基本形

右はHTMLの構造に合わせて記述したHTMLの例です。htmlタグで全体が囲まれ、囲まれた範囲のテキストはHTMLであることが定義されています。その中にさらにheadタグ、bodyタグがあり、囲まれた範囲内の役割を定義しています。開始タグから終了タグの間に、さらに別の開始タグと終了タグがあって、さらにその中に…と入れ子の状態になっているのがポイントです。つまり、箱の中に箱が入っているような状態です。

HTML

```
<html>

<head>
<title> このスペースにタイトルを書く </title>
</head>

<body>
このスペースに内容を書く。
</body>

</html>
```

HTMLはhtml開始タグで始まりhtml終了タグで終わります。
正しくタグで囲まれているかチェックしましょう

タグは半角で記述する

アルファベット、数字、記号類は全て半角で記述しないとタグとして機能しません。属性値には日本語など全角が入る場合もあります。「<」などの記号類はタグとして認識されるため、コンテンツ部分にそのまま記述できないので注意しましょう。実体参照という記述方法を使うことで「<」なども表示することが可能です。

タグは全て半角、
スペースも半角です

```
<p class="success" id="main">正しいHTMLです。</p>
```

```
<p>本文中にタグに使われる&lt;記号&gt;は使えません</p>
```

```
<p>本文中にタグに使われる<記号>は使えません</p>
```

文中で「<」「>」を
表す場合、実体参照を
使って「<」「>」と
記述します

インデントとは？

HTMLはタグの中にタグが入る入れ子になっているため、この入れ子の階層構造がわかりやすいように改行と空白を入れると見やすくなります。行頭に空白を入れることを字下げ／インデントと呼び、タブか半角スペースを用います。

タブはキーボードの
tabキーで入力します

```
<body>
<ul><li>リストアイテム1</li><li>リストアイテム2</li></ul>
</body>
```

```
<body>
    <ul>
        <li>リストアイテム1</li>
        <li>リストアイテム2</li>
    </ul>
</body>
```

タブや半角スペースの
数に決まりはありません

空要素とは？

開始タグと終了タグでコンテンツを囲むのが構文ルールと説明しましたが、終了タグをもたないタグもあります。囲むコンテンツがない、つまりコンテンツ部分は空（から）なので空要素と呼びます。画像を挿入するimgタグや段落内に改行を入れるbrタグ、フォームに使われるinputタグはよく使われる空要素です。

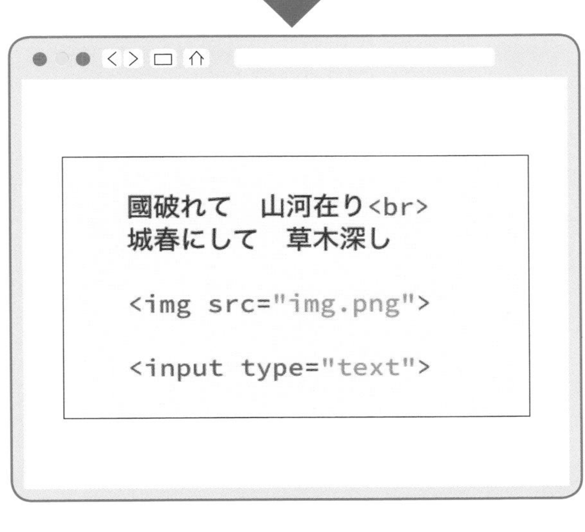

國破れて　山河在り
城春にして　草木深し
<img src="img.png">
<input type="text">

空要素も
開始タグも
表記のルールは
同じです

知っておくべき
空要素はそれほど
多くはありません

One point

<p>タグや<img>タグは非常によく使われるタグなので覚えておきましょう。

Bracketsなどの HTML を記述するためのテキスト・エディタを使うと、タグ部分は自動で色分けされ、自動で終了タグが入ったり、改行するとインデントが入ったりします。記述のルールを覚えることはもちろん大切ですが、環境を整えればツールが補助してくれることも知っておくとよいでしょう。

CHAPTER 02

KEY WORD フォルダ作成

03 基本① HTMLを書く準備をしよう

HTMLを書く前の準備としてファイルを保存する場所を用意しましょう。Webサイトを作るにはHTML、CSS、JavaScriptといったテキストファイルのほか画像などのファイルも必要なので、それらを1つの場所にまとめるフォルダを作っておきます。

Webページは別のページへとリンクでつながるのが特徴ですが、そういった複数のページをHTMLファイルとして同じフォルダに作っていきます。コーナーやカテゴリごとにフォルダ分けして整理するのが一般的です。使用する画像ファイルなどもこのフォルダに移動させます。

HTMLを入れるフォルダを作る

作業フォルダの作成手順

新しいフォルダを作成する場合、Windowsの場合は作りたい場所で右クリックして「新規作成」→「フォルダー」(Macの場合は右クリックして「新規フォルダ」)を選びます。フォルダにはわかりやすい名前をつけておきましょう。

この図では、デスクトップ上で右クリックをしています。

フォルダの名前は「homepage」にしました。

Webページのために扱うファイル類は、拡張子によってファイルの種類を判別する仕組みになっています。HTML内に記述するファイル名にも必ず拡張子が必要なので、フォルダ内の表示でも拡張子が分かるように設定しておきましょう。

フォルダ名は日本語でも英語でも構いませんが、中に入れるファイルは半角英数で名前をつけるようにしましょう。これらのファイルは最終的にはWebサーバーにアップロードすることになりますが、サーバーのOSによってファイル名のルールが違うので気をつけましょう。

拡張子は必ず表示させる

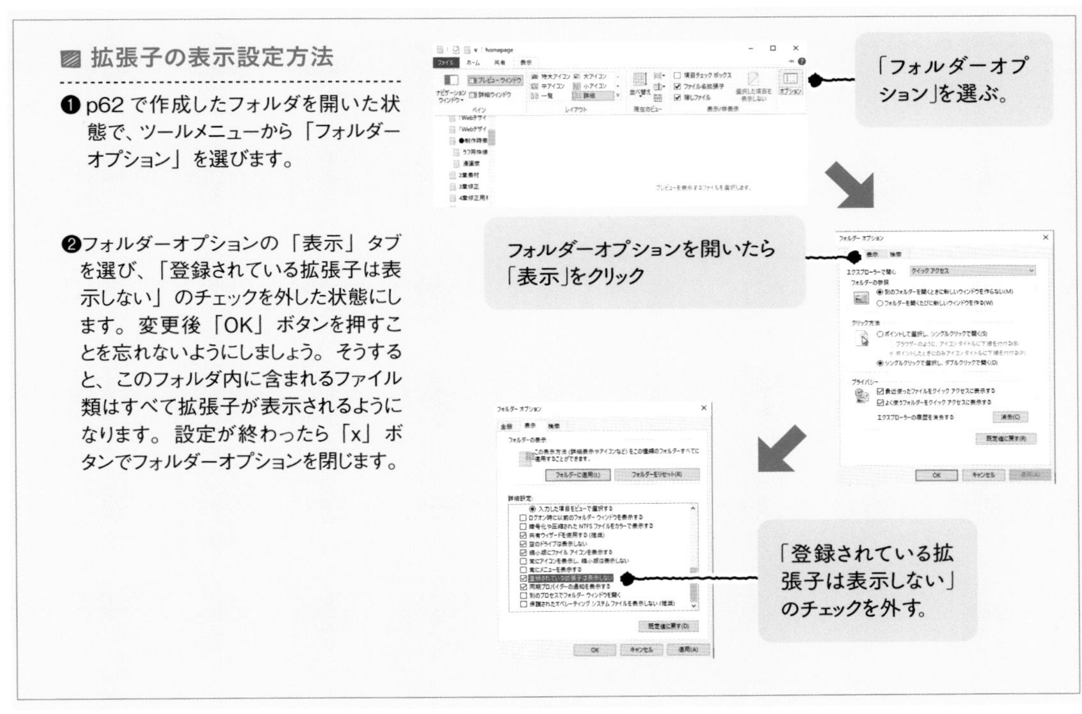

拡張子の表示設定方法
❶ p62で作成したフォルダを開いた状態で、ツールメニューから「フォルダーオプション」を選びます。
❷フォルダーオプションの「表示」タブを選び、「登録されている拡張子は表示しない」のチェックを外した状態にします。変更後「OK」ボタンを押すことを忘れないようにしましょう。そうすると、このフォルダ内に含まれるファイル類はすべて拡張子が表示されるようになります。設定が終わったら「x」ボタンでフォルダーオプションを閉じます。
「フォルダーオプション」を選ぶ。
フォルダーオプションを開いたら「表示」をクリック
「登録されている拡張子は表示しない」のチェックを外す。

HTMLファイルは「.html」「.htm」の2種類の拡張子があります。これは、昔のWindows3.1などで拡張子が3文字しか使えなかったからで、現在では「.html」を使うのが一般的です。なお、JPEG画像は「.jpeg」より「.jpg」を使うことが多いです。

CHAPTER 02

KEY WORD 入れ子構造

04 基本② HTMLファイルの骨組みを理解しよう

HTMLの中身はテキストファイルですが、英単語を「<」「>」で囲んだ「タグ」がちりばめられていて、一見とっつきにくく感じるかもしれません。まずは、それぞれのテキストがどういう用途で使われるものかをタグで定義していることが理解できれば大丈夫です。

HTMLファイルのテキストに含まれる要素は、必ずタグに囲まれています。タグは**入れ子**になっていて、たとえばページのタイトル部分のテキストは、全体を囲むhtmlタグの中の、ページ情報を記述するためのheadタグの中に、titleタグで囲まれた状態で記述します。

タイトルを表すタグを見てみよう

Webページのタイトルは「<title>○○○○</title>」のように記述し、titleタグで囲まれた部分がタイトルとして認識され、Webブラウザのタブの部分に表示されます。このタイトルは、ページをブックマーク登録したときや、検索エンジンの検索結果のタイトルとしても用いられる重要な要素です。ページの内容を端的に表した、ユーザーにとって分かりやすいタイトルをつけるように心がけましょう。

タイトルは長すぎず短すぎず、ページに合ったタイトルをつけよう

タイトルの書き方に決まりはありませんが、「商品名｜商品カテゴリー｜会社名」のように、そのページを表す名称からサイト全体の名称まで、階層構造をさかのぼり「|（バーティカルバー）」で区切って記述するのが一般的で、SEO的にも効果があると言われています。

タグをくわしく見てみよう

HTMLの全体像

HTMLの中は、大きく分けてhead部分とbody部分に分けられます。head部分には、ページタイトルをはじめ文字コードの種類やページの概要など、Webブラウザや検索エンジンなどに向けた文書情報を記述します。body部分はページに表示されるテキストなどを記述する場所で、中に含まれる要素にもタグを使って見出し、本文、画像の読み込みなどの指示をしていきます。

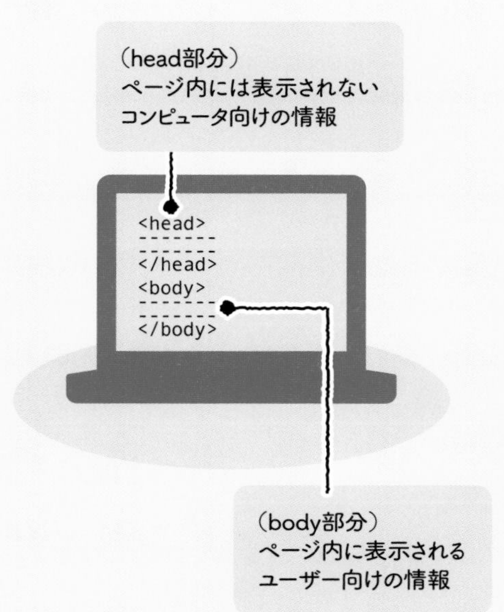
（head部分）
ページ内には表示されない
コンピュータ向けの情報
<head>
</head>
<body>
</body>
（body部分）
ページ内に表示される
ユーザー向けの情報

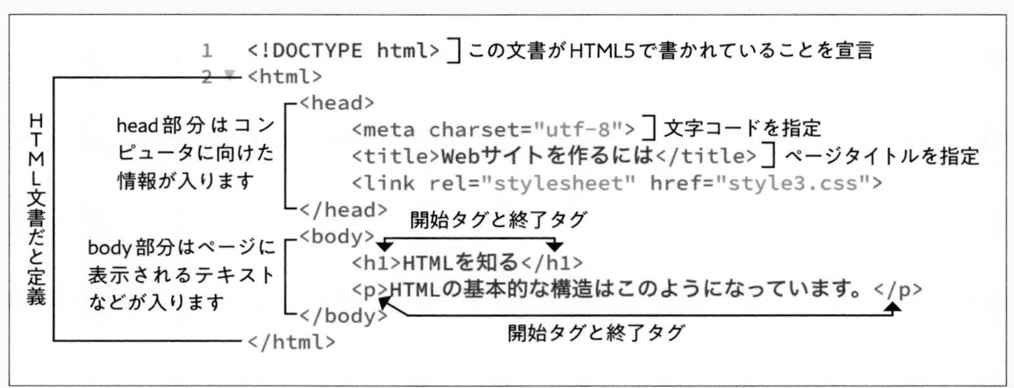
<!DOCTYPE html>
この文書がHTML5で書かれていることを宣言
<html>
HTML文書だと定義
<head>
head部分はコンピュータに向けた情報が入ります
<meta charset="utf-8">
文字コードを指定
<title>Webサイトを作るには</title>
ページタイトルを指定
<link rel="stylesheet" href="style3.css">
</head>
開始タグと終了タグ
<body>
body部分はページに表示されるテキストなどが入ります
<h1>HTMLを知る</h1>
<p>HTMLの基本的な構造はこのようになっています。</p>
</body>
開始タグと終了タグ
</html>

HTMLの基本的な文書構造はこのようになっています。ポイントは入れ子の構造になっていることと、コンピューター向けの情報だけが入っているhead部分と、ページを閲覧する人のための情報が入っているbody部分とに分かれていることです。難しそうなタグもありますが全てを暗記する必要はありません。あらかじめこういった基本のHTMLを保存しておき、コピーして利用すると便利です。

タイトル、メタ要素などhead内に入る要素はコンピューターにページの情報を伝えるためのものなので、複雑で覚えにくそうなものが多い印象を受けると思います。しかし、手本からコピーしてそのまま使うか、一部を書き換えるだけで大丈夫なものばかりなので安心してください。

CHAPTER 02

KEY WORD マークアップ／コーディング

05 基本③ HTMLの基本の書き方を身につけよう

すでにここまででHTMLの構造やルールについては十分説明してきましたが、実際に自分で書くためのヒントをおさらいしましょう。終了タグを忘れない、半角英数で書くなど、これまで学んできた基本的な内容です。

HTMLを書くことはテキストにタグをつけていくことなので**マークアップ**と呼ぶことがあります。また、HTMLを書くことをコーディング、**HTML**の文書のことを「コード」とも呼びます。コード／コーディングはプログラム言語全般で使われる用語です。

HTMLの書き方のヒント

HTMLの基本文法は、文字列を開始タグと終了タグで囲むことです。開始タグと終了タグのタグ名は当然同じです。タグにはいろいろな種類があり、タグ名によって囲まれた部分のコンテンツがどんな役割なのかを指定しているわけです。終了タグのタグ名の前には「/（スラッシュ）」を忘れないようにつけましょう。「/」の前後にはスペースなどを入れないでください。要素を囲まず開始タグだけで終了タグのない「空要素」もあります。

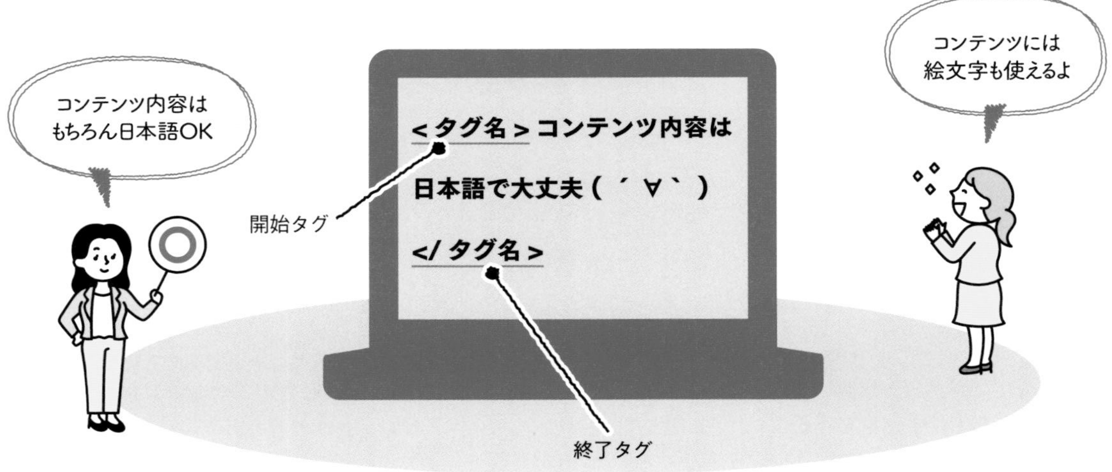
コンテンツ内容は
もちろん日本語OK
コンテンツには
絵文字も使えるよ
<タグ名>コンテンツ内容は
日本語で大丈夫（ ´ ∀ ` ）
</タグ名>
開始タグ
終了タグ

HTMLを書くときには、Bracketsのようなコーディング用のテキスト・エディタを使うと便利です。開始タグを書くと自動で終了タグが記述されるなど入力の補助や、タグや属性を色分けして表示するなどコードが見やすくする工夫などがあり役に立ちます。

タグを書くときは半角英数字で

アルファベット、数字、記号類は全て半角で記述します。もし間違えて全角で書いた場合は、Web ブラウザ上では HTML タグとして認識されずそのまま表示されます。タグ名のアルファベットは大文字と小文字どちらを使ってもタグとして認識されますが、小文字で入力するのが一般的です。

良い例
<p>これは正しいタグです</p>
＜ｐ＞全角で書くとタグになりません＜／ｐ＞
悪い例
Webサイトからコピーしてきたタグが、実は全角というケースがあるので注意！

タグは決まった型どおりに書く

HTMLでは、開始タグと終了タグに囲まれた部分にさらに別なタグが入る「入れ子」の状態になっていることがほとんどです。入れ子は二重、三重と階層が深くなる場合も多く、構造が崩れないように注意して記述しましょう。

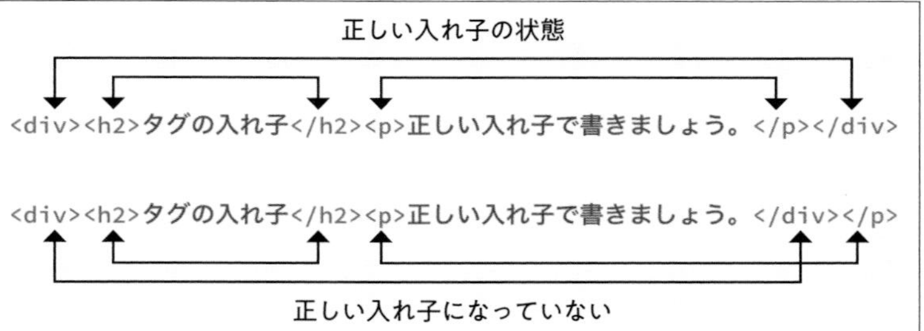

タグには属性として追加の情報を記述する場合があり、たとえばリンクを設定するaタグではリンクの種類とリンク先とを「属性="属性値"」という形式で記述します。属性の前には半角スペースを入れます。

```
<a href="index.html">トップページに戻る</a>
```

HTML のタグは入れ子構造になっているところがポイントで、入れ子のことをネストとも呼びます。入れ子が何重にもなっても見た目でわかりやすいように、改行やインデントをうまく使って見やすい HTML コードを書くように心がけましょう。見やすいコードは分業作業では特に重要です。

CHAPTER 02

KEY WORD　HTML 文法

06 基本④ 正しいHTMLを書くコツ

HTMLをマークアップするときにミスを少なくするためのヒントをご紹介します。基本は終了タグを忘れないことと、見やすく書くことです。将来作業を誰かに引き継ぐことも想定して、自分以外にも見やすいHTMLを書くように心がけましょう。

ミスのないHTMLを書くヒント

開始タグと同時に終了タグも書いておく

まず、開始タグと終了タグをセットで同時に書いておく。

```
<div></div>
```

必ずタグを閉じておくのがポイント。

その間にほかの要素を記述していく。

```
<div>
    <p>正しいHTMLを書くコツです。</p>
</div>
```

間にどんどん要素が増えても終了タグがあるので安心。

インデントを使ってコードを見やすく

ごちゃごちゃしてわかりにくいね

インデントを使わない例。

```
<div><p>正しいHTMLを書くコツです。</p>
<ul><li>開始タグと同時に終了タグも書いておく</li>
<li>インデントを使ってコードを見やすく</li>
<li>コーディング用テキスト･エディタを使う</li></ul></div>
```

インデントを使った例。

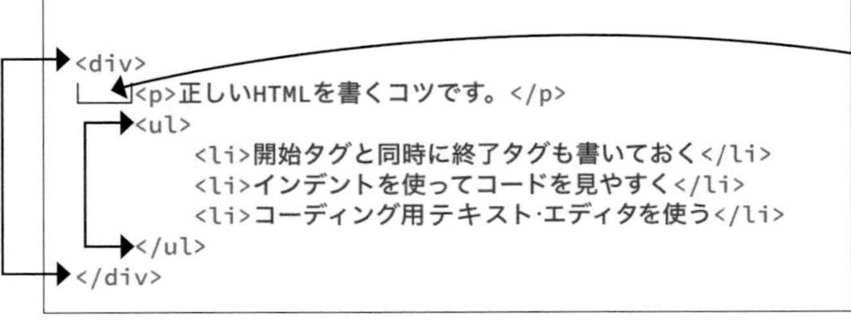

```
<div>
    <p>正しいHTMLを書くコツです。</p>
    <ul>
        <li>開始タグと同時に終了タグも書いておく</li>
        <li>インデントを使ってコードを見やすく</li>
        <li>コーディング用テキスト･エディタを使う</li>
    </ul>
</div>
```

半角スペースか tab キーで空白を入れる。

開始タグと終了タグの対の関係がわかりやすい。

HTML を記述するためのテキスト・エディタを使うと、入力の補助やヒント、タグの色づけなどで書くのが楽になります。本格的に HTML を書くにはこの手のテキスト・エディタを使うのは必須です。以下、Brackets の例を紹介します。

コーディング用テキスト・エディタを使う（Brackets の例）

タグを書くと自動で終了タグも記述されます。

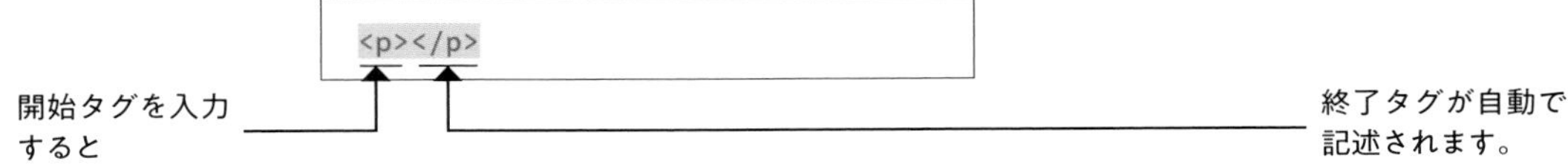

<p></p>
開始タグを入力すると
終了タグが自動で記述されます。

開始タグ、終了タグのどちらかを選ぶと対になったタグもハイライトされます。

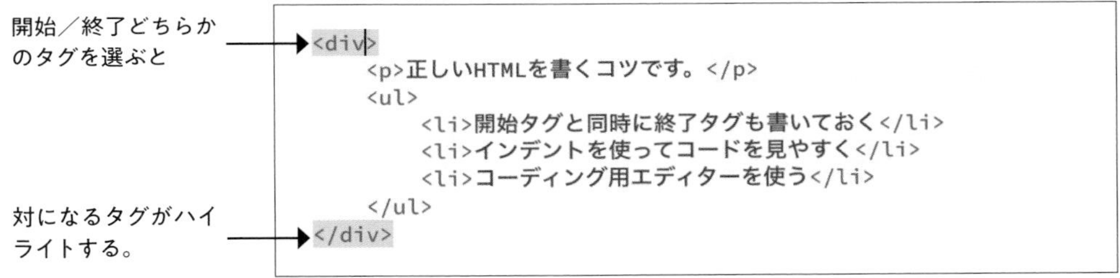

開始／終了どちらかのタグを選ぶと
<div>
<p>正しいHTMLを書くコツです。</p>
<ul>
<li>開始タグと同時に終了タグも書いておく</li>
<li>インデントを使ってコードを見やすく</li>
<li>コーディング用エディターを使う</li>
</ul>
</div>
対になるタグがハイライトする。

開始タグと終了タグの組み合わせが分かって便利です

間違いを自動的に指摘してくれる親切な機能です

ミスがあると色が変わって教えてくれます。

```
<div>
    <p>正しいHTMLを書くコツです。</p>
    <ul>
        <li>開始タグと同時に終了タグも書いておく</li>
        <li>インデントを使ってコードを見やすく</li>
        <li>コーディング用エディターを使う</li>

</div>
```

</ul> を忘れている。

色が変わって不具合があることがわかる。

CHAPTER 02

KEY WORD レイアウト崩れ

07 基本⑤ HTML をミスするとどうなる？

HTML は簡単な言語ですが、一文字でも間違えると不具合が生じてしまいます。HTML のミスにより表示が崩れたり、表示されなくなったり、タグそのものが表示されてしまったりするケースがあります。

HTMLのミスでうまく表示されない

画像が表示されない

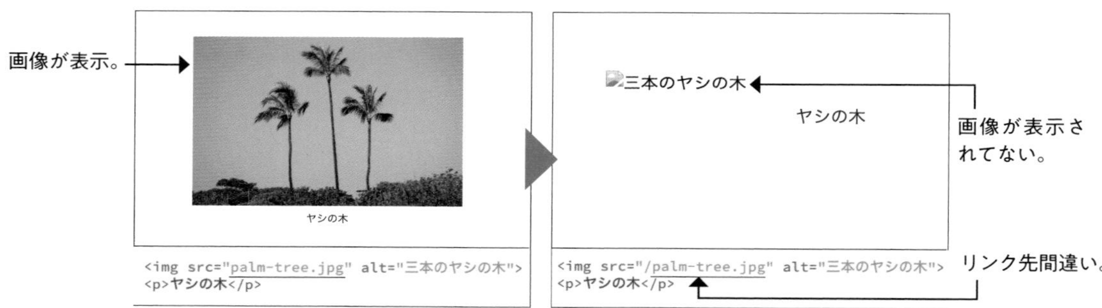

画像が表示。
ヤシの木
<img src="palm-tree.jpg" alt="三本のヤシの木">
<p>ヤシの木</p>
三本のヤシの木
ヤシの木
画像が表示されてない。
<img src="/palm-tree.jpg" alt="三本のヤシの木">
<p>ヤシの木</p>
リンク先間違い。

画像が表示されない場合、ファイル名やフォルダ名などの間違い、画像そのものが存在しないなどが考えられます。

表組みの崩れ

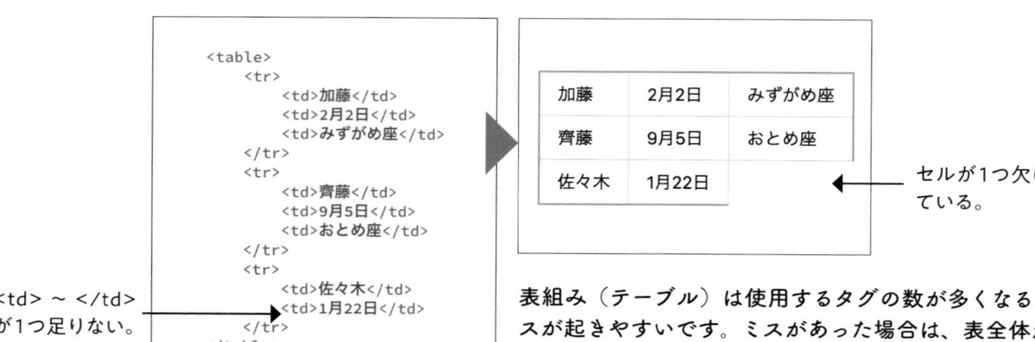

<table>
<tr>
<td>加藤</td>
<td>2月2日</td>
<td>みずがめ座</td>
</tr>
<tr>
<td>齊藤</td>
<td>9月5日</td>
<td>おとめ座</td>
</tr>
<tr>
<td>佐々木</td>
<td>1月22日</td>
</tr>
</table>
<td> ~ </td> が1つ足りない。
加藤 2月2日 みずがめ座
齊藤 9月5日 おとめ座
佐々木 1月22日
セルが1つ欠けている。

表組み（テーブル）は使用するタグの数が多くなるのでミスが起きやすいです。ミスがあった場合は、表全体が表示されないわけではなく、部分的に欠けたりします。

よくあるHTMLの記述ミス

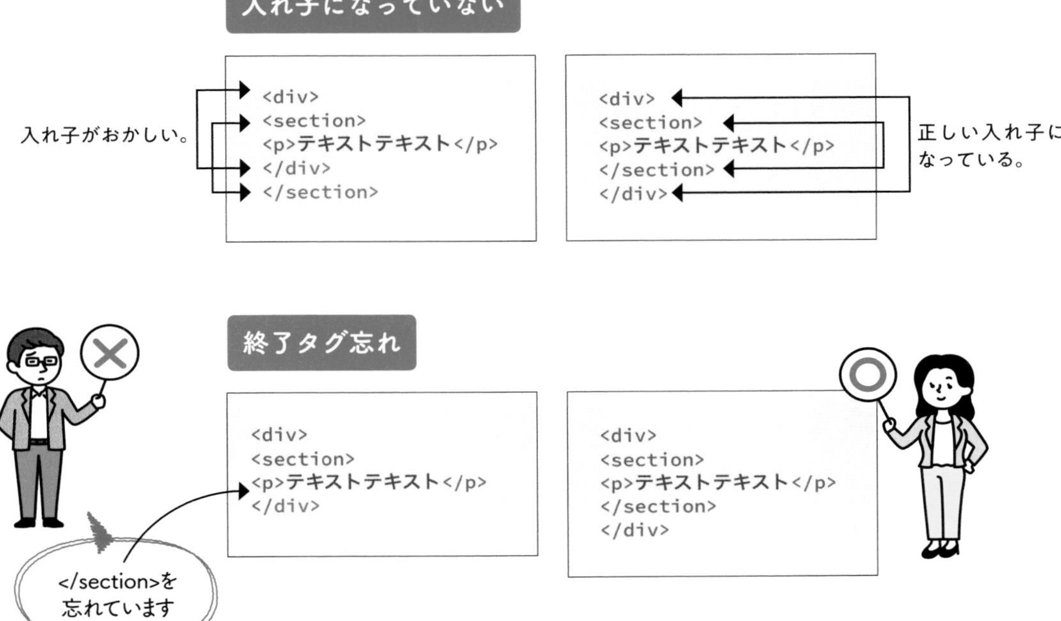

タグの記述でよくあるミスは、終了タグに関するものです。構造が複雑になってくると、終了タグを忘れたり、位置を間違えて正しい入れ子の状態になっていないことが起こりがちです。表示がおかしいときは、開始タグと終了タグの組み合わせを確認しましょう。

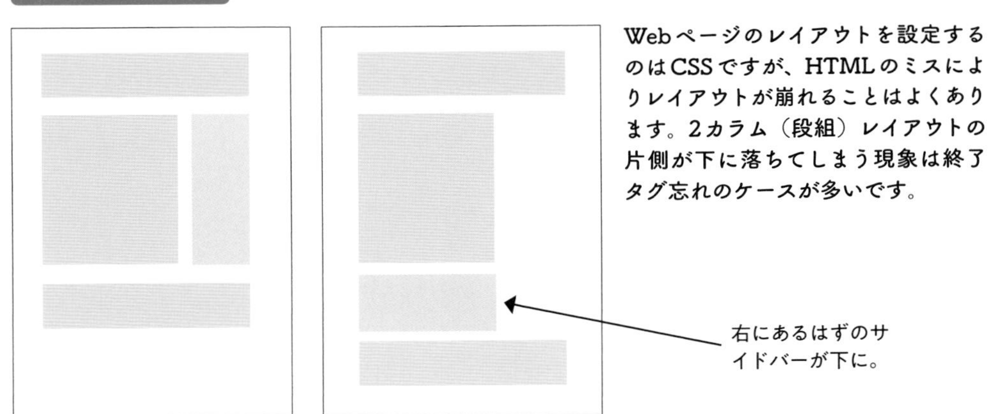

レイアウト崩れ
Webページのレイアウトを設定するのはCSSですが、HTMLのミスによりレイアウトが崩れることはよくあります。2カラム（段組）レイアウトの片側が下に落ちてしまう現象は終了タグ忘れのケースが多いです。
右にあるはずのサイドバーが下に。

CHAPTER 02

KEY WORD バージョンと基本構造

08 基本⑥ 試しにHTMLを書いてみる

実際にHTMLを書いてみます。Bracketsのような HTML 制作に対応したテキスト・エディタを使うと便利です。タグについては後のページで解説していきますが、まずは実際に書いていきましょう。

HTMLを書いてみよう

```
<!DOCTYPE html>
<html>
    <head>
        <meta charset="utf-8">
        <title>サンプルページ</title>
    </head>
    <body>
        <header>
            <a href="index.html"><img src="images/logo.png" alt="ロゴ"></a>
        </header>
        <div id="wrap">
            <p>サンプルページのHTMLを書いてみました。</p>
        </div>
        <footer>(c) Your Name</footer>
    </body>
</html>
```

行番号は入力しません。

HTMLのバージョンと基本構造を指定する

```
<!DOCTYPE html>
```

```
<html>～</html>
```

<! DOCTYPE html>でこの文書がHTML5で書かれていることを宣言します。次の行に、全体を囲う<html></html>を記述します。

head部分に必要な情報を記述する

```
<head>
    <meta charset="utf-8">
    <title>サンプルページ</title>
</head>
```

<html></html>で囲まれた中に<head></head>でhead部分を作ります。metaタグによる文字コードの指定と、titleタグによるタイトルの指定を行います。

body部分にページの基本構造を指定する

```
<body>
    <header></header>
    <div id="wrap">
        <p>サンプルページのHTMLを書いてみました。</p>
    </div>
    <footer></footer>
</body>
```

body部分は大きくヘッダー、コンテンツエリア、フッターの3つにわけます。headerタグ、footerタグはここでは開始タグと終了タグだけにしておきます。コンテンツの入るエリアは領域を表すdivタグで作りid属性で名前をつけておきます。

ロゴ画像を挿入、リンクを設定する

```
<header>
    <a href="index.html"><img src="images/logo.png" alt="ロゴ"></a>
</header>
```

imgタグを使い、src属性で表示する画像のフォルダ名とファイル名を指定します。aタグを使いhref属性でリンク先のファイル名を設定します。ここではトップページで通常使われるindex.htmlにリンクします。

「index.html」とは
ホームページに訪れた時に
最初に表示される
トップページのことです

CHAPTER 02
09

KEY WORD　HTML チェッカー

基本⑦ 正しく書けたか確認してみる

作った HTML はサーバーにアップロードしなくても、パソコン上のファイルを Web ブラウザで表示して確認できます。正しく記載されていればタグ部分は画面に表示されません。Brackets のようなテキスト・エディタを使うと表示確認も簡単にできます。

Webブラウザで確認

```
<!DOCTYPE html>
<html>
    <head>
        <meta charset="utf-8">
        <title>サンプルページ</title>
    </head>
    <body>
        <header>
            <a href="index.html"><img
            src="images/logo.png" alt="ロゴ"></a>
        </header>
        <div id="wrap">
            <p>サンプルページのHTMLを書いてみました。</p>
        </div>
        <footer></footer>
    </body>
</html>
```

Webブラウザで HTML ファイルを開くことで表示確認ができます。パソコン上にあるファイルなどを正しく指定できていれば、画像も表示されますし、リンクの確認もできます。

ツールを使って確認

テキスト・エディタBracketsでのライブプレビュー

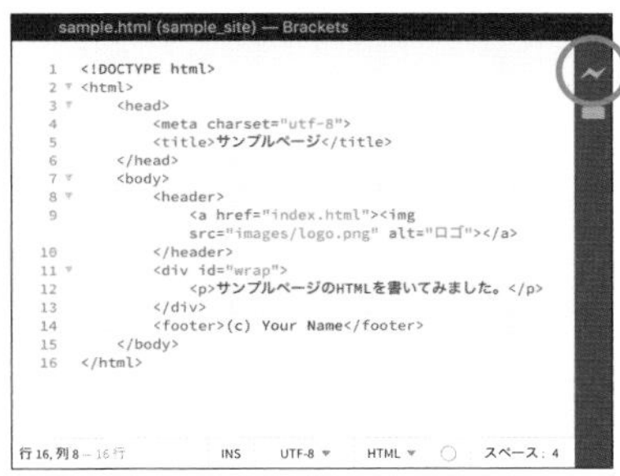

ライブプレビューボタン

Bracketsにはライブプレビュー機能があり、リアルタイムにWebブラウザでプレビュー（表示確認）できます。右上のイナズママークのアイコンでライブプレビューを実行します。

テキスト・エディタBracketsでコードのミスを見つける

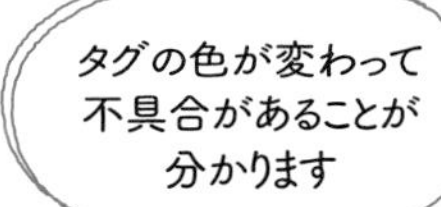

```
<!DOCTYPE html>
<html>
    <head>
        <meta charset="utf-8">
        <title>サンプルページ</title>
    </head>
    <body>
        <header>
            <a href="index.html"><img
            src="images/logo.png" alt="ロゴ"></a>
        </header>
        <div id="wrap">
            <p>サンプルページのHTMLを書いてみました。</p>
        </div>
        <footer>(c) Your Name
    </body>
</html>
```

行 14, 列 30 — 16 行　INS　UTF-8　HTML　スペース：4

正しいHTMLじゃないとプレビューできない。

HTMLチェッカーを使ってチェック

HTMLの文法チェックをするネット上のツールもあります。Web技術の標準化を行うW3Cが提供する「W3C HTML Checker」など無料で利用できるサービスもいくつかあります。文法チェックなので厳しく検証されます。

NU Html Checker
https://validator.w3.org/nu

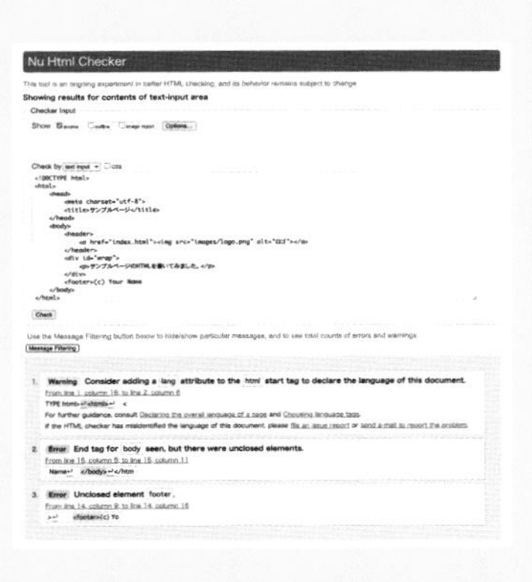

Webブラウザで表示させるという検証方法もありますが、この方法だと文法の検証はできません。文法が間違っていても問題なく表示されることがあるからです。ただし、ハイパーリンクや画像埋め込みでの指定が正しいかどうかの検証はWebブラウザでも可能です。

KEY WORD　h タグ

10 実践①見出しのつけ方

文章に適用できるタグの中でも、見出しを設定する h タグはぜひ使いこなして欲しいタグです。適切に見出しを入れることで文章が読みやすくなるだけでなく、文章の構造を読み手、そして検索エンジンなどのコンピューターに伝える上でも重要な役割を果たすからです。

h タグは h1 ～ h6 まで 6 段階の数字を使った 6 種類のタグがあります。標準状態では h1 タグが一番大きく、数字が増えるほど段階的に小さく表示されます。しかし、どの数字の h タグを使うのかを、表示サイズによって自由に選ぶのではないことに注意しましょう。

見出しタグを使ってみよう

<h1>大見出し</h1>のようにhタグで囲んだテキストが見出しと認識されます。標準状態では太字で表示され、見出しの後は改行されて次の段落との間に余白が作られます。6段階用意されていますが、h1、h2と順番に使っていき、h6まで使い切ってしまうことはほとんどありません。

```
<h1>ヘッドライン1</h1>
<h2>ヘッドライン2</h2>
<h3>ヘッドライン3</h3>
<h4>ヘッドライン4</h4>
<h5>ヘッドライン5</h5>
```

h タグは検索エンジンにそのページの重要なキーワードと認識されるため、SEO を意識する上でも重要なタグです。数字が小さい h タグほど重要と扱われますが、h1 タグばかりをたくさん使うと 1 つ 1 つの重要度が下がるばかりか、検索エンジンを欺く行為と判断される可能性もあります。

見出しタグで文書の構造をつくる

見出しタグは、大見出しとなる<h1>から使い、次の中見出しは<h2>、小見出しは<h3>というように、大きな見出しから数字の順に使っていきます。

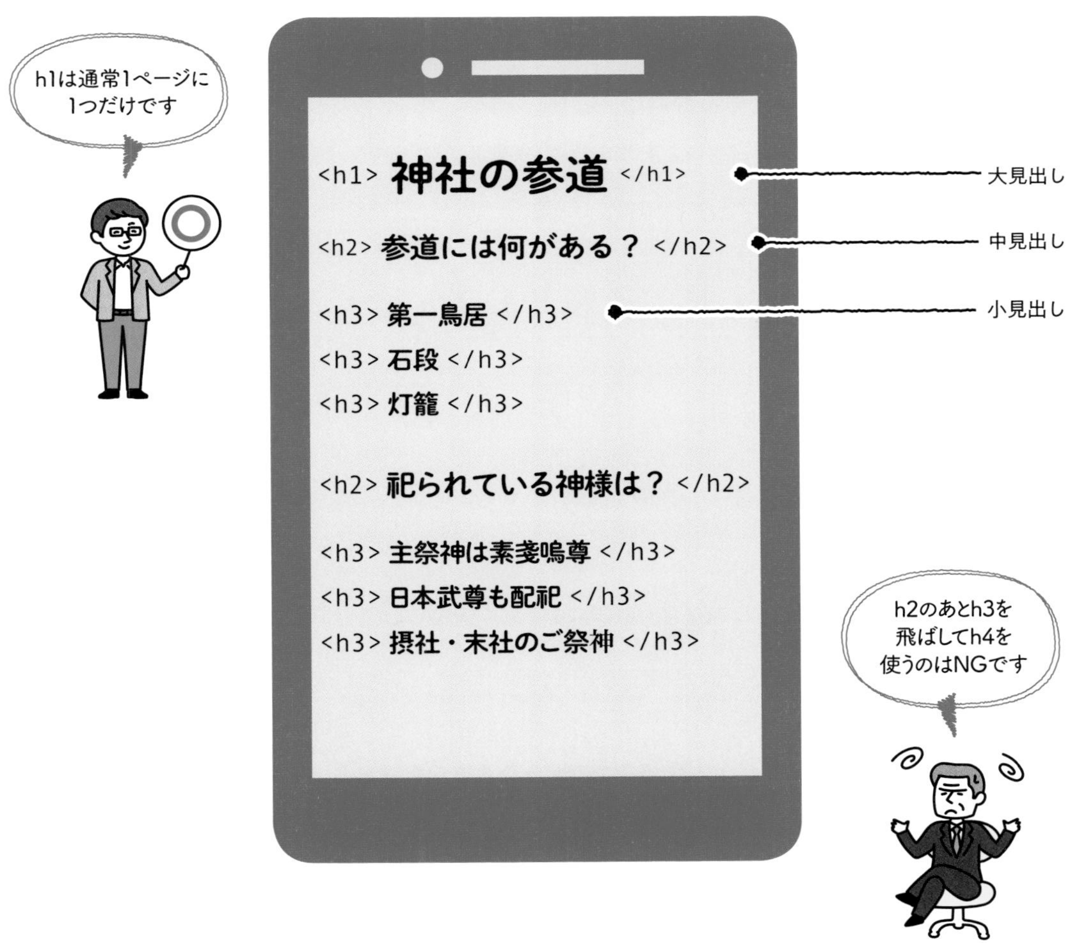

h1は通常1ページに1つだけです
<h1> 神社の参道 </h1>
大見出し
<h2> 参道には何がある？ </h2>
中見出し
<h3> 第一鳥居 </h3>
小見出し
<h3> 石段 </h3>
<h3> 灯籠 </h3>
<h2> 祀られている神様は？ </h2>
<h3> 主祭神は素戔嗚尊 </h3>
<h3> 日本武尊も配祀 </h3>
<h3> 摂社・末社のご祭神 </h3>
h2のあとh3を飛ばしてh4を使うのはNGです

一般的にはそのページ全体の内容を表すのがh1で、本文の内容を分類分けする区切りがh2、h2に続く文章をさらに分類分けする場合にはh3…と、hタグで文章を複数の階層に分類していくイメージです。原稿を作成する時点で、文書の構造を意識しておくと良いでしょう。

CHAPTER 02

11 実践②テキストの表示方法

KEY WORD　p タグ／ br タグ

見出しに続いて本文部分のテキストに対し HTML をどう記述するかの紹介です。文章のまとまりごとに段落を表す p タグで囲みます。p は段落を意味する「paragraph」の頭文字です。改行には「break」の頭 2 文字を取った br タグを使います。

p タグを使い <p>~</p> で文章を段落ごとに囲みます。Web ブラウザの標準状態では段落と段落の間には空白ができます。これは文章の区切りをわかりやすく読みやすくするために Web ブラウザが用意している表示方法です。CSS を使うとさらに細かく見た目を調整できます。

本文を段落にわける

```
<p>見出しのことを英語でヘッドライン（headline）と呼ぶので、hタグで
マークアップします。hタグには1～5の数字が入り小さい数字から順番に使い
ます。</p>
<p>段落のことはパラグラフ（paragraph）なのでpタグです。書籍では段落
ごとに先頭を一文字空けますがWebページでは空けないケースがほとんどです
ね。</p>
```

見出しのことを英語でヘッドライン（headline）と呼ぶので、hタグでマークアップします。hタグには1～5の数字が入り小さい数字から順番に使います。

段落のことはパラグラフ（paragraph）なのでpタグです。書籍では段落ごとに先頭を一文字空けますがWebページでは空けないケースがほとんどですね。

段落ごとに文章を<p>～</p>で囲みます。段落ごとに改行され、段落間には空白ができます。段落が含まれるエリアの横幅やブラウザの横幅に合わせて、テキストは自動で折り返されます。HTMLのコード上とブラウザでの表示では、折り返される位置などが変わってきます。

書籍など印刷物では段落の区切りは改行だけで行間はそのままです。しかし、Webページでは画面上で読みやすいように段落ごとに空白をあけて表示するのが一般的です。その代わり、印刷物では段落の頭を一文字空けますが、Webページでは空けないケースがほとんどです。

改行する方法

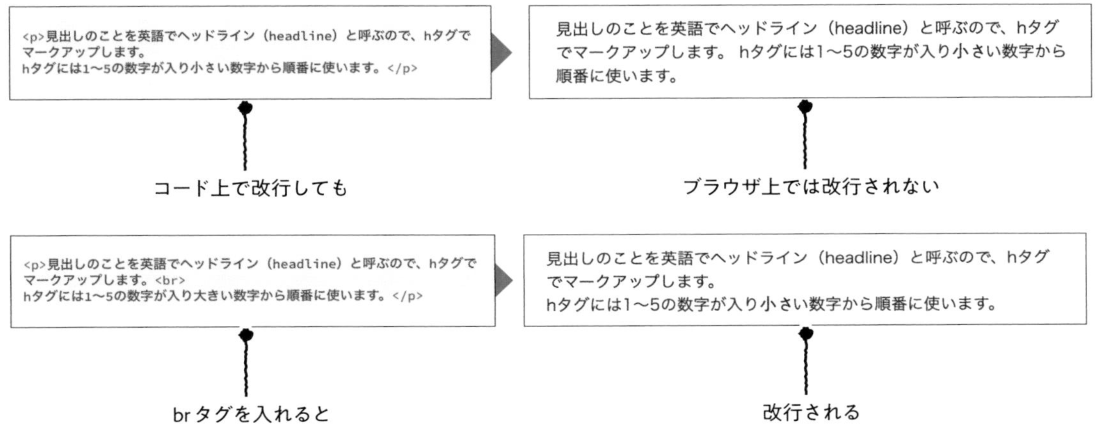
<p>見出しのことを英語でヘッドライン（headline）と呼ぶので、hタグでマークアップします。
hタグには1～5の数字が入り小さい数字から順番に使います。</p>
見出しのことを英語でヘッドライン（headline）と呼ぶので、hタグでマークアップします。 hタグには1～5の数字が入り小さい数字から順番に使います。
コード上で改行しても
ブラウザ上では改行されない
<p>見出しのことを英語でヘッドライン（headline）と呼ぶので、hタグでマークアップします。
hタグには1～5の数字が入り大きい数字から順番に使います。</p>
見出しのことを英語でヘッドライン（headline）と呼ぶので、hタグでマークアップします。
hタグには1～5の数字が入り小さい数字から順番に使います。
brタグを入れると
改行される

段落内で改行するときはbrタグを使います。HTMLのコード上でいくら改行しても、Webブラウザの表示では改行されません。brタグを連続で入れると空白行を入れられますが、pタグで段落を分けるべきですし、CSSでのデザインの調整も難しくなります。

余白を空けるためにbrタグを複数使わない

```
<p>見出しのことを英語でヘッドライン
（headline）と呼ぶので、hタグでマークア
ップします。hタグには1～5の数字が入り小
さい数字から順番に使います。<br>
<br>
段落のことはパラグラフ（paragraph）なの
でpタグです。書籍では段落ごとに先頭を一文
字空けますがWebページでは空けないケース
がほとんどですね。</p>
```

```
<p>見出しのことを英語でヘッドライン
（headline）と呼ぶので、hタグでマークア
ップします。hタグには1～5の数字が入り小
さい数字から順番に使います。</p>
<p>段落のことはパラグラフ（paragraph）
なのでpタグです。書籍では段落ごとに先頭を
一文字空けますがWebページでは空けないケ
ースがほとんどですね。</p>
```

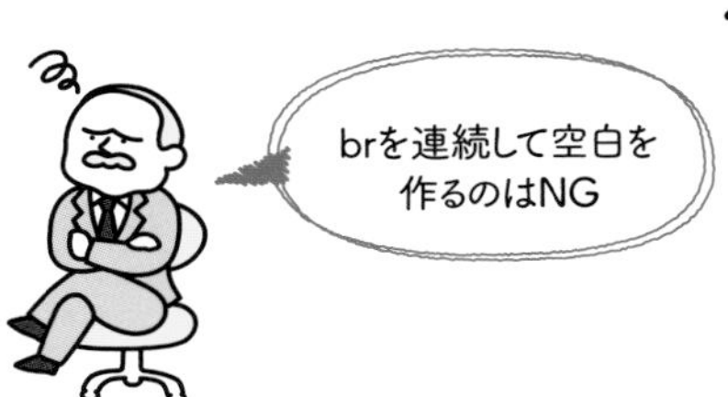
brを連続して空白を
作るのはNG

CHAPTER 02

KEY WORD strong タグ／ em タグ／ blockquote タグ／ pre タグ

12 実践③テキストを太字や斜体にする方法

HTML だけでも文字に表現力をもたせるため、太字にする、斜体にするなどのタグがあります。ただし、現在では HTML で文書構造を設定し、CSS で見た目を調整するように役割を分けているので、文字の装飾用のタグは使われないようになっています。

strong タグを使うと太字に、**em タグ**を使うと斜体になります。しかし、これは見た目のためではなく、文書に意味づけするためのものです。これらのタグで囲んだ部分は重要なテキストだと検索エンジンに判断されるため、SEO 効果が期待できますが適度に使うべきです。

文字が太字・斜体になるコーディング例

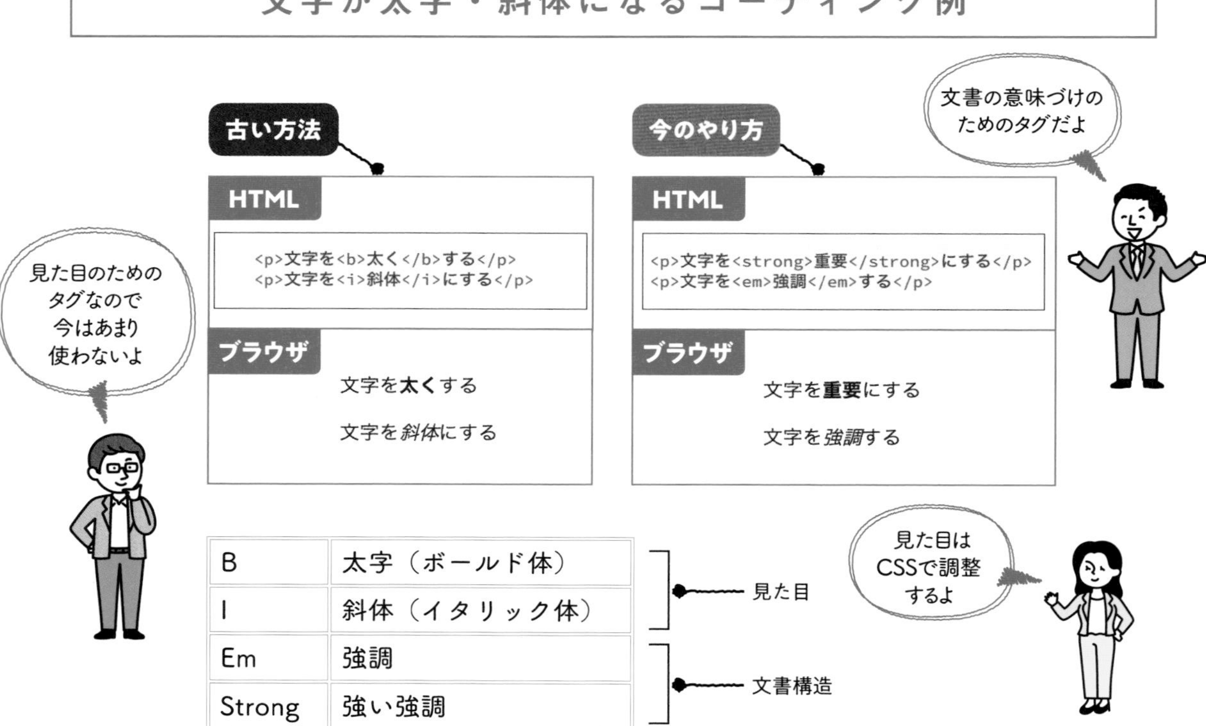

B	太字（ボールド体）
I	斜体（イタリック体）
Em	強調
Strong	強い強調

日本語には英語のようにどんな用途でイタリック体を使うかのルールやイタリック体としてデザインされた文字はありません。単に読みにくいだけなので、文字が斜体になるタグを使った場合、CSS で通常の状態に戻すのが一般的です。

その他の文章に意味づけするタグ

引用（blockquoteタグ）

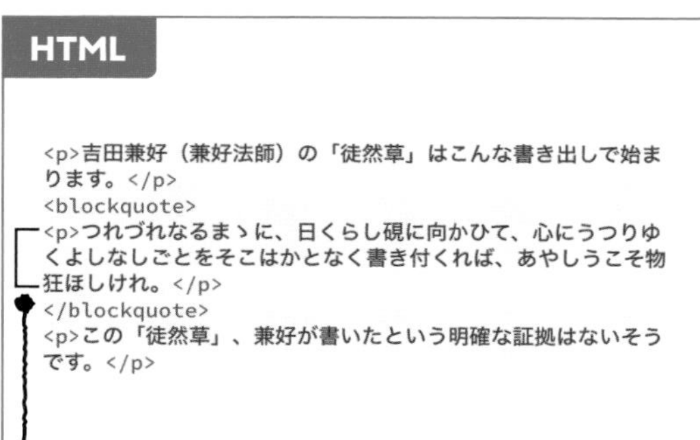
HTML
<p>吉田兼好（兼好法師）の「徒然草」はこんな書き出しで始まります。</p>
<blockquote>
<p>つれづれなるまゝに、日くらし硯に向かひて、心にうつりゆくよしなしごとをそこはかとなく書き付くれば、あやしうこそ物狂ほしけれ。</p>
</blockquote>
<p>この「徒然草」、兼好が書いたという明確な証拠はないそうです。</p>

ブラウザ

吉田兼好（兼好法師）の「徒然草」はこんな書き出しで始まります。

> つれづれなるまゝに、日くらし硯に向かひて、心にうつりゆくよしなしごとをそこはかとなく書き付くれば、あやしうこそ物狂ほしけれ。

この「徒然草」、兼好が書いたという明確な証拠はないそうです。

引用箇所だとタグで明確にする

字下げされて表示（ブラウザによって表示は異なります）

blockquoteタグで引用、転載部分を指定します。引用部分が見た目で明確にわかることは大切ですが、文書構造上はっきり区別することも重要です。改行しない一行程度の文章を引用する場合に使うqタグもあります。

整形済みテキスト（preタグ）とは？

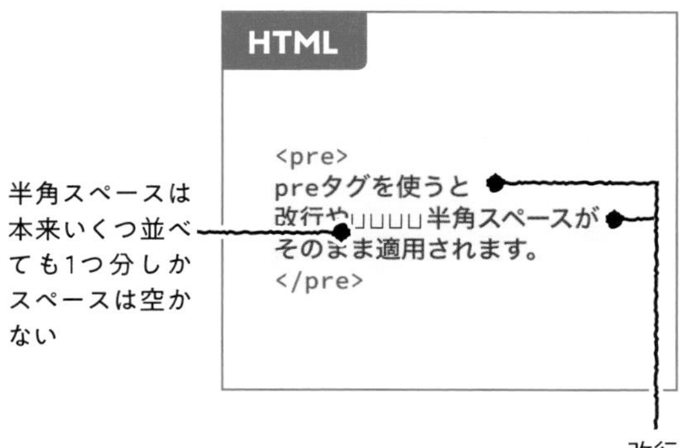
HTML
<pre>
preタグを使うと
改行や␣␣␣␣半角スペースが
そのまま適用されます。
</pre>

半角スペースは本来いくつ並べても1つ分しかスペースは空かない

改行

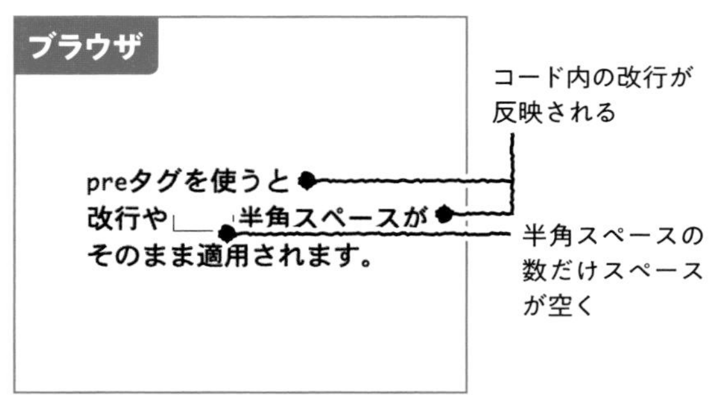
ブラウザ
preタグを使うと
改行や　　半角スペースが
そのまま適用されます。

コード内の改行が反映される

半角スペースの数だけスペースが空く

preタグを使うとコード内の半角スペース、改行がそのままブラウザでの表示に反映されます。通常はHTML内に半角スペースを複数入れても、ブラウザでは1つ分しかスペースはできません。codeタグと組み合わせてプログラムのコードを表示するのにもよく使われます。

フムフム
フムフム

KEY WORD imgタグ

CHAPTER 02

13 実践④画像の挿入方法

HTMLではimgタグを使って画像を挿入できます。Webページとして公開する際には、挿入する画像ファイルもHTMLファイルと同様、サーバー上にアップロードする必要があります。なお、自分のコンピューター上でテストする際には、ストレージ上にある画像を表示できます。

画像を挿入するには、画像を意味するimageの頭3文字を取った**imgタグ**を使います。画像として扱えるのはJPEG形式（.jpgまたは.jpeg)、PNG形式（.png)、GIF形式（.gif）などで、それぞれの形式に長所と短所があります。

画像はimgタグで表示する

imgタグに画像ファイルのある場所やファイル名を指定するためにsrc属性を記述します。属性値は必ず「"」で囲みます。imgタグは終了タグのない空要素です。Webブラウザではimgタグの部分に画像が表示されます。

```
<!DOCTYPE html>
<html>
    <head>
        <meta charset="utf-8">
        <title>あじさいの花</title>
    </head>
    <body>
      <h1>あじさいの花</h1>
      <img src="ajisai-1.jpg">
      <p>公園であじさいを見つけました。</p>
    </body>
</html>
```

画像が大きすぎると
読み込みに時間が
かかるよ

マークアップ例ではsrc属性の値に画像ファイル名だけを記述していますが、これはHTMLファイルと画像ファイルが同じフォルダに入っている場合の書き方です。HTMLと同じ階層に画像の入ったフォルダがある場合は「src="フォルダ名/ファイル名"」のような書き方になります。

alt属性とは？

imgタグにはalt属性として画像を説明するテキストを設定できます。altはalternativeの略で「代わり」という意味です。画像が表示できない場合には代わりにこのテキストが表示され、音声読み上げでもこのテキストが読み上げられます。

```
<!DOCTYPE html>
<html>
    <head>
        <title>あじさいの花</title>
    </head>
    <body>
      <h1>あじさいの花</h1>
      <img src="ajisai-1.jpg" alt="紫色の
      あじさい">
      <p>公園であじさいを見つけました。</p>
    </body>
</html>
```

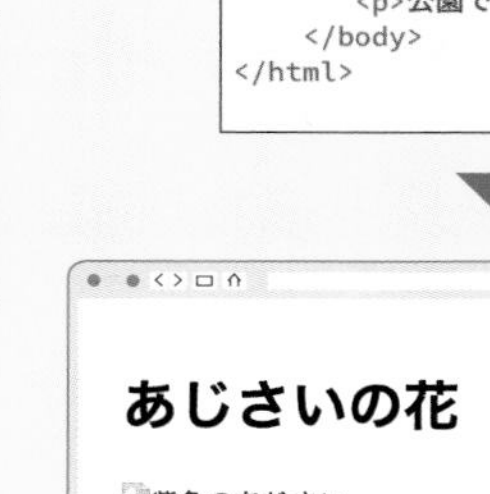
あじさいの花
紫色のあじさい
公園であじさいを見つけました。

画像が読み込まれない場合にはブラウザ上にalt属性のテキストが表示されます

画像が表示できないのは回線速度が遅く読み込めないケースなどがあります

補足説明はtitle属性で

alt属性とともにtitle属性でもテキストによる画像の説明を設定できます。title属性はimgタグ以外にも指定でき、多くのブラウザではその要素にカーソルを重ねたとき「ツールチップ」として表示されます。

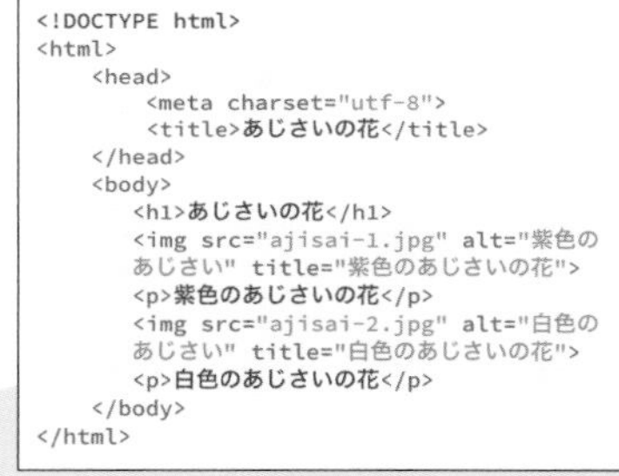

```
<!DOCTYPE html>
<html>
    <head>
        <meta charset="utf-8">
        <title>あじさいの花</title>
    </head>
    <body>
      <h1>あじさいの花</h1>
      <img src="ajisai-1.jpg" alt="紫色の
      あじさい" title="紫色のあじさいの花">
      <p>紫色のあじさいの花</p>
      <img src="ajisai-2.jpg" alt="白色の
      あじさい" title="白色のあじさいの花">
      <p>白色のあじさいの花</p>
    </body>
</html>
```

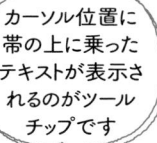

あじさいの花
紫色のあじさいの花
白色のあじさいの花

カーソル位置に帯の上に乗ったテキストが表示されるのがツールチップです

大切な情報をtitle属性だけに入れるのはおすすめできません

alt属性は画像が表示できない場合の代替手段なので必須項目と考えましょう。検索エンジンに画像の内容を教える意味もあります。意味の無い画像の場合は「alt=""」と中身は空で指定します。title属性は追加説明のような扱いなので必須の項目ではありません。

CHAPTER 02

KEY WORD a タグ

14 実践⑤リンクの張り方

複数の文書をリンクでつなげられることが、HTML の大きな特徴です。文書の参照先として別な文書にすぐに移動できるこのリンクをハイパーリンクと呼びます。ここではその HTML の最も特徴的な機能であるハイパーリンク（リンク）のはり方を学んでいきましょう。

HTML でリンクを設定するのは **a タグ**で、a は anchor の頭文字です。ブラウザの標準状態では a タグで囲まれたテキストは青い色になり下線が引かれほかの文字と区別されます。このテキスト部分をクリック（タップ）すると、指定された別のページに移動します。

テキストリンクを作ろう

リンクを貼るaタグ

aタグでテキストを囲むことで、その部分のテキストにリンクが設定されます。リンク先はhref属性で指定します。同じサイト内の別ページやほかのWebページにリンクを張ることで、ページを移動することになります。

```
HTMLの仕様は<a href="https://www.w3.org/">W3C</a>が提唱しています。
```

リンクテキストが短いと
クリックしにくいよ

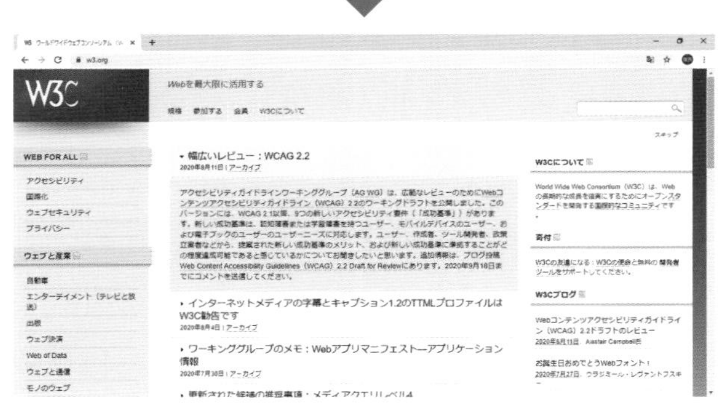
W3C
Webを最大限に活用する
幅広いレビュー：WCAG 2.2

移動先が
想像できる
テキストにしよう

別の Web ページに移動する場合、href 属性には URL を指定します。同じフォルダ内にある別ファイルにリンクする場合には、HTML ファイルのファイル名を記述します。同じページ内の特定の箇所にリンクを張る「ページ内リンク」と呼ばれる方法もあります。

画像にリンクを張ろう

画像をクリック（タップ）すると別のページに移動するように設定できます。画像を挿入するimgタグをaタグで囲むことで、画像にリンクを設定できます。画像の方が目立つので、テキストよりも画像の方がクリックされやすい傾向にあります。クリックするとその画像が大きく表示される効果もよく使われます。

```
<a href="ajisai.html">
<img src="image.jpg" alt="紫色のあじさい">
</a>
```

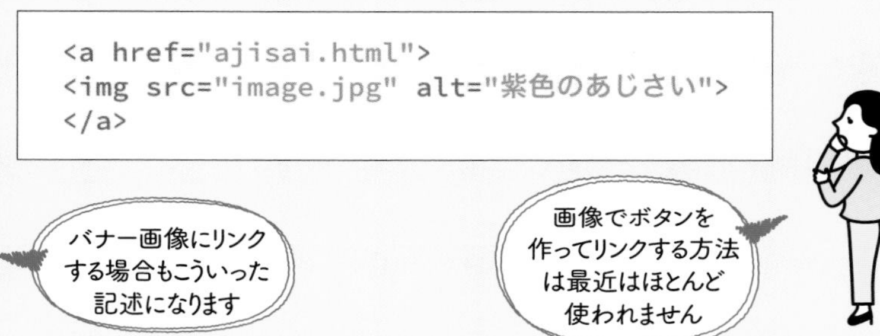
バナー画像にリンクする場合もこういった記述になります
画像でボタンを作ってリンクする方法は最近はほとんど使われません

クリックしてメールを送れるリンク

メールアドレスあてのリンク

リンク先に「mailto:」に続けてメールアドレスを記述すると、メールを送るためのリンクになります。このリンクをクリック（タップ）すると、メールアプリが起動して宛先に自動的にそのメールアドレスが入ります。何のアプリが立ち上がるかはパソコン／スマートフォンの設定によって変わります。

```
<a href="mailto:example@example.com">メールでのお問い合わせ</a>
```

mailto:と記述
送り先のメールアドレス
「mailto:」を忘れずに
メールリンクなことを明記した方が親切だね

メールアドレスあてのリンクは、現在ほとんど使われません。問い合わせフォームを用意するのが一般的です。HTML内にメールアドレスを記載すると、それがロボットによって収集されて迷惑メールが来るケースが多いことが、メールのリンクがあまり使われない理由の１つです。

CHAPTER 02

15

KEY WORD 絶対パス／相対パス／ルート相対パス

実践⑥リンク先の指定方法

別の Web ページへのリンクや画像を挿入するとき、ファイルのある場所「パス」を指定します。パスはファイルまでどうやってたどり着くかの道筋を示していて、絶対パス／相対パス／ルート相対パス（ルートパス）があります。

Web サイトの URL「https:// ○○○」をそのまま記述するのが**絶対パス**です。**相対パス**は現在のファイルからリンク先ファイルへの相対的な道筋を表記します。サイト／フォルダの第一階層（ルート）からの位置を記述するのがルート相対パスです。

リンク先を指定するのが「パス」

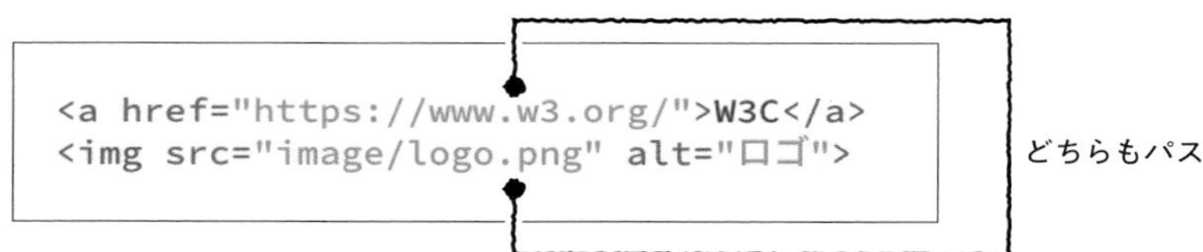

パス（path）は特定のファイルのある場所への道筋

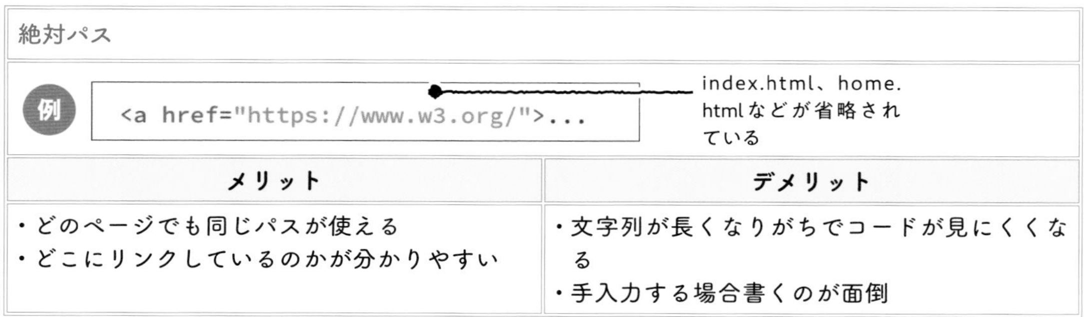

絶対パス	
例 `<a href="https://www.w3.org/">...` ― index.html、home.htmlなどが省略されている	
メリット	デメリット
・どのページでも同じパスが使える ・どこにリンクしているのかが分かりやすい	・文字列が長くなりがちでコードが見にくくなる ・手入力する場合書くのが面倒

基本的には、別のサイトにリンクするには絶対パスで書き、同じサイト内のリンクは相対パスかルート相対パスで記述します。なお､トップページとしてサーバーに設定してある index.html(場合によっては home.html など）はパスを記述する際に省略できます。

相対パス

```
<a href="info/index.html">
<a href="../index.html">
```

メリット	デメリット
・（サーバーにアップする前に）パソコン上でリンクのテストができる ・文字列が短くコードが見やすい	・同じページへリンクするパスが記述するページによって変わる ・階層が深いと記述が複雑になりミスも起きやすい

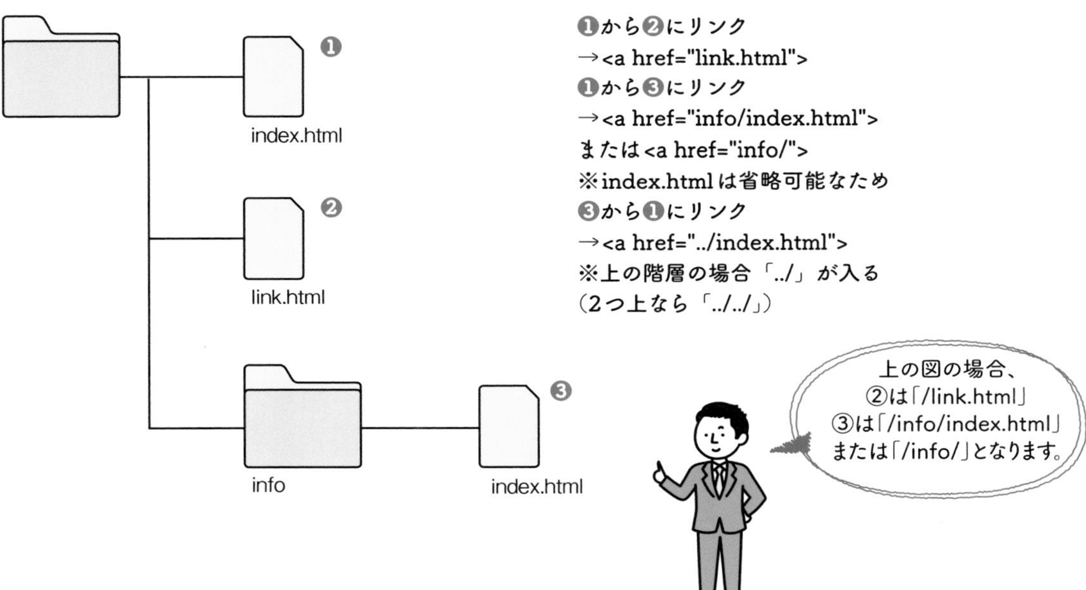

ルート相対パス

```
<a href="/info/">
<img src="/images/logo.png">
```

メリット	デメリット
・サイト内のどのページでも同じパスが使える ・文字列が短くコードが見やすい	・リンクのテストを行うには、サーバーにアップするかパソコン上の環境構築が必要 ・階層が深いと記述が複雑になりミスも起きやすい

CHAPTER 02

16 実践⑦リストの表示方法

KEY WORD ul タグ／li タグ／ol タグ

HTML でのリストは箇条書きを作るためのものです。リストには各項目の頭に「・」などの印（この印を bullet ＝バレットと呼びます）が入る箇条書きと、数字が連番で入る番号付きリストの 2 種類があり、それぞれ li タグ、ol タグで設定します。

リストタグを使わず段落の中で「・」や番号を入れて表記するだけでも、箇条書きや番号付きリストと同じような見た目になります。しかし、正しく文書構造を指定するためにもリストにはリストタグを使うべきです。リストタグを使った方が見た目のコントロールもやりやすいです。

箇条書きリストをつくろう

箇条書きリストを表示するためには<ul>タグを使います。リストの表示は<ul>タグだけでは機能せず、<ul>タグ内に<li>タグを使ってリスト項目を追加します。

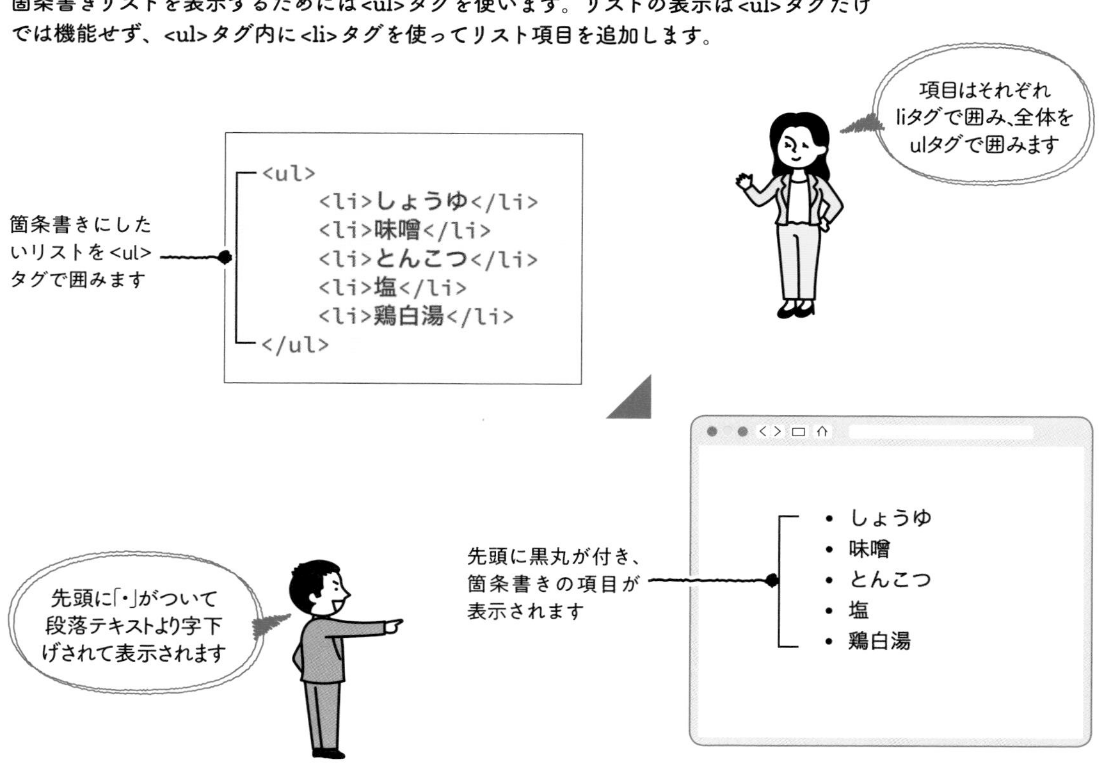
項目はそれぞれ
liタグで囲み、全体を
ulタグで囲みます
箇条書きにしたいリストを<ul>タグで囲みます
<ul>
<li>しょうゆ</li>
<li>味噌</li>
<li>とんこつ</li>
<li>塩</li>
<li>鶏白湯</li>
</ul>
• しょうゆ
• 味噌
• とんこつ
• 塩
• 鶏白湯
先頭に黒丸が付き、箇条書きの項目が表示されます
先頭に「・」がついて
段落テキストより字下
げされて表示されます

ul タグで囲まれた中に、**li タグ**で囲まれた要素を項目の数だけ記述します。Web ブラウザの標準状態では、各項目の頭には「・」マークが入りリスト全体が字下げされます。表示は CSS を使うことで変更できるので、リストが必ずこのような見え方をするとは限りません。

番号付きのリストをつくろう

番号付きのリストにするには「ol」を使います。書き方は<ul>タグと同様、<ol>タグの中に<li>タグでリストの項目を追加すればいいだけです。

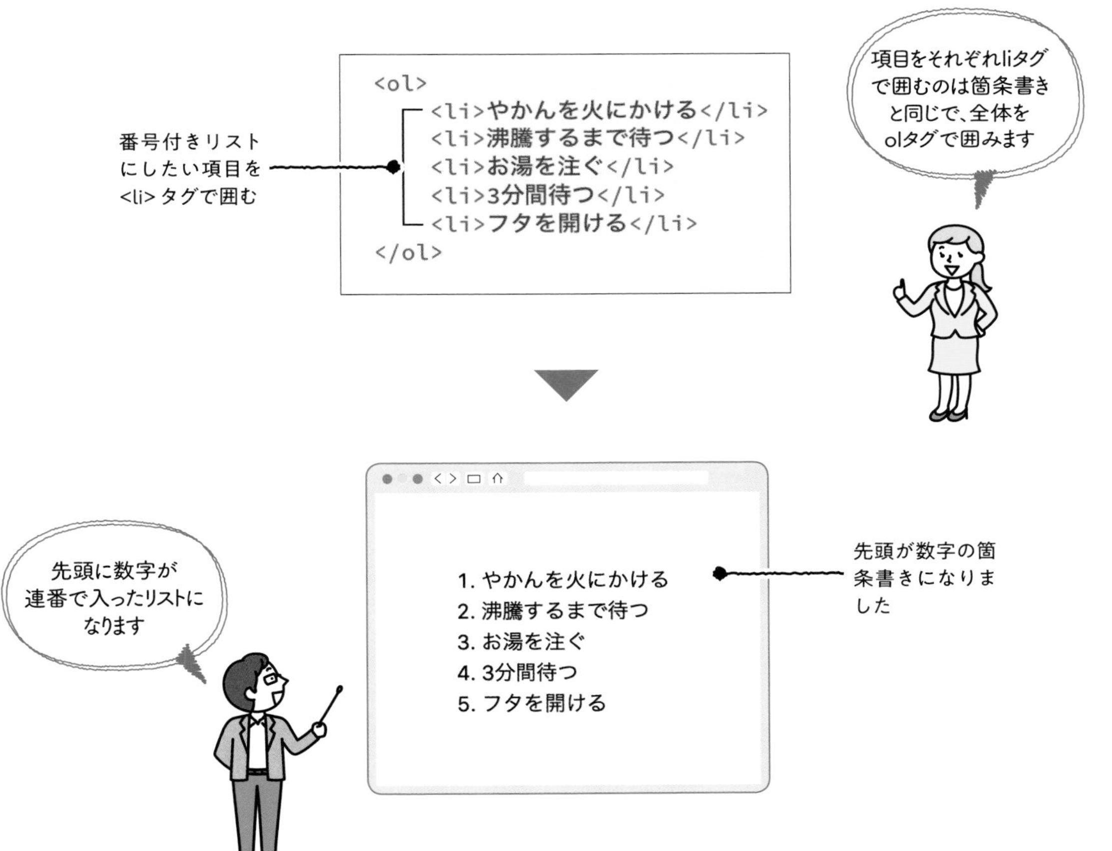
<ol>
<li>やかんを火にかける</li>
<li>沸騰するまで待つ</li>
<li>お湯を注ぐ</li>
<li>3分間待つ</li>
<li>フタを開ける</li>
</ol>
番号付きリストにしたい項目を<li>タグで囲む
項目をそれぞれliタグで囲むのは箇条書きと同じで、全体をolタグで囲みます
1. やかんを火にかける
2. 沸騰するまで待つ
3. お湯を注ぐ
4. 3分間待つ
5. フタを開ける
先頭が数字の箇条書きになりました
先頭に数字が連番で入ったリストになります

ol タグで囲まれた中に li タグで囲まれた要素を記述すると、上から連続に番号のついたリストが作られます。ol は「Ordered List」つまり順序のあるリストを意味しています。なお ul は「Unordered List」で順序のないリストという意味です。

CHAPTER 02

KEY WORD table タグ

17 実践⑧表の作り方

商品の価格や機能比較などは、表組みにすると見やすく表示できます。表組みに使われるタグは種類が多く複雑に見えますが、丁寧に見ていけば仕組みはそれほど難しくありません。表の英語名を使ってタグ名はtable（テーブル）を使います。

table タグのコンテンツに tr、th、td タグを使って表組みを作ります。表のマス目ひとつひとつをセルと呼びますが、th、td タグでセルを作成します。つまりセルの数だけタグが必要なので記述が複雑になり、そのぶんミスも起きやすいので注意しましょう。

表組みに使われる基本のタグ

表組みは複数のタグを合わせて作ります。主なタグは表を示す<table>タグ。表の1行を囲む<tr>タグ、表の見出しとなるセルを作成する<th>タグ、表のデータとなるセルを作成する<td>タグです。<table>タグ内に<tr>タグで横の行を追加し、さらにその中に<th>タグまたは<td>タグでセルを作り、表を作っていきます。

タグ	意味
<table>	表組み全体を囲うタグです
<tr>	1行分を囲うタグです（Table Row の略です）
<th>	見出しとなるセルをつくります（Table Header の略です）
<td>	通常のセルをつくります（Table Data の略です）

ほかにも表組みをヘッダ、ボディ（本文）、フッターに分ける thead、tbody、tfoot や表組みのキャプション（見出し、説明文）を記述する caption があります。これらのタグと CSS を組み合わせることで、表組みの見た目を細かくコントロールすることが可能です。

表組みの複数のセルを1つにつなげる

まずは基本となる
表を作りましょう

```
<table border="1">
    <tr>
        <th>名称</th>
        <th>役割</th>
    </tr>
    <tr>
        <td>HTML</td>
        <td>文書構造をつくる</td>
    </tr>
    <tr>
        <td>CSS</td>
        <td>見た目を調整する</td>
    </tr>
</table>
```

名称	役割
HTML	文書構造をつくる
CSS	見た目を調整する

<th> タグを<td> タグに書きかえ

```
<table border="1">
    <tr>
        <td>名前</td>
        <td>出身地</td>
    </tr>
    <tr>
        <td>加藤</td>
        <td>東京都</td>
    </tr>
    <tr>
        <td>齊藤</td>
        <td>東京都</td>
    </tr>
</table>
```

名前と出身地の表にする

ひとつの table の tr タグで囲まれた td タグ（tr タグ）の数はどれも同じになります。

名前	出身地
加藤	東京都
齊藤	東京都

数を間違えると
表が崩れます

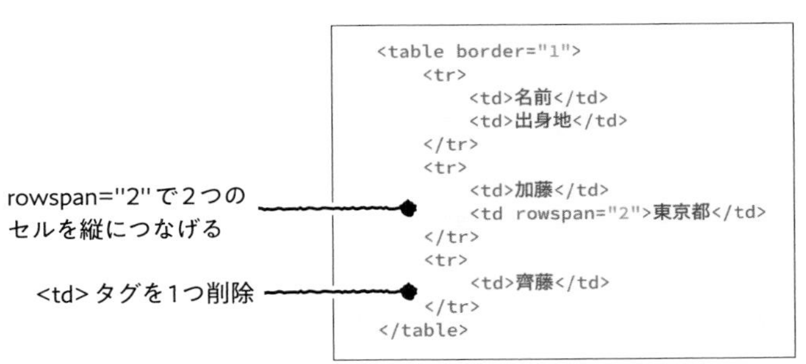

```
<table border="1">
    <tr>
        <td>名前</td>
        <td>出身地</td>
    </tr>
    <tr>
        <td>加藤</td>
        <td rowspan="2">東京都</td>
    </tr>
    <tr>
        <td>齊藤</td>
    </tr>
</table>
```

rowspan="2" で２つのセルを縦につなげる
<td> タグを１つ削除

表組の複数のセルを1つにつなげる

つなげたセルの分 tr タグで囲まれた td タグ（th タグ）の数が変わるので注意。

名前	出身地
加藤	東京都
齊藤	

横方向にセルをつなげるには、つなげたい td 要素、th 要素に対して colspan という属性を指定します。縦方向にセルをつなげる場合は、td 要素に対して rowspan を指定します。「colspan=”2”」「rowspan=”2”」のようにつなげるセルの数を必ず記述します。

KEY WORD form タグ

CHAPTER 02

18 実践⑨フォームの作り方

Web ページではユーザーからの入力を受け、それに応えた結果を表示するなどの仕掛けを作れます。検索エンジンがその例で、入力欄にキーワードを入れて検索ボタンで実行します。この入力欄やボタンなど、ユーザーからの入力を受ける仕組みを作るのがフォームです。

フォームからの入力を受けてそれに応えた処理をするには、HTML 以外の仕組みが必要となってきます。その仕組みの部分の話はここでは一旦置いておいて、HTML でのフォームの記述方法やフォームで使われるパーツの代表例としてテキスト入力欄について解説します。

フォームをつくるformタグ

フォームを作成するための<form>タグの主な属性は、下記の通りです。

属性	用途
action	データの送信先のページを指定
method	データの転送方法の指定。主に get か post を入力
name	フォームの名前を指定

この例の場合、入力した内容がform.phpへ送信され、処理されます

```
<form action="/form.php" method="post">
    <label for="name">名前</label>
    <input type="text" name="name">

    <label for="email">メールアドレス</label>
    <input type="mail" name="email">

    <label for="message">お問い合わせ内容</label>
    <textarea name="message"></textarea>

    <input type="submit" value="送信する">
</form>
```

フォームはHTML以外の仕組みと連動します。formの属性で仕組みを呼び出すのです

フォームで使用するすべてのパーツ類は **form タグ**で囲む必要があります。入力欄などフォームのパーツはもちろん、入力欄の説明や注釈のテキストなどパーツ以外のものも form タグの中に含めることができます。form タグには属性で入力データの処理方法などを指定します。

フォームで使うパーツ

フォームでユーザーが入力するパーツとして最も多く使われるのがinputタグです。type属性によっていろいろなパーツに変化し、「type="text"」では1行のテキストの入力欄になります。

```
<label for="name">名前</label>
<input type="text" name="name">
```

▼

名前 [　　　　　　]

入力欄は枠線に囲まれて表示され、クリック（タップ）すると入力を受けつける状態になります

入力欄に入力例を表示

placeholder属性を使って入力欄にあらかじめ入力例やヒント、説明のテキストを表示することができます。テキストは少し薄い色で表示されることで入力した値と区別されます。ユーザーが入力を始めるとこのテキストは消えます。

```
<label for="name">名前</label>
<input type="text" placeholder="山田 太郎" name="name">
```

▼

名前 [山田 太郎　　]

あらかじめ入力欄に
表示するテキストを
設定できます

何を入力する欄なのかわかるように入力欄の上や横に入れるテキストを「ラベル」または「ラベルテキスト」と呼びます。ラベルの表記方法に決まりはありませんが、最近は横幅の狭いスマートフォンでの表示に合わせて入力欄の上に表示される場合が多いようです。

KEY WORD input タグ

CHAPTER 02 19 実践⑩フォームで使ういろいろなパーツ

フォームの入力用パーツには 1 行テキストのほかにもいろいろな種類があります。複数の選択肢からユーザーに選んでもらうには、ラジオボタン、チェックボックス、セレクトボックスを使うと便利です。長文を入力してもらう複数行の入力欄や送信ボタンもあります。

ラジオボタン､セレクトボックスは選択肢の中から１つのものだけを選ぶときに使います。チェックボックスは複数選択が可能です。セレクトボックスは多くの選択肢を省スペースで表示できるメリットがありますが、どういった選択肢があるのか一覧できないデメリットもあります。

ラジオボタンをつくってみよう

ラジオボタンは、複数ある選択肢のうち、1つのみを選択してもらいたい時に使います。それぞれに同じname属性の値をつけることで、1つのグループにまとめることができる上、ユーザーはそのグループの中から1つだけ選択することができます。また、checked属性を利用すれば、最初から選択された状態となるため、よく選択される項目や選択してほしい項目を入れておくと良いです。

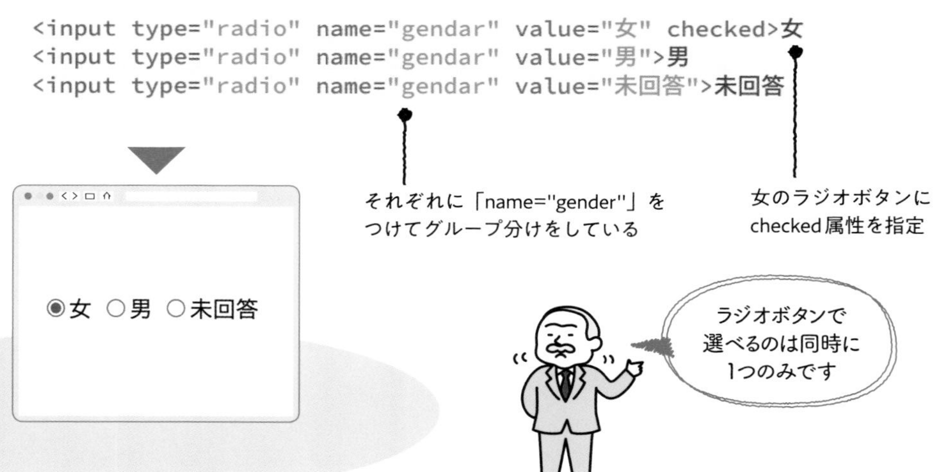
<input type="radio" name="gendar" value="女" checked>女
<input type="radio" name="gendar" value="男">男
<input type="radio" name="gendar" value="未回答">未回答
◉女 ○男 ○未回答
それぞれに「name="gender"」をつけてグループ分けをしている
女のラジオボタンにchecked属性を指定
ラジオボタンで選べるのは同時に1つのみです

ラジオボタン、チェックボックスは **input タグ**に「type="radio"」「type="checkbox"」を属性として追加します。特定の項目をあらかじめ選ばれた状態にできます。セレクトボックスは select タグ、複数行の入力欄は textarea タグを使います。

入力パーツを使い分けよう

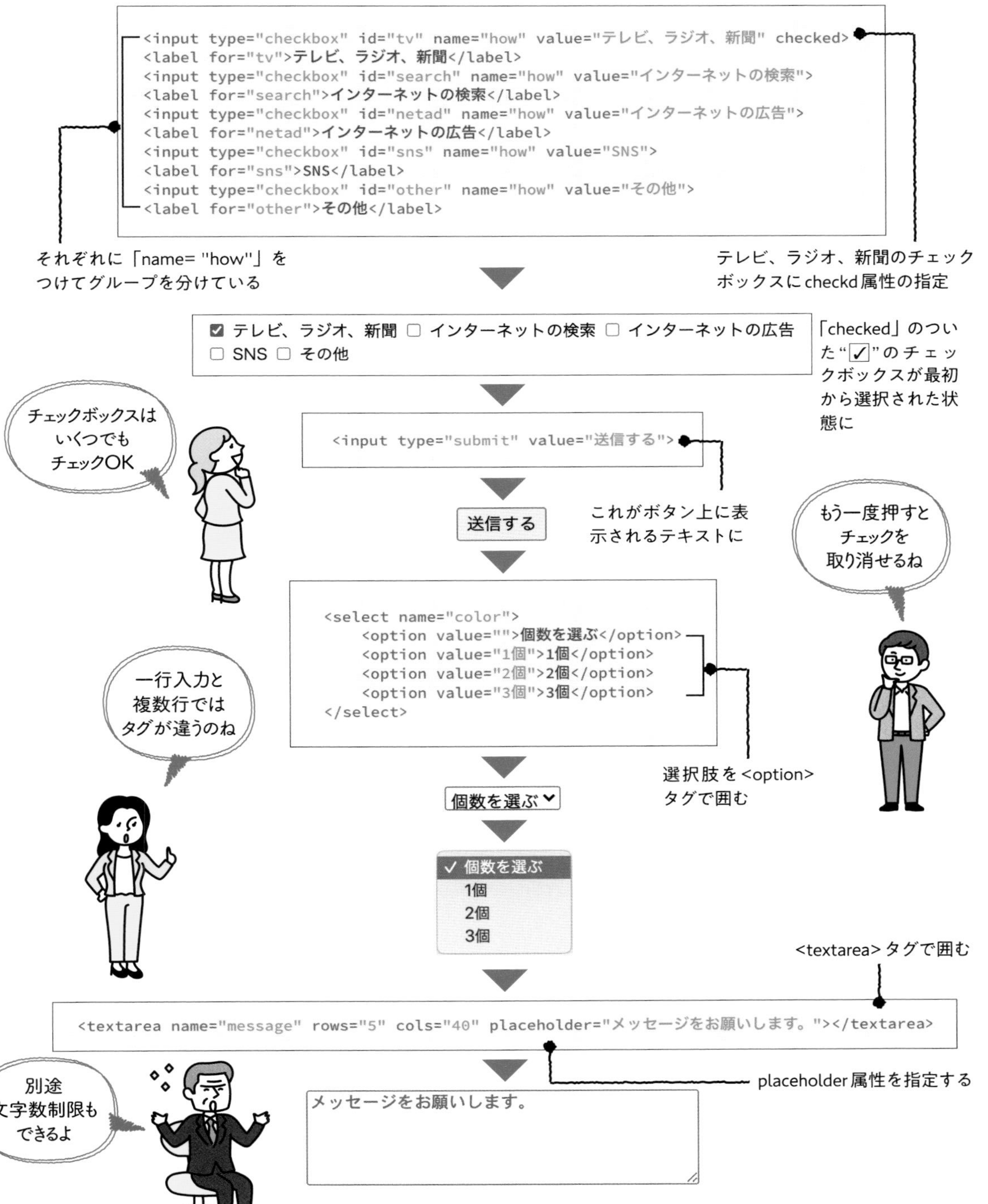

<input type="checkbox" id="tv" name="how" value="テレビ、ラジオ、新聞" checked>
<label for="tv">テレビ、ラジオ、新聞</label>
<input type="checkbox" id="search" name="how" value="インターネットの検索">
<label for="search">インターネットの検索</label>
<input type="checkbox" id="netad" name="how" value="インターネットの広告">
<label for="netad">インターネットの広告</label>
<input type="checkbox" id="sns" name="how" value="SNS">
<label for="sns">SNS</label>
<input type="checkbox" id="other" name="how" value="その他">
<label for="other">その他</label>
それぞれに「name= "how"」をつけてグループを分けている
テレビ、ラジオ、新聞のチェックボックスにcheckd属性の指定
テレビ、ラジオ、新聞 インターネットの検索 インターネットの広告 SNS その他
「checked」のついた“✓”のチェックボックスが最初から選択された状態に
チェックボックスはいくつでもチェックOK
<input type="submit" value="送信する">
これがボタン上に表示されるテキストに
送信する
もう一度押すとチェックを取り消せるね
<select name="color">
<option value="">個数を選ぶ</option>
<option value="1個">1個</option>
<option value="2個">2個</option>
<option value="3個">3個</option>
</select>
一行入力と複数行ではタグが違うのね
選択肢を<option>タグで囲む
個数を選ぶ
✓ 個数を選ぶ
1個
2個
3個
<textarea>タグで囲む
<textarea name="message" rows="5" cols="40" placeholder="メッセージをお願いします。"></textarea>
placeholder属性を指定する
別途文字数制限もできるよ
メッセージをお願いします。

Column

よく使う！

HMTL タグ一覧

以下によく使う HTML タグを大まかな用途別に一覧としてまとめました。Web サイトの制作時に迷った際の参考としてご使用ください。なお、本書で作成した Web サイトの HTML、CSS は巻末（223 ページ）に記載した URL でコピーすることができます。

基本構造

<html>	HTML 文書であることを表す
<head>	ヘッダー情報であることを表す
<body>	HTML 文書のコンテンツ部分であることを表す

head 内でよく使うタグ

<title>	文書のタイトルを表す
<meta>	検索エンジンやブラウザに文書情報を示す（※終了タグは不要）
<link>	CSS など外部ファイルとのリンクを表す（※終了タグは不要）
<style>	CSS を記述する

body 内でよく使うタグ

<h1> ～ <h6>	見出しを表す
<p>	文書の段落を表す
 	改行を行うタグ（※終了タグは不要）
<div>	範囲の指定（ブロックレベル）
<img>	画像の挿入（※終了タグは不要）
<a>	ハイパーリンクを表す。リンク先は href 属性などで指定
<blockquote>	引用・転載であることを表す（ブロックレベル）
<q>	短文の引用（インライン）
<cite>	引用元（出典、参照先など）を表す
<strong>	文字の強調（太字）を表す
<em>	文字の強調（斜体）を表す
<span>	範囲の指定（インライン）
<ul>	順序を持たないリストを表す
<ol>	順序に意味を持つリストを表す
<li>	上の <ul><ol> のリスト項目を表す
<dl>	定義リストを表す。タグ内に <dt><dd> を配置する必要がある

<dt>	定義リストの定義語の説明部分を表す
<dd>	定義リストの用語を表す
<table>	表を作成するためのタグ
<tr>	表の行を表す
<td>	表のデータセルを表す
<th>	表の見出しセルを表す
<iframe>	文書内に別の文書のコンテンツを埋め込む

フォーム

<form>	入力フォームを表す
<input>	入力フォームの各種部品を作成（※終了タグは不要）
<input type="text">	一行テキストボックスを作成する
<input type="password">	パスワード入力欄を作成する
<input type="radio">	ラジオボタンを作成する
<input type="checkbox">	チェックボックスを作成する
<input type="submit">	送信ボタンを作成する
<button>	ボタンを表示する
<select>	セレクトメニューを表す
<option>	セレクトメニューの項目
<textarea>	複数行のテキスト入力欄を作成する

テキスト

<font>	フォントのサイズ・色・種類など
<basefont>	基準となるフォントサイズを表す
<big>	文字を大きく表示
<small>	注釈や細目を表す。 多くのブラウザで小さな文字で表示される
<b>	太字で表示
<i>	イタリック体で表示

グループのブロック要素

<section>	関係のある 1 つのまとまりであることを表す
<article >	単一で完結したコンテンツであることを表す
<header>	サイト名やロゴなど Web ページの導入部分を表す
<footer>	フッター部分を表す
<main>	メインコンテンツ部分を表す
<nav>	ページ上の主要なナビゲーションを表す
<aside>	サイドバーなどに設置する補足情報を表す

その他

<center>	テキスト等のセンタリング
<hr>	水平の罫線を表す
<address>	作者情報や連絡先を表す

WEB DESIGN
MIRUDAKE
NOTE

CHAPTER 03

WebデザめるCSS

文字の大きさや色、行間など
レイアウトやデザインに関する
情報を記述するのがCSSです

インを決
の基本

前章で学んだ HTML は、 いわば Web サイトの骨組みと言えます。 そして CSS は、 その骨組みを装飾する「Web デザイン」の基本と言えます。 HTML による骨組みができたところで、CSSを使って各ページのスタイルを調整することで、初めてWEBデザインは完成するのです。第 3 章では、 まずは CSS の機能や書式などの基礎を解説します。 そして後半では、 テキストの色やサイズ変更、 背景色や背景画像の設定など、 実践的なステップも学んでいきましょう。

KEY WORD ボックスの表示

CHAPTER 03

01 CSSって何？

CSS（カスケーディング・スタイル・シート）は、HTML文書の見た目を調整するためのものです。昔はHTMLで見た目の装飾もしていましたが、現在ではHTMLで文書構造を記述し、CSSでデザインやレイアウトをコントロールするよう役割が分かれています。

CSSはHTMLと同様にテキスト形式のファイルで、拡張子は「.css」です。通常はHTML側からCSSファイルを読み込んで適用させます。HTMLだけでも文書が伝えたい内容は理解できる状態で、CSSを適用すると見た目が調整されてより見やすくなるのが理想です。

CSSでHTMLの見た目を変更

HTMLのそれぞれのタグがどう表示されるかは、Webブラウザにあらかじめ設定されています。なので、HTMLだけでもそれなりに読みやすい文書は作れますが、CSSを使うことでより見やすくデザイン性のあるページを作ることができます。
CSSではそれぞれのタグごとに表示を調整するだけでなく、同じタグでも場所によって違うデザイン、レイアウトにできるなど自由度が高く細かいコントロールが可能になっています。

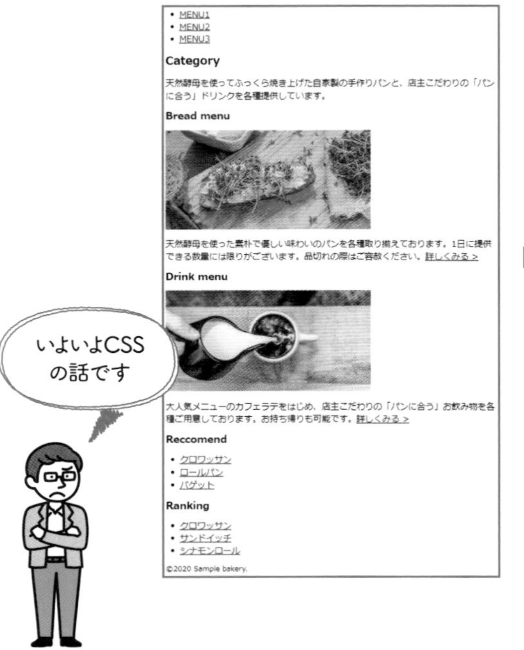

CSSはタグが作るボックスの表示を操作するもの

タグによって作られるひとつひとつの要素は、Webブラウザの画面上にボックスと呼ばれる表示領域を生成します。CSSはそれぞれのボックスのサイズや余白、ボックスの中に含まれる要素の色や揃えなどをコントロールするものといえます。ボックスはHTMLタグ同様入れ子の構造になっており、親のボックスに設定したCSSに子のボックスは影響を受けます。たとえば基本的には子のボックスは親と同じ横幅になります。

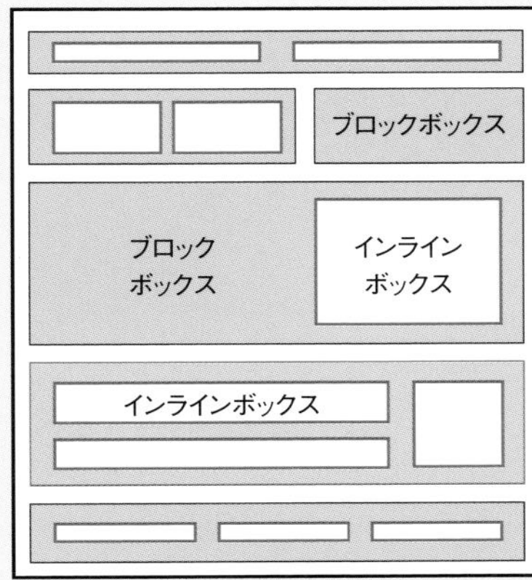

ボックスにはブロックボックスとインラインボックスの2種類あります

図中の横幅一杯まで広がっているのがブロックボックス、コンテンツ部分だけ囲まれているのがインラインボックスです

CSSでこんなことができる

CSSでできること

- それぞれのボックスに含まれる要素の見た目を調整
  テキストの色やフォントを変える、行間を変更するなど
- それぞれのボックス自体の見た目を調整
  ボックスの余白を調整する、枠線をつける、背景色を変えるなど
- それぞれのボックスの配置やボックスとボックスの位置関係を調整する
  ボックス間の余白を調整する、複数のボックスを横に並べるなど

見た目のスタイルを変えるからスタイルシートなんだね

簡単なCSSの例

background-color
で背景色を
指定します

```
<!DOCTYPE html>
<html>
    <head>
        <meta charset="utf-8">
        <title>CSSってこんな感じ</title>
        <style>
            p {
                color: white;
                background-color:blueviolet;
            }
        </style>
    </head>
    <body>
        <p>CSSでデザインを調整します。</p>
    </body>
</html>
```

colorでpタグに
含まれる要素の色を
指定します

段落部分の
背景が紫色になって
います

CSSってこんな感じ
127.0.0.1:56108/css-test.html
CSSでデザインを調整します。

文字は白色に
なっているね

p タグに CSS で背景色と文字色とを設定した例です。p タグが生成するボックスに対しそのボックスの背景色を指定し、さらにボックスに含まれるテキストに対して文字色を指定しています。p タグがつくるボックスがブロックボックスなので、背景色は横幅一杯に広がっています。

HTMLとCSSとJavaScriptの関係

HTMLは文書にタグを使って意味づけするもので、CSSはHTML文書に対して見た目の調整をするためのものです。JavaScriptはWebページに動きを与えるもので、アニメーションのような「動き」もあれば、表示内容が切り替わるような「動き」もあります。この「動き」はJavaScriptがHTMLやCSSをユーザーの操作などをきっかけに書き換えることで実現されます。

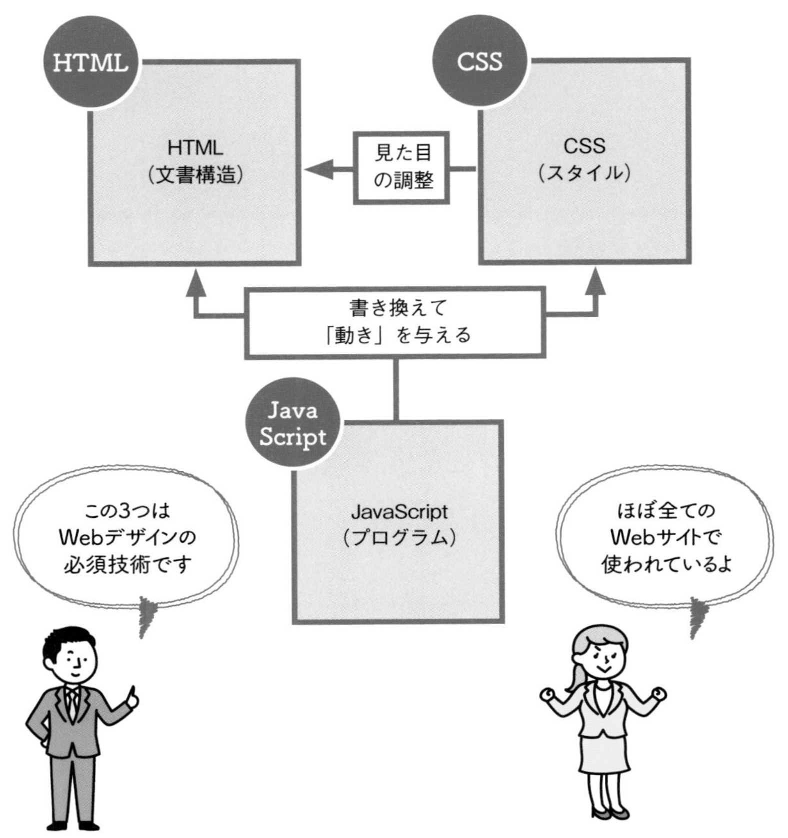

CSSもW3Cが標準仕様を公開しています

CSSはHTMLと同様、World Wide Web Consortium（W3C）が標準仕様を策定し、公開しています。言語仕様が標準化されており、各ブラウザもそれに準拠して開発されるため、レスポンシブ対応もバッチリで、どんなOSやブラウザを使用していても大体同じように表示されます。

Cascading Style Sheets　https://www.w3.org/Style/CSS/

CHAPTER 03

KEY WORD セレクタ／プロパティ／値

02 CSSの基本的なルール

それでは、CSSの記述方法に関するルールや基本の型を学んでいきましょう。まず覚えておきたいのが、「セレクタ」「プロパティ」「値」の3つ。これを押さえておけば大体のことはできるようになります。

HTML内のスタイルを適用させる部分を「**セレクタ**」で指定します。セレクタのあと波括弧「{」と「}」で囲んだ中に、何を変化させるのかを「**プロパティ**」で、どのように／どのくらい変化させるのかを「**値**」で指定します。プロパティと値はコロン「:」で区切って書きます。

CSS基本の書式と名称

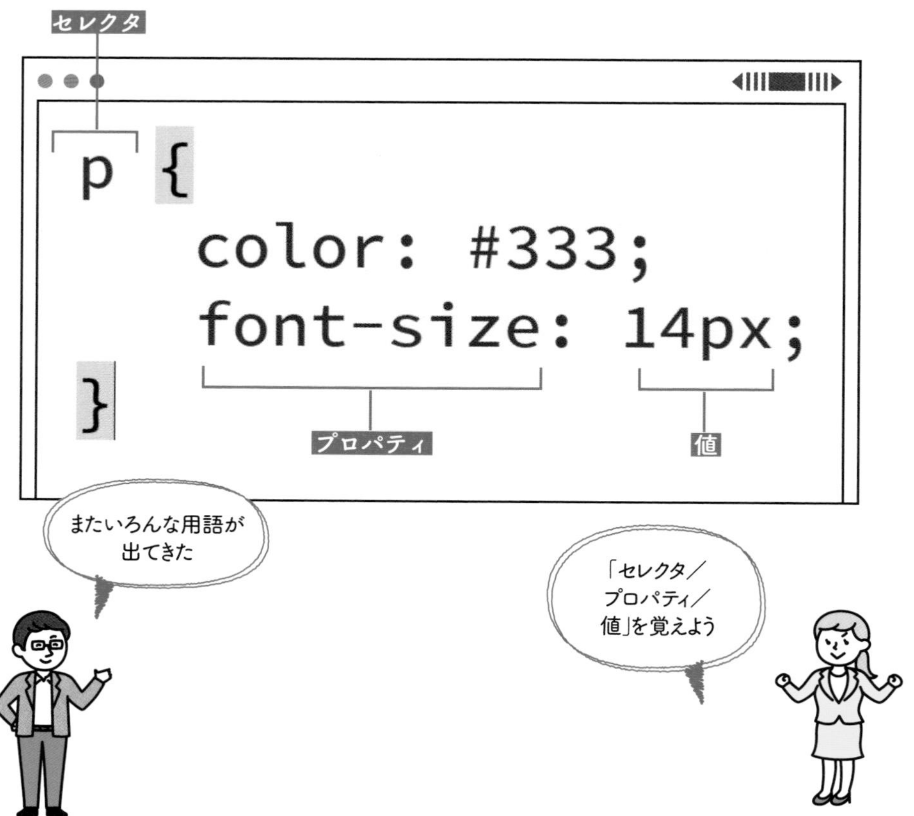
セレクタ
p {
color: #333;
font-size: 14px;
}
プロパティ
値
またいろんな用語が出てきた
「セレクタ／プロパティ／値」を覚えよう

スタイルシートが必要な理由

昔は見た目の調整もHTML内のタグで行いました。しかし、この方法では見た目の調整用のタグだらけになりますし、複数箇所に同じ設定を適用する方法がないので、あとからの修正、変更も大変だったためCSSが考案されました。

文字の大きさと色をHTMLで変更した場合

```
<p><font size="14px" color="red">文字の見た目の調整</font></p>
```

同じ内容をHTMLとCSSで指定した場合

```
<p>文字の見た目の調整</p>
```

```
p {
    font-size: 14px;
    color: red;
}
```

fontタグは今ではほとんど使われない昔懐かしい存在です

複数箇所のpに同時にスタイルを定義できるので便利です

3つの要素を覚えよう

・セレクタ

HTML内のどこにスタイルを適用するか（タグ名などで指定）

・プロパティ

指定された部分の何を変えるか（色・サイズなど）

・値

どのように、どのくらい変化させるか（色の名前、何%、何ピクセルなど）

プロパティは日本語にすると「属性」です

値は属性の値なので「属性値」とも呼ばれます

例えば、「h1タグ」に対して、文字の大きさを20ピクセルにしたい時は下記のように設定します

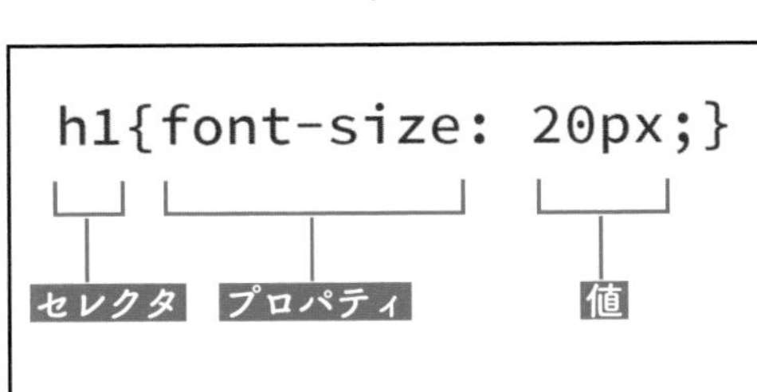

セレクタの指定方法は複数あったり、プロパティによって指定できる値が決まっているなど、CSSのルールは覚えることがたくさんあって奥が深いです。値の単位はいろいろなものから選べ、1つのプロパティに複数の値を設定するケースもあります。

CSSを書く場所

CSSはなるべく外部
ファイルで

CSSはHTML内にまとめて記述したり、個々のタグに直接記述することもできます。しかし、CSSを外部ファイルとして用意することで、複数のページで読み込んで利用できますし、1つのファイルを修正すればいいのでメンテナンス性も高くなるなどメリットが大きくなります。

テストする時には
HTMLに直接書くと
ラクだけどね

メンテナンス性が悪くなるので、なるべくタグに直接スタイルを書かないようにしよう

■ 別ファイルとして読み込む

```
<head>
    <link rel="stylesheet" href="CSSファイルへのパスを指定">
</head>
```

■ HTMLファイルに直接書く

```
<head>
    <style type="text/css">
        ここにCSSを記述する
    </style>
</head>
```

■ HTMLタグに直接指定

```
<p style="ここにCSSを記述する">CSSで見た目の調整</p>
```

HTMLタグに直接記述したCSSの設定が一番優先されるルールがあります。別ファイルの読み込みとhead部分に直接記述したCSSでは、後ろにある方（あとから指定された方）が優先されます。

プロパティの種類一覧

プロパティ(属性)は
ほぼ英語そのままの
意味だね

プロパティ	説明文	プロパティ	説明文
color	文字色を指定	height	高さを指定
background	背景の指定	margin	マージンの指定
background-color	背景の色を指定	padding	パディングの指定
font-family	フォントの種類を指定	border	ボーダーの色や太さを指定
font-weight	フォントの太さを指定	position	要素の配置方法を指定
line-height	行の高さを指定	display	要素の表示形式を指定
text-align	行の揃え位置を指定	float	左か右に寄せて配置
width	幅を指定	z-index	要素の重なりの順序を指定

スペルを間違え
ないようにしよう

プロパティを複数指定したい場合

コンピューターがCSSを解
釈する時、空白や改行は無
視されるので、「;」の区切りが
ないと次の行とつながって
認識されてしまいます

```
p {
    color: #333;
}
p {
    font-size: 12px;
}
```

▼上のコードをまとめて書くことができます

```
p {
    color: #333;
    font-size: 12px;
}
```

「;」で区切るのを忘れ
ないようにしよう

▼さらに 1 行で書くことも可能です

```
p {color: #333;font-size: 12px;}
```

1つのセレクタにプロパティ&値のセットを複数記述する場合、値のあとに「;」を入れます。プロパティが1つのときは値のあとの「;」は不要ですが、のちに追加する場合もあるので常に「;」を記述するとよいでしょう。プロパティ&値ごとに改行して記述するのが一般的です。

CHAPTER 03

KEY WORD ファイルのリンク

03 基本①
CSSを書く準備をしよう

CSSを記述するためにファイルを準備して、そのファイルにHTMLファイルからリンクします。HTMLからCSSファイルを読みこんで適用させるわけです。そして、CSSの最初の行に文字コードの指定をすればCSSを書く準備はOKです。

CSSもHTMLと同様にBracketsで記述すると便利です。ファイルの拡張子を判断して、どちらを書いているかを認識し、適切な補助をしてくれます。CSSのプロパティの英語をうろ覚えでも、Bracketsが入力補助をしてくれるので便利です。

CSSファイルをつくろう

CSSファイルはテキストファイルとして作成し、拡張子「.css」のファイルとして保存します。サイトのトップページと同じ階層（第一階層）に「css」という名のフォルダを作り、その中に入れることが多いです。CSSもHTMLも特別な理由がないかぎりUTF-8（ユニコード）で作成します。HTML／CSS制作に対応したエディタでは、何も設定しなくても標準状態でUTF-8でテキストファイルを扱います。

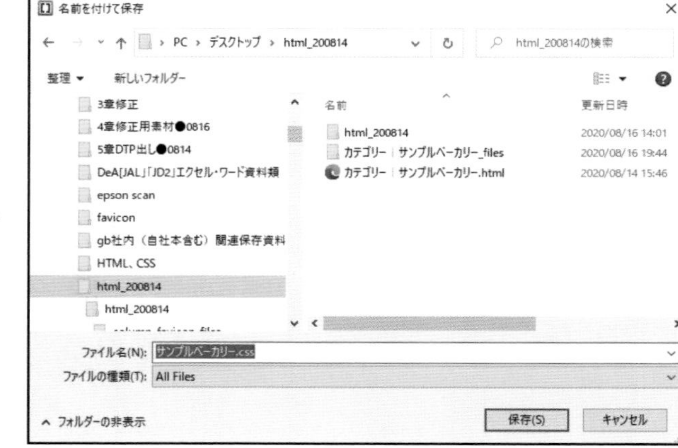

フォルダ名は小文字の「css」とするのが一般的です

CSSファイルは外部ファイルとして作成します

サイト内の全ページで1つのCSSファイルだけしか使わないケースもありますが、問い合わせフォームなど特定のページにだけ追加のCSSを用意する場合もあります。1つのサイトで複数のCSSファイルを扱う場合もあるので、フォルダにまとめておいたほうが便利です。

HTMLファイルとリンクする

HTML内でCSSファイルを読み込む場合、head領域内にlinkタグを使い属性を「rel="stylesheet" type="text/css"」と指定します。CSSファイルへのパスをhref属性の値に入力します。HTMLファイルと同じ階層に「css」フォルダがあり、その中に「style.css」という名のファイルがある場合は「href="css/style.css"」という記述になります。

```
<!DOCTYPE html>
<html>
    <head>
        <meta charset="utf-8">
        <title>サンプルページ</title>
        <link rel="stylesheet" href="css/style.css">
    </head>
    <body>
        <header>
            <div class="logo">
                <a href="index.html"><img src="images/logo.png" alt="ロゴ"></a>
            </div>
            <nav>
               <ul class="global-nav">
                   <li><a href="portfolio.html">Portfolio</a></li>
                   <li><a href="about.html">About</a></li>
                   <li><a href="contact.html">Contact</a></li>
               </ul>
            </nav>
        </header>
        <div id="wrap">
            <div class="content">

            </div>
        </div>
        <footer>
            <small>(c) Your Name</small>
        </footer>
    </body>
</html>
```

head部分でCSSファイルをリンクします

文字コードを宣言する

CSSの先頭に「@charset "utf-8";」と文字コードを記述します。文字コードはUTF-8（ユニコード）以外も使用できますが、通常はCSSもHTMLもユニコードで保存します。なお、以前はHTML内でCSSを読み込む際のlinkタグで文字コードの指定ができましたが、HTML5からは廃止になっています。

```
@charset "utf-8";
```

文字コードの宣言は
必ず最初の行に
書きます

これをやればCSS
を記述するための
準備は整います

日本語ではシフトJIS、EUCといった文字コードもあり、以前はよく使われていました。今でもシステムの関係上これらの文字コードが使われたサイトもありますが、通常はユニコードに統一されています。

CHAPTER 03

KEY WORD CSS の基本文法

04 基本② CSS の基本の書き方を身につけよう

CSS の基本の文法と各用語、書く時に間違えやすい悪い例をご案内します。また、CSS で使われる数値につく単位の代表的なものを紹介しました。ぜひ覚えておきましょう。

CSS は基本的にはセレクタ、プロパティ、値の 3 つを記述していきます。セレクタは適用させる場所を示し、タグ名などで指定します。プロパティは色、サイズなど何を変更するかを示します。値はプロパティによって記述方法が変わりますが、数字＋単位が入る場合が多いです。

CSSの基本の型を覚えよう

CSSの基本文法

この例は、段落を示すpタグで囲まれているところはすべて、色（color）を #333 に設定するという意味です。CSS で色を指定するにはいくつかの方法がありますが、ここではカラーコードと呼ばれる16進数のコードで指定しています。

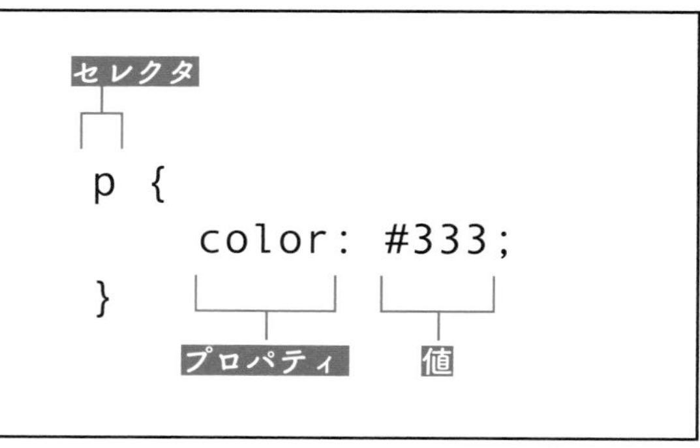

Webサイトで黒の文字色を使う場合は#333のカラーコードを使うのが暗黙のルールになっています。ちなみにブラウザで名前が定義されている色は140色あります

HTML では終了タグを忘れないように注意するのと同様、CSS も区切りの記述を忘れると思わぬミスにつながります。セレクタごとに閉じる「}」とプロパティ＆値のセットごとに区切る「;」を忘れないようにしましょう。

書くときに気をつけること

CSSを書くときのルール

○良い例	×悪い例
p {color: #333;}	p ｛ color：#333； ｝

p {
    color: #333;
    font-size:
12px;
}
	p {
	    color: #333
	    font-size:
	12px;
	}

h1,p {color: #333;}	h1 p {color: #333;}

全角になっている

「;」(セミコロン)忘れ

カンマ忘れ

カンマで複数のセレクタを指定

CSSで使われる単位

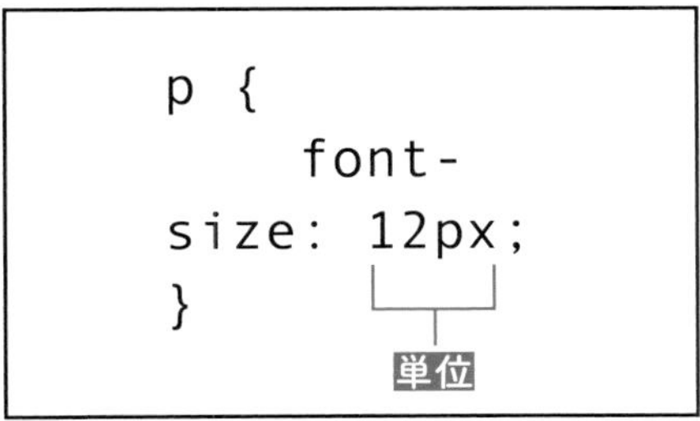
p {
font-size: 12px;
}
単位

主な単位

Px	絶対単位	ピクセル
%	相対単位	パーセント。基準となるサイズからの割合（基準はプロパティによって異なる）
em	相対単位	親要素のフォントサイズを基準とした相対値
rem	相対単位	ルート要素（html 要素）のフォントサイズを基準とした相対値

One point

px（ピクセル）とはデジタル画像を構成する最小単位で、1pxの大きさはディスプレイの画素数や解像度によって異なります。

「1.25rem」のように
小数点を使っての
指定もできます

%での文字サイズは親要素の文字サイズを100%としての相対値、領域の横幅の場合は親要素の横幅を100%とした相対値です。相対的な数値で指定する単位がいろいろ用意されていて、ブラウザのウィンドウの幅や高さを100%とした相対サイズ(vw、vh)など便利な単位もあります。

KEY WORD　CSS 属性

基本③スタイルをどこに適用させるか

同じ HTML タグの箇所でも見た目を変えたいときには、タグに class（クラス）属性、id 属性で名前をつけておきます。class は同じページに同じ名前を複数個つけられますが、id は 1 ページに 1 つと決まっています。

class 名、id 名は自由につけられますが、使えるのは英数字とハイフン「-」アンダースコア「_」だけで、数字から始めることはできません。CSS で指定する場合、class 名にはピリオド「.」を id 名にはハッシュ「#」をつけて区別します。

class（クラス）属性を使った指定

（HTML）

class 名を指定

```
<p>同じタグでも違うスタイルを適用するためにクラス属性を付けます。</p>
<p class="attention">CSSでクラス属性を指定するには「.」を忘れないように。</p>
```

（CSS）

「.」を先頭につけて class 名に対する指定

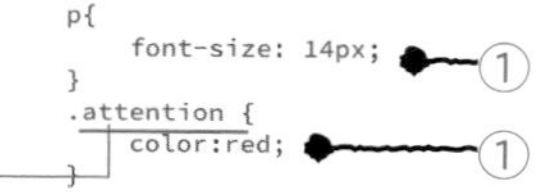

```
p{
    font-size: 14px;   ①
}
.attention {
    color:red;   ①
}
```

（ブラウザ）

どちらも 14px に

同じタグでも違うスタイルを適用するためにクラス属性を付けます。

文字色が赤に

CSSでクラス属性を指定するには「.」を忘れないように。

①の p タグに指定した文字サイズは両方の p タグに適用されます。
②の class 名「attention」に対する指定は、この class 名「attention」がつけられた p タグにだけ適用されます。

id 属性を使った指定

（HTML）

id 名を指定

```
<img src="images/logo.png" id="logo">
```

（CSS）

「#」を先頭につけて id 名に対する指定

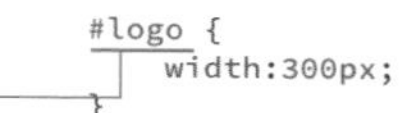

```
#logo {
    width:300px;
}
```

（ブラウザ）

幅が 300px に

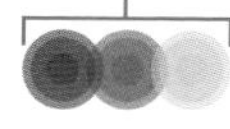

LOGO

id は基本的に 1 ページに同じ名前は 1 度しか使いません。
id によるスタイル指定の方が class での指定よりも優先されるというルールがあります。

いろいろな指定方法

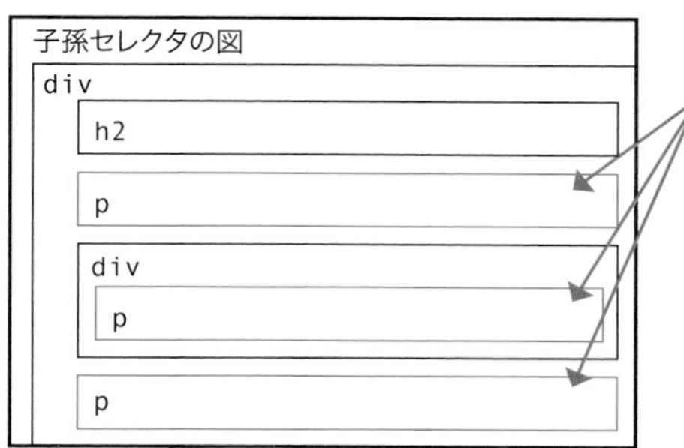

子孫セレクタ

```
div p {
    border-color: red;
}
```

「E F」のようにプロパティを半角スペースで区切って記述した場合、Eの領域に含まれるFだけに適用されます。

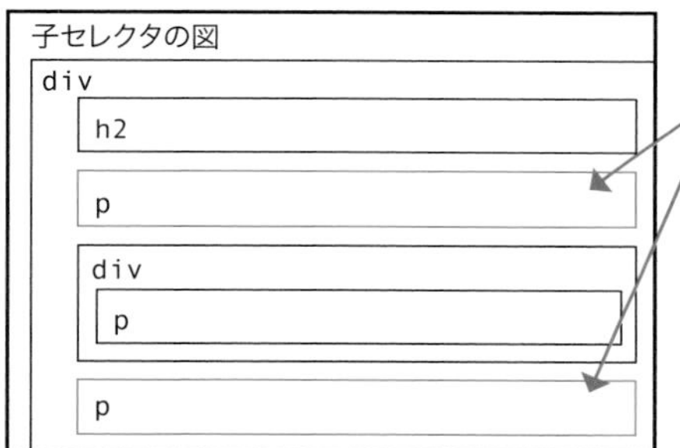

子セレクタ

```
div > p {
    border-color: red;
}
```

「E > F」のようにプロパティを「>」で区切って記述した場合、Eの1つ下の階層のFだけに適用されます。

隣接セレクタ

```
h2 + p {
    border-color: red;
}
```

「E + F」のようにプロパティを「+」で区切って記述した場合、Eのすぐ隣のFだけに適用されます。

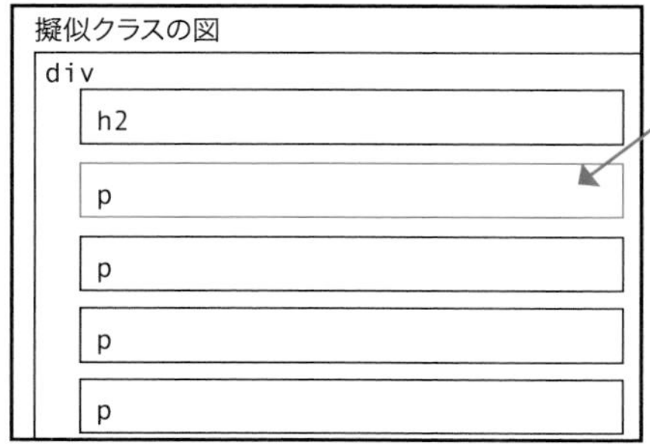

疑似クラス

```
p:first-of-type {
    border-color: red;
}
```

疑似クラスにはいろいろな指定方法がありますが「:first-of-type」は最初の子要素という意味です。

※上記は指定方法の一部です

CHAPTER 03

KEY WORD ボックスモデル／margin／padding

06 基本④ サイズや余白の調整方法

Web ページのレイアウトにおいて余白は読みやすさを左右する上で重要な要素です。この余白の調整方法を知るとともに、CSS による領域のサイズや余白の考え方のベースとなるボックスモデルを学びましょう。

Web ページは、ボックスと呼ばれる四角形の領域を生成します。各ボックスはコンテンツエリアの回りには margin（マージン）、border（ボーダー）、padding（パディング）などの周辺領域を持たせることができ、それぞれ px や%、em などの単位で上下左右それぞれに指定できます。

サイズと余白の基本を理解する

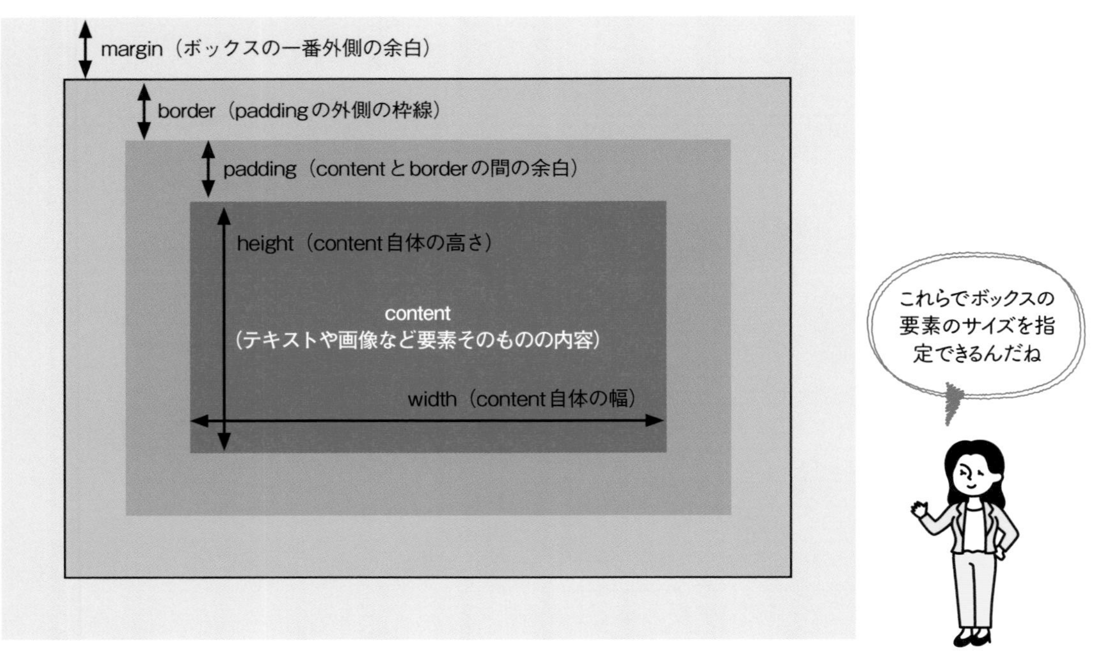

領域のサイズは親要素と子要素の影響を受けますが、要素のサイズを width（横幅）、height（高さ）で指定することも可能です。要素の内側の余白が padding、外側の余白が margin で、要素には border（枠線）を太さを指定してつけられます。

margin と padding

margin（マージン）

上下左右のmarginはそれぞれmargin-top、margin-bottom、margin-left、margin-rightで指定します。「margin:16px」のようにまとめて指定する方法もあります。要素の外側の余白を設定するもので、隣接する領域やウィンドウの端との間隔をコントロールします。

padding（パディング）

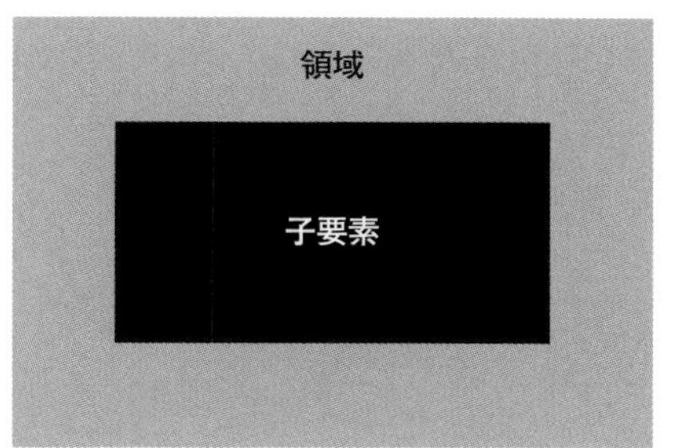

上下左右のpaddingはそれぞれpadding-top、padding-bottom、padding-left、padding-rightで指定します。「padding:16px」のようにまとめて指定する方法もあり、領域の内側の余白を設定します。たとえば、ボタンの文字の周囲の余白を設定する場合は、paddingで指定すると背景色とクリックできる範囲が広がって見映えも使い勝手も良くなります。

paddingは
ボタンの装飾にも
使えるのか

ショートハンドによる指定

例	指定方法
margin: 8px 4px 16px 0;	[上] [右] [下] [左]（時計回り）
margin: 8px 4px 16px;	[上] [左右] [下]
margin: 16px 8px;	[上下] [左右]
margin: 8px;	[上下左右]

左図のような「ショートハンド」と呼ばれる一括で指定できる方法を使うと、上・右・下・左の時計回りに数値を指定できます。「px」などの単位を忘れないように注意しましょう。ただし、0の場合は単位を省略できます。

マージンの相殺

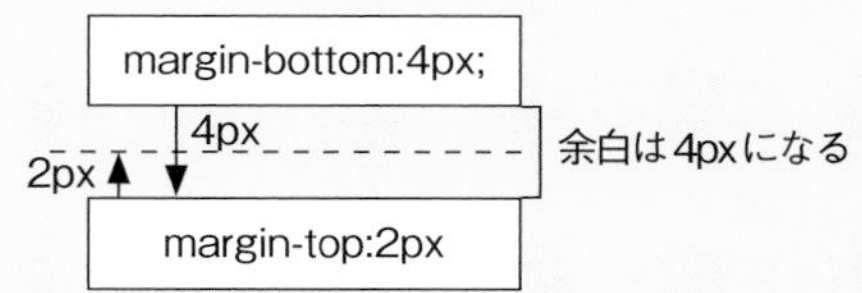

隣り合っている領域のmarginは、プラスされるのではなく大きな数字の方のサイズになります。上の領域で下マージンを4ピクセル、下の領域で上マージンを2ピクセルに指定した場合、4+2で6ピクセルにはならず、大きな方の4ピクセルだけの余白になります。

CHAPTER 03

KEY WORD リンク切れ／キャッシュ

07 基本⑤ CSSをミスするとどうなる？

CSS をミスした場合、思い通りの表示になりません。表示が崩れてしまうことより、設定したはずが、うまく適用されないというミスの方が起こりがちです。ここでは、CSS がうまく適用されない場合のヒントと、よくあるミスの例を紹介します。

CSS が思い通りに適用されない場合、CSS の記述ミス以外にも考えられることがあります。そもそも CSS ファイルが読み込まれているのか、まずはそこから疑って理由を探していきましょう。

CSS が効かないときのチェックポイント

CSS が適用されない場合に考えられること

リンク切れ

- HTML で指定したCSS ファイル名が間違っている
- そもそもCSSファイルがそこに存在していない

キャッシュが残っている

ブラウザのキャッシュに古いCSSファイルが残っている（その場合はリロード［強制リロード］で直る）

CSSの記述ミス

- CSSファイル内の記述ミス

別な箇所の設定を引き継いでいる

- 特定の箇所にスタイルを設定したつもりでも、別なところでの設定が優先されている
- 親要素の設定を引き継いでいるため想定通りの表示にならない

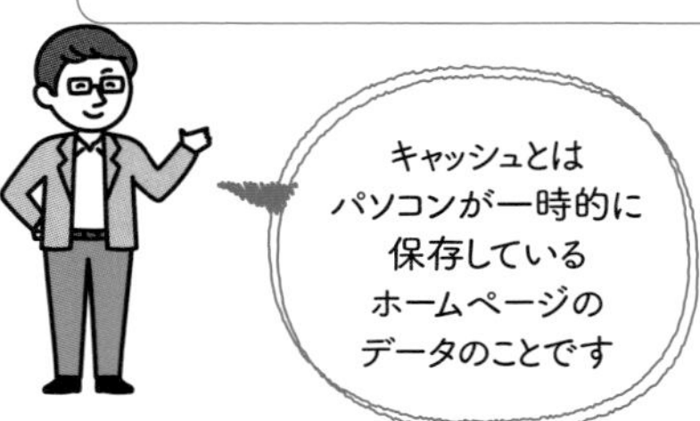
キャッシュとは
パソコンが一時的に
保存している
ホームページの
データのことです

CSS は試行錯誤しながらどんどん更新していくことが多いですが、Web ブラウザが過去のバージョンのファイルをキャッシュとして保存しており、古い CSS ファイルを読んでいたというケースが結構多いので気をつけましょう。

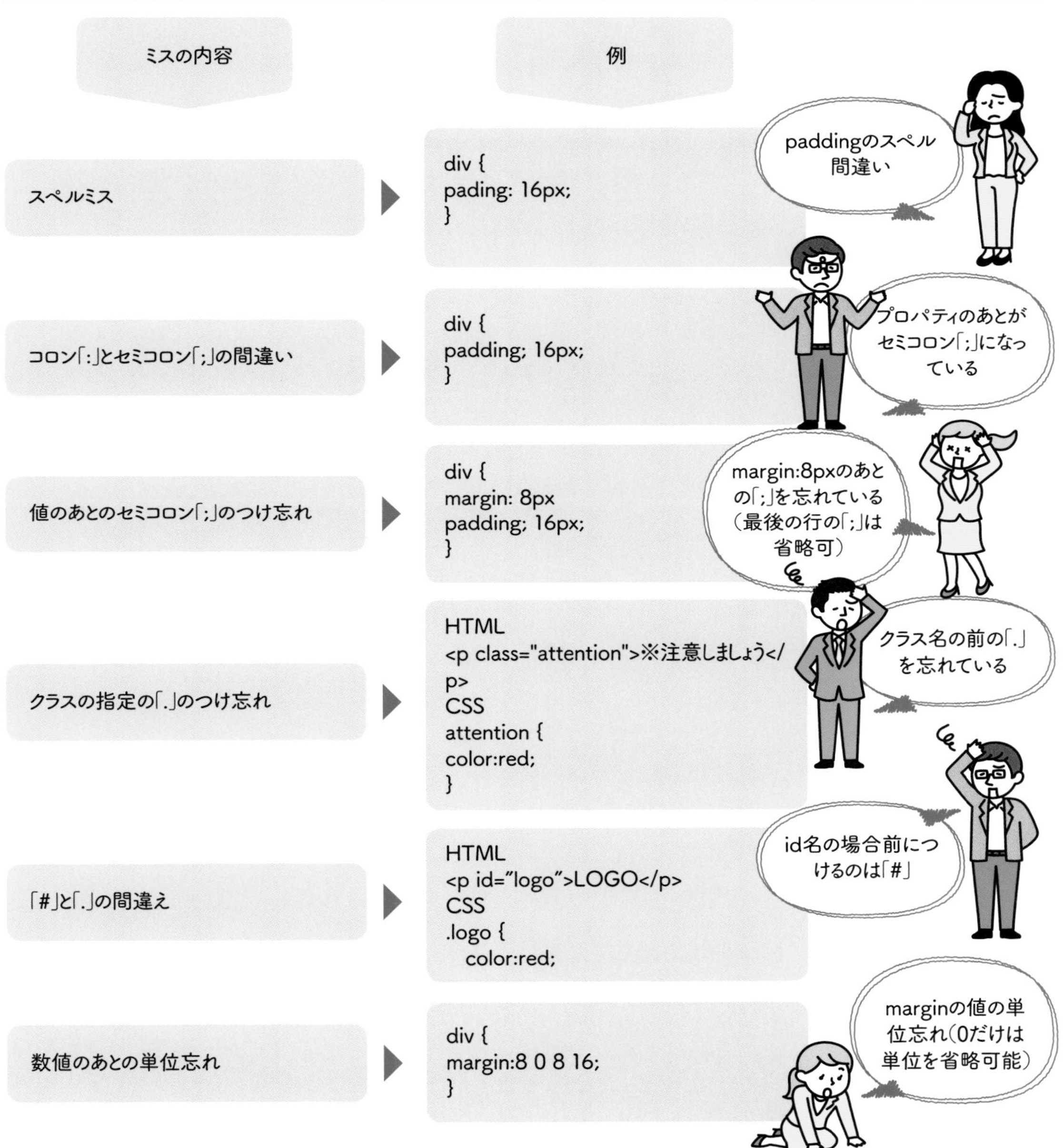

やりがちなCSSのミス
ミスの内容
例
スペルミス
div {
pading: 16px;
}
paddingのスペル間違い
コロン「:」とセミコロン「;」の間違い
div {
padding; 16px;
}
プロパティのあとがセミコロン「;」になっている
値のあとのセミコロン「;」のつけ忘れ
div {
margin: 8px
padding; 16px;
}
margin:8pxのあとの「;」を忘れている（最後の行の「;」は省略可）
クラスの指定の「.」のつけ忘れ
HTML
<p class="attention">※注意しましょう</p>
CSS
attention {
color:red;
}
クラス名の前の「.」を忘れている
「#」と「.」の間違え
HTML
<p id="logo">LOGO</p>
CSS
.logo {
color:red;
id名の場合前につけるのは「#」
数値のあとの単位忘れ
div {
margin:8 0 8 16;
}
marginの値の単位忘れ（0だけは単位を省略可能）

※プロパティによっては値の数値に単位がない指定方法もあります

CSSも記述する際には適切な改行を入れて、プロパティの前には半角スペースかtabキーでインデントを入れると見やすくなってミスを防ぎやすいでしょう。共同作業の場合、プロパティを記述する順番を統一するなどルールを作っているケースもあります。

CHAPTER 03

KEY WORD 疑似クラス

08 基本⑥試しにCSSを書いてみるPart1

CSSを自分で書いてみましょう。簡単なHTMLを用意して、外部ファイルとして作ったCSSを適用させます。ここではテキストの文字サイズと色の変更、リンクの状況ごとのスタイリングを記述したCSSファイルを作っていきます。

HTMLやCSSを書くためのコーディング用テキスト・エディタでは、HTMLやCSSを記述したらすぐにブラウザでの見え方をプレビューする機能があるものが多いです。Chapter 02で紹介したBracketsでのライブプレビュー機能を使うと、CSSの変更がすぐプレビューに反映するので便利です。

見出しをスタイリングしてみよう

今回用意したHTML

```
<!DOCTYPE html>
<html>
    <head>
        <meta charset="utf-8">
        <title>サンプルページ</title>
        <link rel="stylesheet" href="style.css">
    </head>
    <body>
        <h1>テキストをスタイリングしてみよう</h1>
```

CSSファイル「style.css」を読み込む

このh1部分をスタイリングします

CSSファイルに記述したh1へのスタイリング

```
h1 {
  font-size: 24px;
  color:darkgreen;
  margin-bottom: 32px;
}
```

文字の大きさを24ピクセルに

色を「darkgreen」に

見出しの下の余白を32ピクセルに

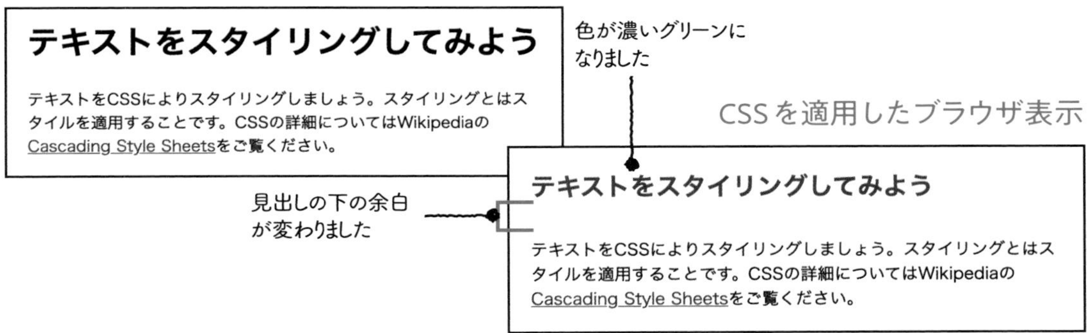

CSS適用前のブラウザ表示
テキストをスタイリングしてみよう
テキストをCSSによりスタイリングしましょう。スタイリングとはスタイルを適用することです。CSSの詳細についてはWikipediaのCascading Style Sheetsをご覧ください。
色が濃いグリーンになりました
CSSを適用したブラウザ表示
見出しの下の余白が変わりました
テキストをスタイリングしてみよう
テキストをCSSによりスタイリングしましょう。スタイリングとはスタイルを適用することです。CSSの詳細についてはWikipediaのCascading Style Sheetsをご覧ください。

リンクの色や下線をコントロール

次にリンクをスタイリングしましょう。リンクはマウスポインタが上に乗った状態やクリックしたときなど状況によって別のスタイルを設定できます。セレクタにカンマ「:」に続けて状況を示す言葉を追加して設定し、これを疑似クラスと呼びます。

リンクに対するCSS

```
a:link {
    text-decoration: none;
    color: #1779ba;
}
a:visited {
    color: #819eb1;
}
a:hover {
    color: #0557a8;
    text-decoration: underline;
}
a:active {
    color: #a00d0d;
}
a:focus {
    background-color: #fdfdb3;
}
```

リンクには標準で下線が付くので、noneで非表示にします

マウスポインタがリンクの上にあるときに下線をつけます

書く順番によって適用のされ方が変わってしまいます。この順番に書きましょう

疑似クラス	意味	表示例
:link	標準状態のリンクに対する指定。	Cascading Style Sheets
:visited	訪問済みのリンク。	Cascading Style Sheets
:hover	リンクの上のマウスポインタを置いた状態。	Cascading Style Sheets
:active	相対単位リンクを押し始めから離すまでの状態。	Cascading Style Sheets
:focus	フォーカスが当たっている状態（tab キーでリンクを選んだときなど）。	Cascading Style Sheets

CHAPTER 03

KEY WORD margin/padding

09 基本⑦ 試しにCSSを書いてみるPart2

同じタグで指定された見出しでも、場所によって用途が違うことから見た目を変えたい場合があります。そういった場合の指定方法を簡単に紹介します。また、マージンとパディングによる余白の調整を試してみましょう。

h2タグで指定された見出しがページ内に3つあり、ひとつは別コーナー扱いの領域内にあるという設定でHTMLを作り、CSSでスタイリングします。領域を区切るためのdivタグにclass属性で名前をつけることで、その領域内だけにスタイルを適用させる準備ができました。

特定の場所の見出しの見た目を変える

用意したHTML

```
<h2>リンク切れ</h2>
<p>HTMLで指定したCSSファイル名が間違っている場合などがあります。</p>

<h2>キャッシュが残っている</h2>
<p>ブラウザのキャッシュに古いCSSファイルが残っている場合があります</p>

<div class="column">
    <h2>はみ出しコラム</h2>
    <p>CSSを書くエディタはみなさん何を使ってますでしょうか……</p>
</div>
```

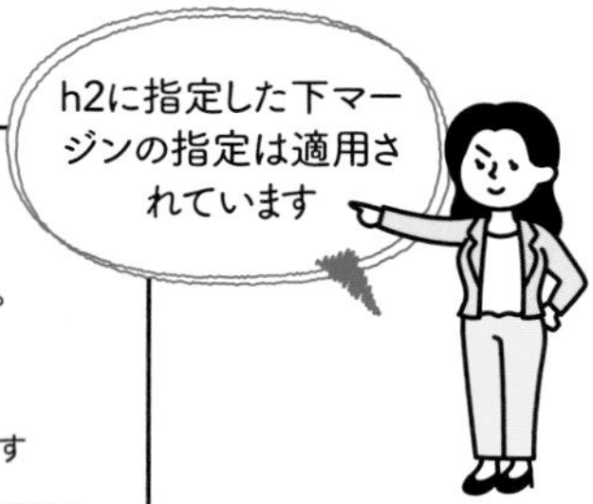

見出しをスタイリングするCSS

```
h2 {
    font-size: 20px;
    margin-bottom:8px;
}
.column h2 {
    font-size:18px;
    color: #c7790d;
}
```

columnクラスの中のh2という意味

HTMLでクラス名「column」がつけられた場所を意味する

ブラウザでの表示

ここのh2だけ文字のサイズと色が変更されている
リンク切れ
HTMLで指定したCSSファイル名が間違っている場合などがあります。
キャッシュが残っている
ブラウザのキャッシュに古いCSSファイルが残っている場合があります
はみ出しコラム
CSSを書くエディタはみなさん何を使ってますでしょうか……
h2に指定した下マージンの指定は適用されています
columnクラス部分
※枠線をつけるなどのCSSはここでは割愛しています

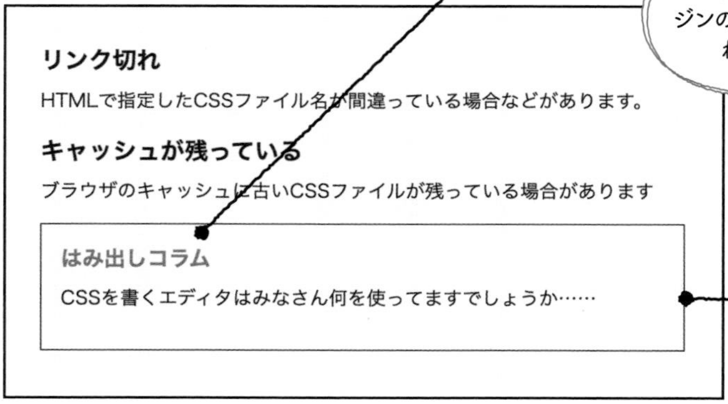

ボックス間の余白を調整しよう

①ボックスのパディングとマージン

カンマ「,」で区切ると複数の箇所に同じスタイルを適用できます

```
.box1,.box2 {
    padding:16px;
}
.box1 {
    margin-bottom: 32px;
}
```

paddingでボックスの内側の余白を指定

margin-bottomでボックス外側の下方向の余白を指定

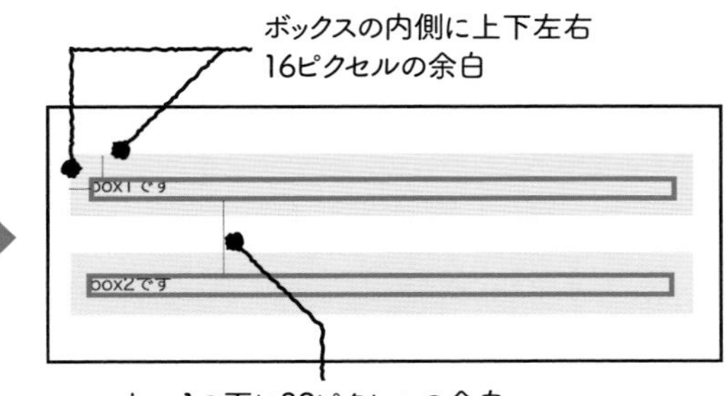

ボックスの内側に上下左右
16ピクセルの余白
box1です
box2です
box1の下に32ピクセルの余白

②下のボックスに上マージンを指定してみる

box2に48ピクセルの上マージンを指定しました

```
.box1,.box2 {
    padding:16px;
}
.box1 {
    margin-bottom: 32px;
}
.box2 {
    margin-top:48px;
}
```

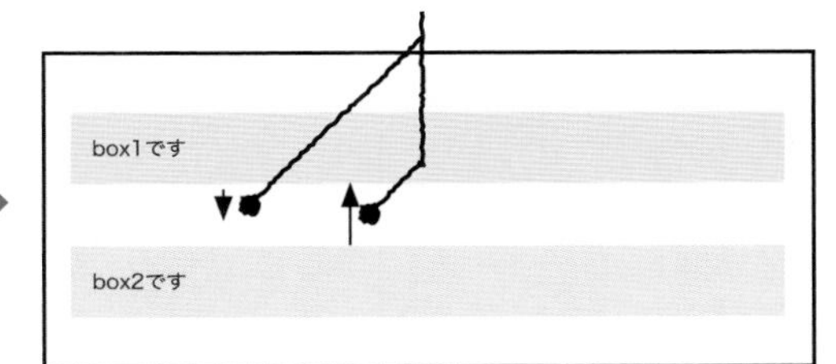

box1の下マージン32ピクセル、
box2の上マージン48ピクセルで、
大きな方の48ピクセルの余白に
box1です
box2です

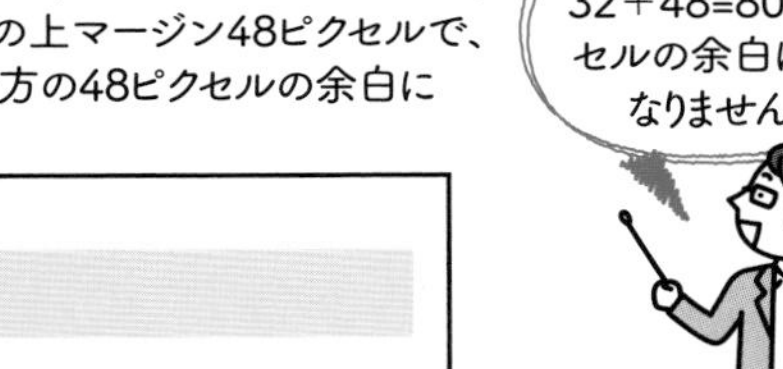

32+48=80ピク
セルの余白には
なりません

```
.box1,.box2 {
    padding:16px;
}
.box1 {
    margin-bottom: 32px;
}
.box2 {
    margin-top:48px;
}
.box1 {
    padding-bottom:48px;
}
```

③box1の下パディングだけ変更してみる

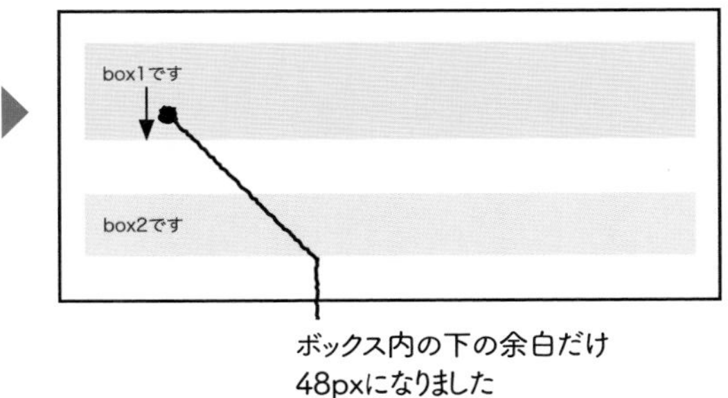

box1です
box2です
ボックス内の下の余白だけ
48pxになりました

コメント文の書き方

CSS 内にコメントとして自由にメモや注釈などを記述することができます。「/*」で始まり「*/」までの間は何を書いてもスタイルには影響をあたえません。

```
/*CSSでのコメントの書き方です。*/
```

```
/*
コメントは
複数行で
書くこともできます。
*/
```

コメントは一時的に
CSSを無効にしたり
CSSソース内にメモを
残す際などに使用します

03 Webデザインを決めるCSSの基本

CHAPTER 03

10 基本⑧正しく書けたか確認してみる

KEY WORD デベロッパーツール

CSS が思った通りに適用されているかどうかは、HTML ファイルをブラウザで開いて確認します。Web ブラウザのデベロッパーツールは検証作業を手助けしてくれる強力なツールなので覚えておきましょう。

Web ブラウザに標準で用意されている開発者用ツールを使って、HTML 上の特定の箇所に CSS がどのように適用されているかの検証ができます。Chrome ブラウザの場合、「表示」メニューの「開発 / 管理」から「デベロッパー ツール」を選んで起動します。

CSS がどう適用されているか検証

デベロッパーツールの左上の選択アイコンを選び、Webページが表示されているウィンドウから検証したい箇所を選びます。すると、その箇所に適用されているCSSを確認できます。確認だけでなく、プロパティごとに適用／非適用を切り替えたり、CSSそのものを書き換えてその場で確認できる、とても便利なツールです。

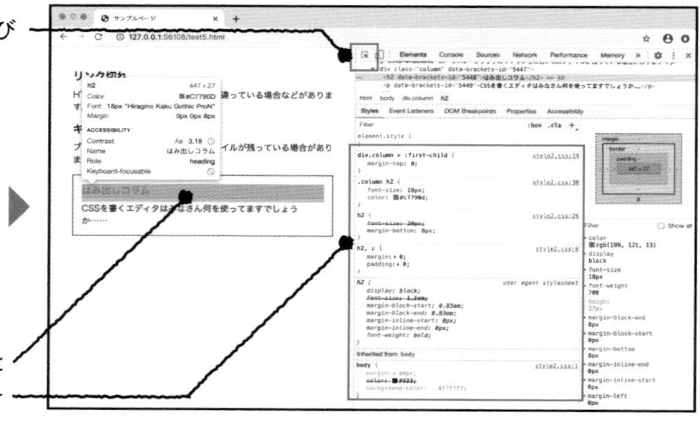
①選択ツールを選び
②検証したい箇所を選ぶと
③CSSの検証ができます

その場所にどのようなCSSが適用されているか、デベロッパーツール上で詳細を見ることができます。たとえばここでは、クラス名「column」のついたh2への指定と、h2タグへ指定されたスタイルの一部が適用されていることが分かります。

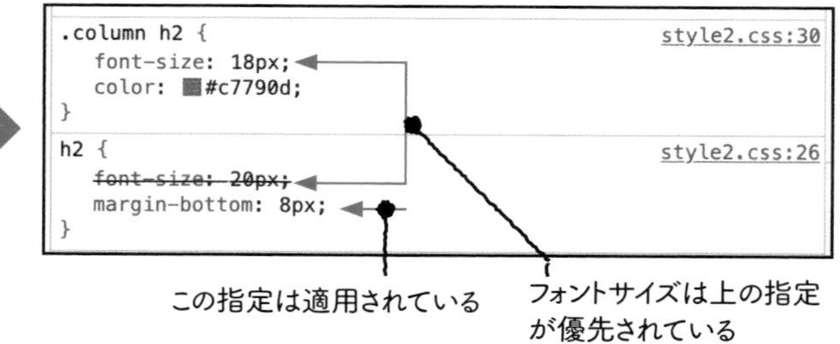
.column h2 {
font-size: 18px;
color: #c7790d;
}
style2.css:30
h2 {
font-size: 20px;
margin-bottom: 8px;
}
style2.css:26
この指定は適用されている
フォントサイズは上の指定が優先されている

この箇所には「.column h2」「h2」に対するスタイル以外にも、親要素である body などに指定したスタイルが適用される場合があります。body > h2 > .column h2 と段階的に CSS が適用されています。カスケーディング・スタイル・シートのカスケーディング（Cascading）は段階的といった意味を表しています。

スタイルの優先順について

同じ箇所へのスタイルの指定が複数あった場合、どちらの指定が優先されるかにはルールがあります。

	CSSの記述	どちらが優先されるか

こちらが適用される（font-size: 20px;）	p {
	font-size: 18px;
	}
	p {
	font-size: 20px;
	}
		同じセレクタへの指定の場合、あとに書いた方が優先されます。

こちらが適用される（font-size: 24px;）	header p {
	font-size: 24px;
	}
	p {
	font-size: 20px;
	}
		指定した要素の数が多い方が優先されます（記述の順番は関係ありません）。

こちらが適用される（font-size: 18x;）	h2 {
	font-size: 24x;
	}
	.column h2 {
	font-size: 18x;
	}
		クラスで指定した方が優先されます（記述の順番は関係ありません）。

こちらが適用される（font-size: 18px;）	#cssnews h2 {
	font-size: 18px;
	}
	.column h2 {
	font-size: 18px;
	}
		IDで指定した方が優先されます（記述の順番は関係ありません）。

こちらが適用される（font-size: 20px !important;）	#cssnews h2 {
	font-size: 18px;
	}
	h2 {
	font-size: 20px !important;
	}
		値の後に半角スペースを空けて「!important」と書くと最優先されます。

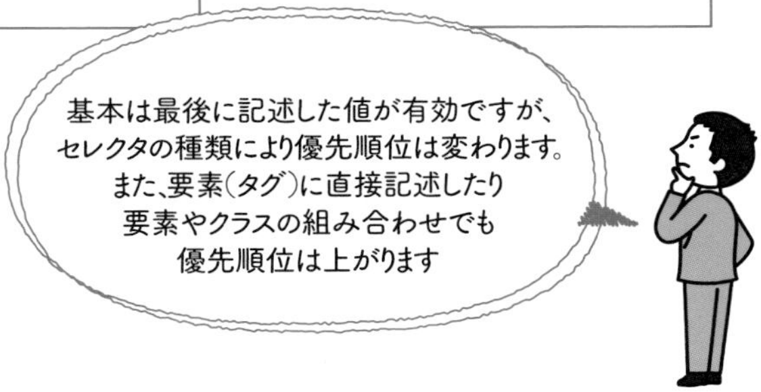

**基本は最後に記述した値が有効ですが、
セレクタの種類により優先順位は変わります。
また、要素（タグ）に直接記述したり
要素やクラスの組み合わせでも
優先順位は上がります**

厳密にはセレクタの種類によって点数が設定されており、計算結果により優先順位が決まります。また、HTML上でタグにstyle属性で書いたスタイルは外部ファイルのCSSより優先されるなどのルールもあります。

CHAPTER 03

11

KEY WORD スタイリング

実践①テキストや段落をスタイリングする方法

テキストや段落をスタイリングする方法を、もっと細かく見ていきましょう。テキストの色、サイズ、太さ、行間の指定の仕方を学びます。また、段落の揃えについても解説します。

まず、CSSを使ってテキストをスタイリングしていきます。CSSが上手く使えるようになれば今まで画像を使用していた見栄えをCSSだけで再現できたり、複雑な組み方をしたりできるようになるので、おすすめです。

テキストをスタイリングする

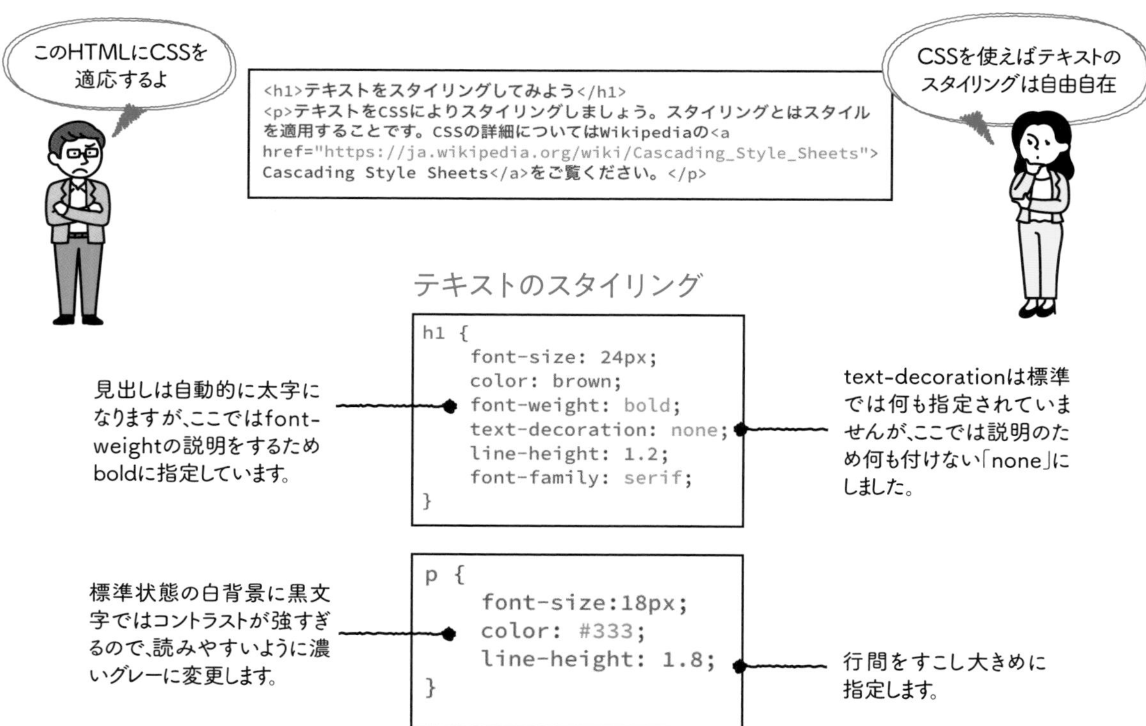

このHTMLにCSSを適応するよ
<h1>テキストをスタイリングしてみよう</h1>
<p>テキストをCSSによりスタイリングしましょう。スタイリングとはスタイルを適用することです。CSSの詳細についてはWikipediaの<a href="https://ja.wikipedia.org/wiki/Cascading_Style_Sheets">Cascading Style Sheets</a>をご覧ください。</p>
CSSを使えばテキストのスタイリングは自由自在
テキストのスタイリング
h1 {
font-size: 24px;
color: brown;
font-weight: bold;
text-decoration: none;
line-height: 1.2;
font-family: serif;
}
見出しは自動的に太字になりますが、ここではfont-weightの説明をするためboldに指定しています。
text-decorationは標準では何も指定されていませんが、ここでは説明のため何も付けない「none」にしました。
p {
font-size:18px;
color: #333;
line-height: 1.8;
}
標準状態の白背景に黒文字ではコントラストが強すぎるので、読みやすいように濃いグレーに変更します。
行間をすこし大きめに指定します。

文字に指定できる主なプロパティ

プロパティ	意味	値
font-size	文字サイズ	ピクセル、%、em、rem などで指定する。
color	色（ここでは文字）	16 進数のカラーコード、色の名前、RGB 値などで指定する。
font-weight	太さ	normal（通常）、bold（太字）などのキーワードか 100 ～ 900 の数値で指定する。
text-decoration	装飾	underline（下線）、line-through（取り消し線）などキーワードで指定する。
line-height	行間	ピクセル、%、em、rem などで指定する。あるいは、単位無しで数値のみ指定で現在の文字サイズを 1 として相対的に指定する。
font-family	フォント	sans-serif（ゴシック体系）、serif（明朝体系）などキーワードで指定する。または、フォント名を指定する。

CSS 適用前のブラウザ表示

テキストをスタイリングしてみよう

テキストをCSSによりスタイリングしましょう。スタイリングとはスタイルを適用することです。CSSの詳細についてはWikipediaのCascading Style Sheetsをご覧ください。

CSS を適用したブラウザ表示

テキストをスタイリングしてみよう

テキストをCSSによりスタイリングしましょう。スタイリングとはスタイルを適用することです。CSSの詳細についてはWikipediaのCascading Style Sheetsをご覧ください。

フォントがserifの設定で明朝体に。色がブラウンになり、行間が大きくなりました。

端末にインストールされているフォントによって表示は変わります

文字の右揃えやセンター揃え

このHTMLを使用します

```
<p class="left">左揃えのテキストです。</p>
<p class="center">センター揃えのテキストです。</p>
<p class="right">右揃えのテキストです。</p>
```

段落の揃えを指定するCSS

3行のテキストをすべて指定しました

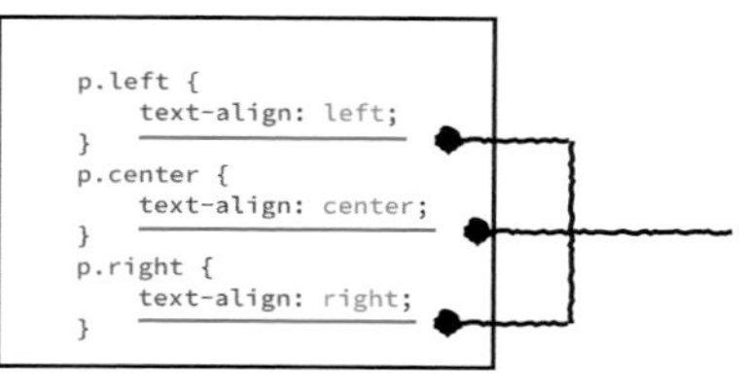

```
p.left {
    text-align: left;
}
p.center {
    text-align: center;
}
p.right {
    text-align: right;
}
```

text-alignプロパティにleft（左揃え）／center（センター揃え）／right（右揃え）で指定します。

テキストが見にくくなる揃え方はおすすめできません

ブラウザ表示

左揃えのテキストです。

センター揃えのテキストです。

右揃えのテキストです。

センター揃えは要注意

長い文章は改行位置によっては読みにくくなるのでセンタ
ー揃えにするのは向きません。

「センター」の「ー」だけが次の行の先頭にあって読みにくい。

英語は単語ごとにしか改行されないのでいいのですが、日本語はどこで改行されるか分からないのでセンター揃えは短い文章にしか使えないと考えた方がいいでしょう。とくにスマートフォン対応を考えると、かなり狭い横幅で見られることも多いため注意が必要です。

KEY WORD backgroundプロパティ

12 実践②背景をスタイリングする方法

CSSを使って背景に色や画像を配置することができます。ページ全体の背景に模様を敷き詰められますし、決まったサイズの中に画像を収める場合にも背景画像を使います。

背景にはbackgroundプロパティを使います。background-colorで色を、background-imageで画像を指定します。画像は繰り返しの並び方をコントロールしたり、領域にフィットさせるなどの指定が可能です。

背景色を設定しよう

background-colorで背景に色をつけます

プロパティと値の記述	意味
background-color: #cccccc;	背景色を#ccccccにする。
background-color: rgba(0,0,0,0.7);	背景色をRGB値でR：0／G：0／B：0、不透明度70%にする。

色は色の名前、カラーコードのほかにRGB値で指定できます。RGB値には透明度を含めた「rgba」の指定方法があり、a（アルファ）部分は0～1の範囲で記述します。数値が1のとき不透明になります。

backgroundプロパティは、背景関連のプロパティをまとめて指定するショートハンドです

backgroundプロパティが指定できる値は、各プロパティと同様です。それぞれの値は半角スペースで区切って指定します。任意の順序で指定可能ですが、background-sizeプロパティの値は、background-positionプロパティの値にスラッシュ(/)で続けて指定します。

透明度を設定した
黒い背景が設定さ
れている

背景画像を設定しよう

backgroundプロパティには、「background-」で始まる幾つかの種類があります。以下の表で4つのbackgroundプロパティを紹介します。たとえば、background-imageは背景に画像を配置するものです。backgroundプロパティはそれぞれに設定ができ、一括でも指定できます。また、それぞれに取れる値も異なります。

プロパティと値の記述	意味	表示例
background-image: url(images/bg.png);	背景画像をURLで指定する。 括弧「()」の中にはCSSファイルから画像へのパスが入ります。 画像は繰り返しパターンとなります。	ページ全体に背景画像が表示されました。
background-repeat: repeat-x;	背景画像の繰り返しをx方向（横方向）だけにします。	横方向に画像が繰り返して表示された。

プロパティと値の記述	意味	表示例
background-repeat: repeat-y;	背景画像の繰り返しをｙ方向（縦方向）だけにします。	縦方向に画像が繰り返して表示された。
background-repeat:no-repeat;	背景画像を繰り返しません。	背景画像は繰り返されません。

background-cover で領域に画像をフィットさせる

background-cover は、画像の縦横比を崩すことなく、画像ができる限り大きくなるよう拡大縮小します。画像の縦横比が要素と異なる場合、空き領域が残らないように上下または左右のどちらかが切り取られます。また、background-contain は、画像を切り取ったり縦横比を崩したりすることなく、画像ができる限り大きくなるよう拡大縮小されます。

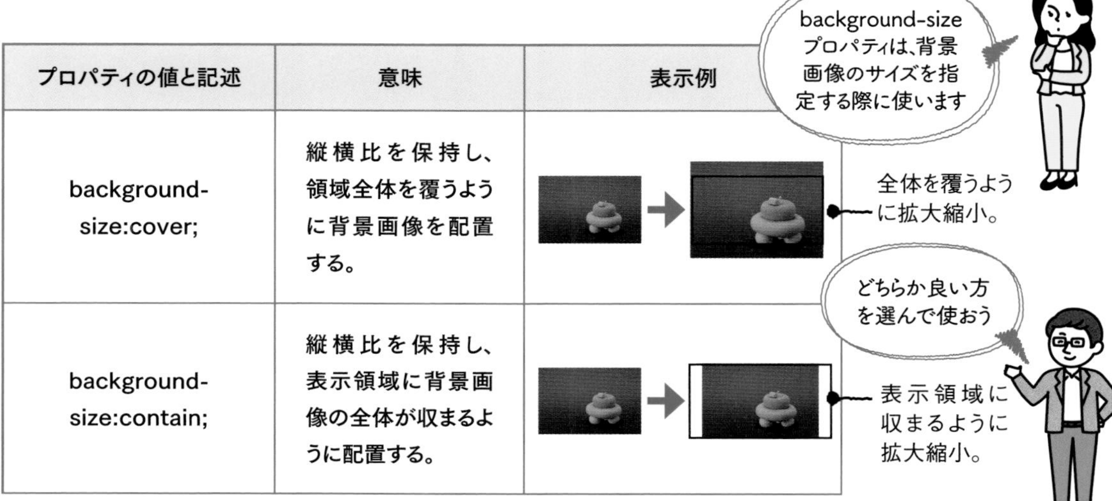

background-size プロパティは、背景画像のサイズを指定する際に使います
どちらか良い方を選んで使おう

プロパティの値と記述	意味	表示例
background-size:cover;	縦横比を保持し、領域全体を覆うように背景画像を配置する。	全体を覆うように拡大縮小。
background-size:contain;	縦横比を保持し、表示領域に背景画像の全体が収まるように配置する。	表示領域に収まるように拡大縮小。

背景画像を領域いっぱいに表示させるには、領域全体に表示されるけれどはみだした部分ができる可能性がある cover か、写真全体を表示するけど余白ができる可能性のある contain を background-size プロパティの値に指定します。写真ギャラリーでのサムネイル画像など、複数の画像を同じサイズに揃えて見せたい場合に便利です。

CHAPTER 03

KEY WORD リストマーカー

13 実践③リストを装飾する方法

ul タグで作られたリストに CSS でスタイリングします。リストの各項目の頭に表示される「・」（リストマーカー）を別のものに変えたり、表示位置を調整する方法を解説します。

リストの先頭に表示される記号類を**リストマーカー**と呼びます。リストマーカーを設定する際は、list-style プロパティで黒丸、円、四角、マーカーなしなど様々な種類を指定することが可能です。

リストの頭の記号を変える

よく使われるリストマーカー

属性値	説明	表示例
list-style: none;	マーカーなし。	リスト1 リスト2 リスト3
list-style: disc;	黒丸を入れる。	• リスト1 • リスト2 • リスト3
list-style: circle;	白丸を入れる。	◦ リスト1 ◦ リスト2 ◦ リスト3
list-style: square;	四角を入れる。	▪ リスト1 ▪ リスト2 ▪ リスト3

list-styleは、リストマーカーの種類を指定するプロパティです
一般的に使われるのはこれらのリストマーカーです

その他のリストマーカー

属性値	説明	表示例
list-style: decimal;	数字を入れる。	1. リスト1 2. リスト2 3. リスト2
list-style: decimal-leading-zero;	先頭にゼロを入れた数字を入れる。	01. リスト1 02. リスト2 03. リスト2
list-style: lower-roman;	小文字のローマ数字を入れる。	i. リスト1 ii. リスト2 iii. リスト2
list-style: upper-roman;	大文字のローマ数字を入れる。	I. リスト1 II. リスト2 III. リスト2
list-style: cjk-ideographic;	漢数字を入れる。	一. リスト1 二. リスト2 三. リスト2
list-style: lower-latin;	小文字のアルファベットを入れる。	a. リスト1 b. リスト2 c. リスト2
list-style: upper-latin;	大文字のアルファベットを入れる。	A. リスト1 B. リスト2 C. リスト2

olタグと同じように数字を表示するなど、順番によって変わるリストマーカーを表示することもできます。ほかにも「ひらがな」「カタカナ」「いろは」などのリストマーカーもあります。

ギリシャ文字やラテン文字などのリストマーカーもありますが、一部のブラウザにしか対応していません

リストマーカーの表示位置の設定

list-style-positionプロパティでリストマーカーの位置を設定します。insideで領域の内側に、outsideで外側に配置されます。標準状態ではoutsideになっています。

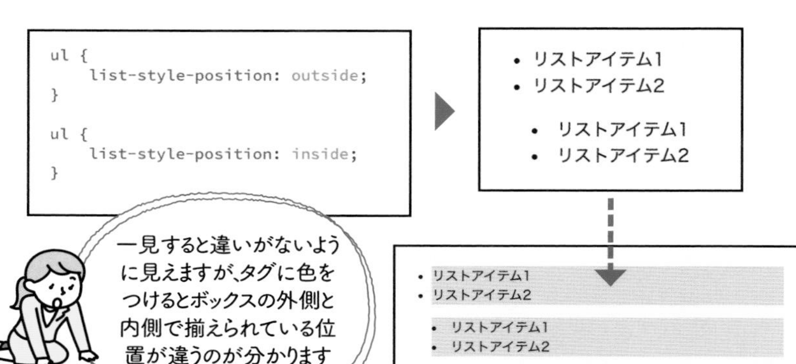

一見すると違いがないように見えますが、タグに色をつけるとボックスの外側と内側で揃えられている位置が違うのが分かります

CHAPTER 03

KEY WORD font-family ／ Web フォント ／ Google fonts

14 実践④ Web フォントを使う方法

CSS では font-family プロパティでフォントを指定できますが、ユーザーの端末にインストールされているフォントでしか表示できません。Web フォントを使えばサーバーからフォントを読み込むことで、どのユーザーでも同じフォントで表示できるようになります。

Web フォントは比較的最近実用できるようになった技術です。今では日本語の Web フォントを使えるサービスも増えて、利用しやすくなりました。しかし、ほとんどが有料のサービスですし、使いこなすにはある程度の知識が必要となります。

font-family でのフォントの指定

まずは、font-familyプロパティでのフォントの指定方法を見てみましょう。複数の候補を並べて指定して、ユーザーの端末に入っているフォントがあればそのフォントで表示されることになります。

```
body {
  font-family: "Hiragino Kaku Gothic ProN",Meiryo,sans-serif;
}
```

Mac用にヒラギノ角ゴシックを、Windows用にメイリオを指定し、最後にゴシック体系を示すsans-serifを指定しています。

Webフォントはあらかじめサーバに置かれたフォントやインターネット上で提供されているフォントを呼び出して表示します

Webフォントの使い方

Webフォントを使うとサーバー上に用意したフォントをWebブラウザで読み込んで使うので、ユーザーが端末にインストールしていないフォントも表示できます。ただし、どんなフォントでもサーバーにアップロードしてWebフォントとして使えるわけではありません。Webフォント用に許可されたライセンスのフォントか自作のフォントしか使えないので注意してください。

Webフォントはフォントを自分でサーバーにアップロードして使う以外に、Webサービスとして提供されているものを利用する方法があります

Web フォントは CSS 上で @font-face プロパティを使って読み込みます。

```
@font-face {
  font-family: "フォント名";
  src: url("フォントファイルへのパス") format("フォント形式");
}
```

Google fontsを利用する

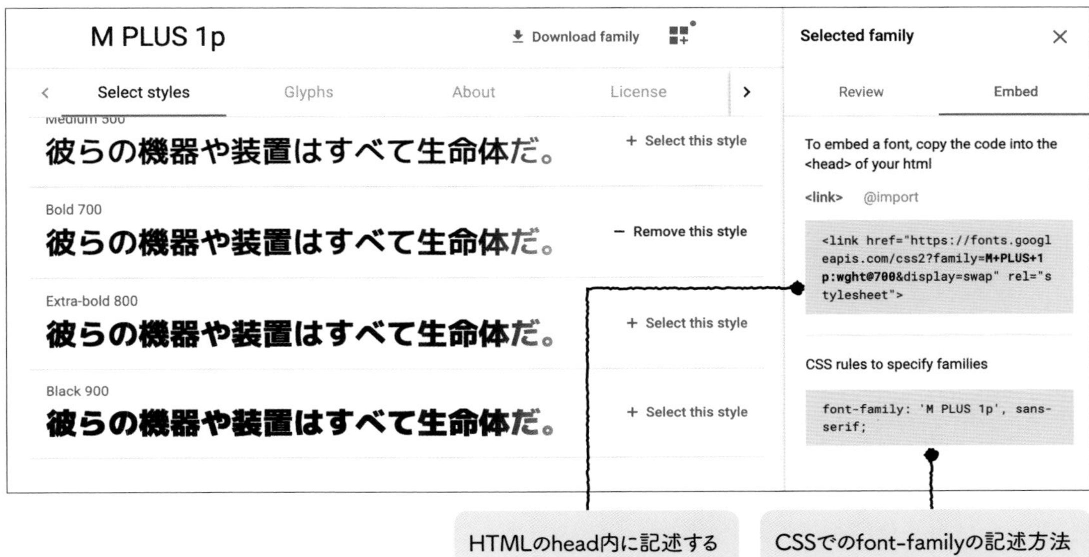

Google Fontsで「Language」から「Japanese」を選ぶと日本語フォントを絞り込んで表示できます。今回はその中から「M PLUS 1p」の太さ700のフォントを使ってみます。「+Select this style」でフォントを選ぶと埋め込み用のコードが生成されます。

テキストをスタイリングしてみよう

テキストをCSSによりスタイリングしましょう。スタイリングとはスタイルを適用することです。CSSの詳細についてはWikipediaのCascading Style Sheetsをご覧ください。

テキストをスタイリングしてみよう

テキストをCSSによりスタイリングしましょう。スタイリングとはスタイルを適用することです。CSSの詳細についてはWikipediaのCascading Style Sheetsをご覧ください。

M PLUS 1pフォントの太さ700で表示されました。

日本語Webフォントが使えるWebサービスにはTypeSquare、FONTPLUS、Adobe Fontsなどがあります。基本的には月額制の有料サービスです。Google Fontsは無料で日本語Webフォントが使えるサービスで利用者も多いです。

KEY WORD Grid ／ Flexbox

CHAPTER 03

15 実践⑤レイアウトを組む方法

CSSにはレイアウトを組むために用意された「Grid（グリッド）」と、ロゴやナビゲーションの横並びで使用する「Flexbox（フレックスボックス）」の2つの技術があります。どちらも比較的最近実用できるようになったものです。ここではこの2つの概要を紹介します。

同じようなレイアウトを**Grid**と**Flexbox**のどちらでも実現できることも多いですが、Gridは全体のレイアウトのため、Flexboxは各パーツのレイアウトのために使うと考えるとわかりやすいです。

グリッドとフレックスボックス

Flexboxは1行または1列を制御する仕組みですが、Gridは行と列とをまとめて制御できます。

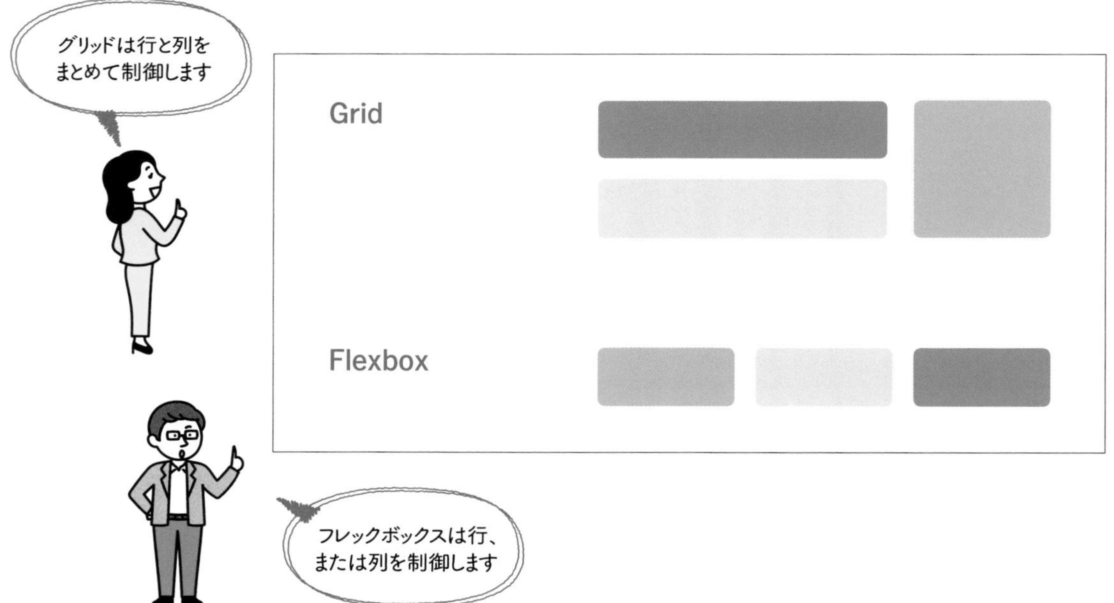

グリッドは行と列をまとめて制御します
Grid
Flexbox
フレックボックスは行、または列を制御します

Flexboxは柔軟性という意味があるFlexという単語が示す通り可変のボックスで、コンテンツのレイアウトをデバイスのディスプレイサイズに応じてフレキシブルに対応させることが可能です。Gridは従来のレイアウト手法が持つ問題点をクリアし、Flexboxの後に誕生しました。

Gridによるレイアウト例

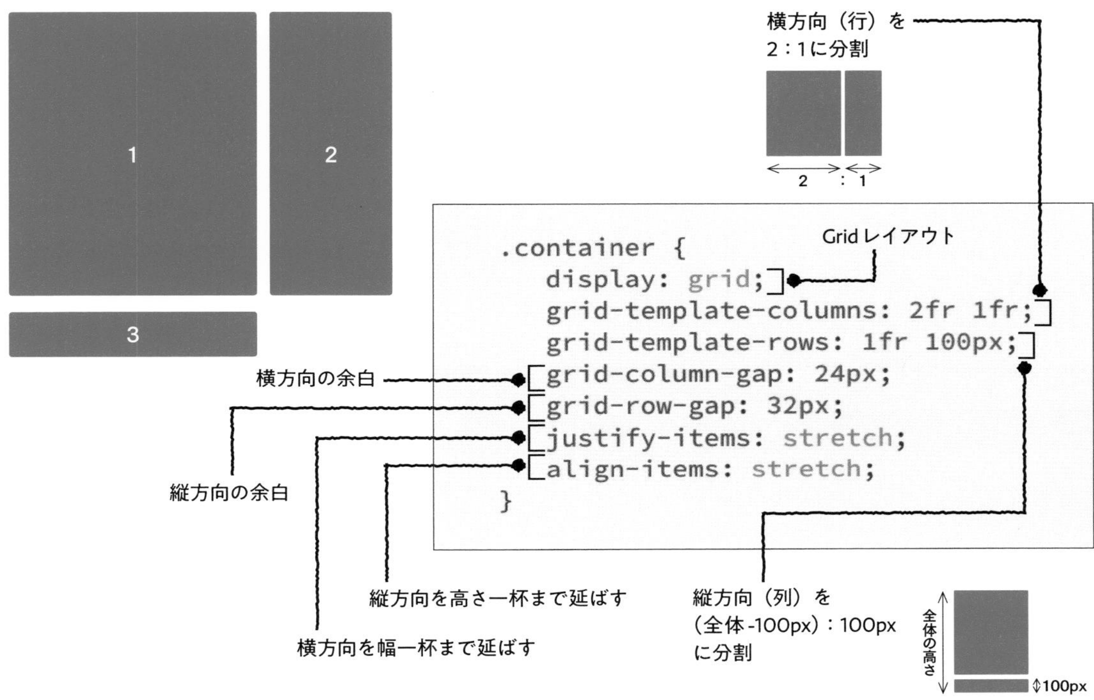

1
2
3
横方向（行）を
2：1に分割
2 : 1
.container {
display: grid;
grid-template-columns: 2fr 1fr;
grid-template-rows: 1fr 100px;
grid-column-gap: 24px;
grid-row-gap: 32px;
justify-items: stretch;
align-items: stretch;
}
Gridレイアウト
横方向の余白
縦方向の余白
縦方向を高さ一杯まで延ばす
横方向を幅一杯まで延ばす
縦方向（列）を
（全体-100px）：100px
に分割
全体の高さ
100px

Flexboxによるレイアウト例

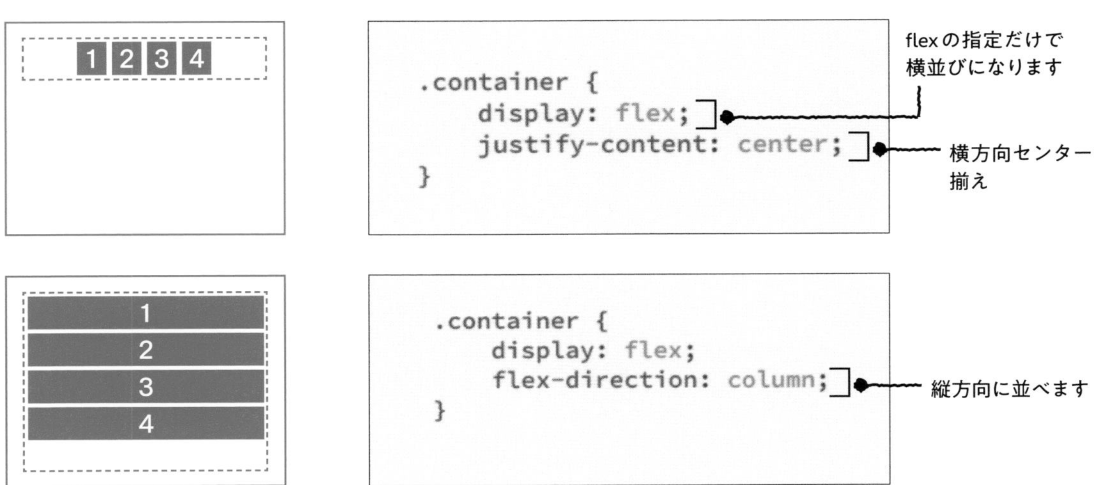

1 2 3 4
.container {
display: flex;
justify-content: center;
}
flexの指定だけで
横並びになります
横方向センター
揃え
1
2
3
4
.container {
display: flex;
flex-direction: column;
}
縦方向に並べます

Flexboxは整列する方向や整列順、整列の折り返しの指定が可能で、整列した要素を縮尺することもできるためツールバーなどの作成に役立ちます。一方、Gridは要素の順番やフローに関係なく配置できるため、ページ領域を分割するようなレイアウトに適しています。

Column

よく使う！
CSS プロパティ一覧

以下によく使う CSS プロパティを大まかな用途別に一覧としてまとめました。Web サイトの制作時に迷った際の参考としてご使用ください。なお、本書で作成した Web サイトの HTML、CSS は巻末（223 ページ）に記載した URL でコピーすることができます。

文字色・文字の装飾

color	文字色を指定する
font-family	フォントの種類を指定する
font-size	フォントのサイズを指定する
font-weight	フォントの太さを指定する
line-height	行の高さを指定する
text-align	テキストの水平方向の揃え方を指定する
text-decoration	テキストに下線、打消し線などの装飾をする
vertical-align	テキストの垂直方向の揃え方を指定する
letter-space	文字の間隔を指定する
text-shadow	テキストに影を付ける

背景

background-attachment	背景画像の固定や移動を指定する
background-color	背景色を指定する
background-image	背景画像を指定する
background-position	背景画像の表示位置を指定する
background-repeat	背景画像の繰り返しのパターンを指定する

幅・高さ・余白

width	ボックスの幅を指定する
max-width	ボックス幅の最大値を指定する
min-width	ボックス幅の最小値を指定する
height	ボックスの高さを指定する
max-height	ボックスの高さの最大値を指定する
min-height	ボックスの高さの最小値を指定する
margin	ボックス外側の余白を指定する
margin-top	ボックス外側上部の余白を指定する
margin-bottom	ボックス外側下部の余白を指定する
margin-left	ボックス外側の左側の余白を指定する

margin-right	ボックス外側の右側の余白を指定する
padding	ボックス内側の余白を指定する
padding-top	ボックス内側上部の余白を指定する
padding-bottom	ボックス内側下部の余白を指定する
padding-left	ボックス内側の左側の余白を指定する
padding-right	ボックス内側の右側の余白を指定する

線の色・線の装飾

border	線の色・スタイル・太さをまとめて指定する
border-color	線の色を指定する
border-style	線のスタイルを指定する
border-width	線の幅を指定する
border-radius	線の角を丸める
border-collapse	隣り合うセルのボックス線の結合・分離を指定する
border-spacing	隣り合うセルのボックス線同士の距離を指定する

レイアウト

position	ボックスの位置を指定する
display	ボックスの表示形式を指定する
float	ボックスを左か右に寄せて配置する
clear	回り込みを解除する

表（リスト）

list-style	リストマーカーの種類・位置・画像をまとめて指定する
list-style-image	リストマーカーの画像を指定する
list-style-type	リストマーカーの文字の種類を指定する
list-style-position	リストマーカーの表示位置を指定する

その他

cursor	ポインタ（カーソル）の形状を指定する
content	コンテンツを挿入する
opacity	要素の透明度を指定する

WEB DESIGN
MIRUDAKE
NOTE

CHAPTER 04

目的別 Webデザインの基本

そもそもユーザーに
何を伝えたいのか？
Webサイトを作る際は
目的に応じたスタイルを
選ぶことが大切です

ザイン

Web デザインには、 フルスクリーンやシングルカラム、 2 カラム、 3 カラム、 グリッドレイアウトなど、 目的に応じた様々なスタイルがあります。 第 4 章では、 いくつかのスタイルの Web サイトを実際に作成しながら、 それぞれの特徴を学んでいきます。 また、 これまでに学んだ HTML や CSS を応用しながら、 あなたのお店や会社の、 または個人のオリジナル Web サイトを作成し、 そのデザインや機能をより充実させていきましょう。

CHAPTER 04

KEY WORD 目的に合ったレイアウト

01 いろいろな種類のWebデザイン

ウェブサイトにはいろいろな種類のデザインがあり、ページの内容や目的にあわせて適切なレイアウトを選ぶことが大切です。ここでは、よく使われているレイアウトパターンとその特徴、それぞれがどういったウェブサイトに向いているのかを紹介しながら、目的に合ったレイアウトを選ぶポイントを解説します。

CSSの進化によってレイアウトの自由度が高まったこともあり、ウェブサイトのデザインはバラエティ豊かになりました。しかし、単に見た目の良し悪しだけでデザインを決めるべきではありません。各レイアウトが持つ特徴をよく理解し、**目的に合ったレイアウト**を選びましょう。

主なレイアウトパターン

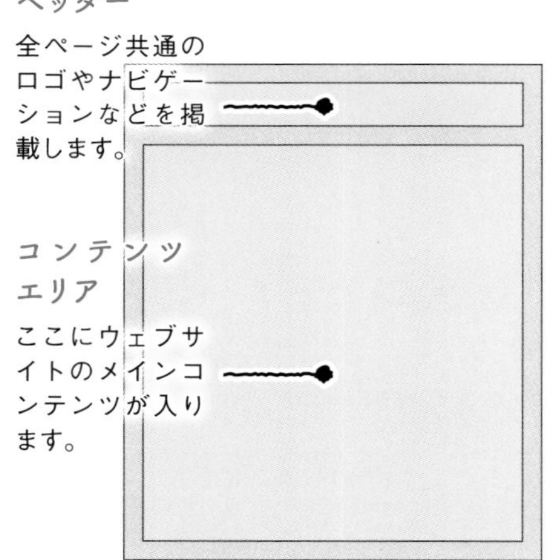

ヘッダー
全ページ共通のロゴやナビゲーションなどを掲載します。
コンテンツエリア
ここにウェブサイトのメインコンテンツが入ります。

シングルカラム

スマートフォン表示を含めたレスポンシブデザインと相性が良く、ここ数年の主流になっているシンプルなレイアウトです。

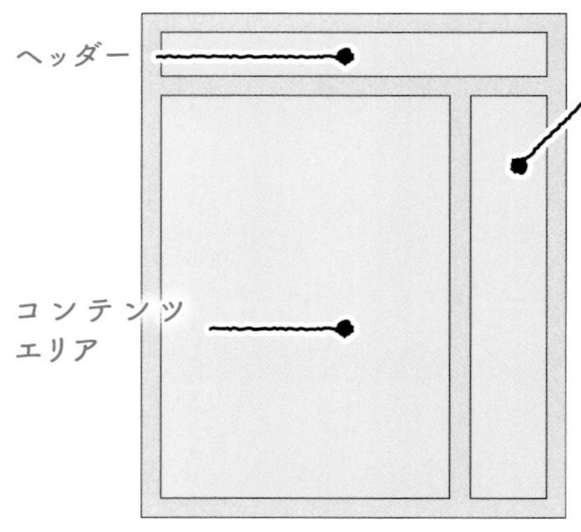

ヘッダー
サイドバー
ナビゲーションやバナー、新着情報などを掲載します。
コンテンツエリア

2カラム

ブログなど文章がメインのウェブサイトと相性が良いレイアウトです。サイドバーによりサイト内の回遊性の良さも期待できます。

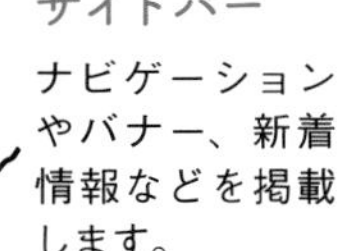

スマートフォンが普及する前は2カラムのレイアウトが主流でした。

要素を縦に積むシングルカラムは、スマートフォンでもレイアウトを変えることなく表示できるためここ数年主流となっています。一方2カラムは、適度な幅で読みやすいコンテンツエリアと、様々な情報を載せられるサイドバーを備えた、バランスの取れたレイアウトです。

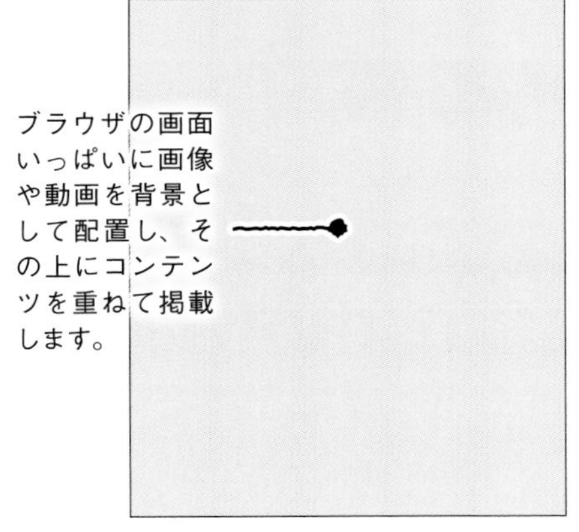

ブラウザの画面いっぱいに画像や動画を背景として配置し、その上にコンテンツを重ねて掲載します。

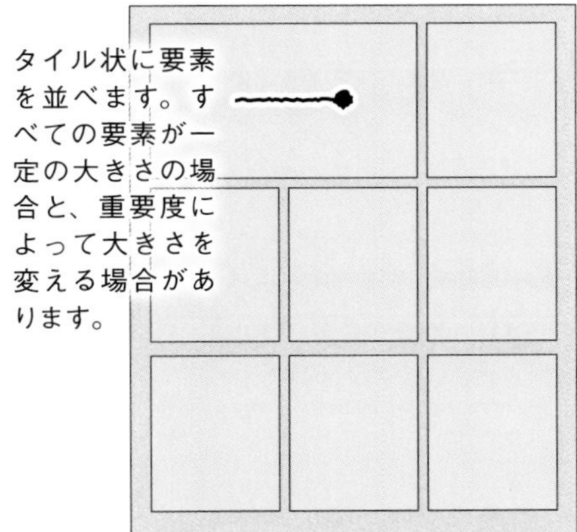

タイル状に要素を並べます。すべての要素が一定の大きさの場合と、重要度によって大きさを変える場合があります。

フルスクリーン

ビジュアルは文字よりも直感的に訴求できるため、ブランドやサービスの世界観を伝えるのに向いているレイアウトです。

グリッドレイアウト

メディアやECサイトのトップページなど、一度に多くの情報を一覧させたいウェブサイトに向いています。

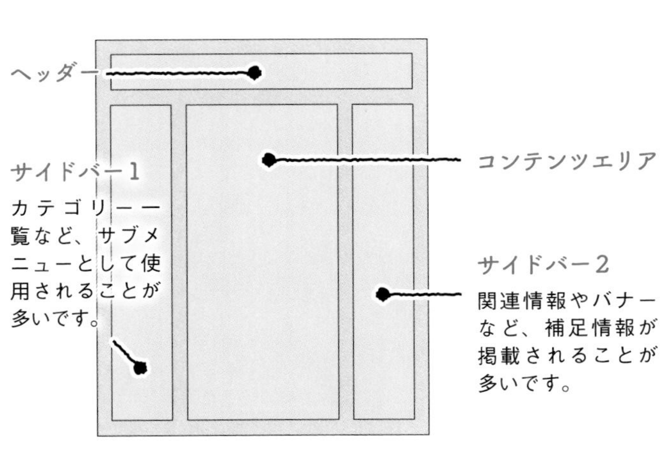

レイアウトを複数組み合わせる場合もあります。

カテゴリー一覧など、サブメニューとして使用されることが多いです。

3カラム

大規模なECサイトのようにカテゴリーが多岐にわたる場合や、多くの情報を扱うサイトに向いています。

One point

ランディングページ

ランディング（＝着地）ページという、ウェブ広告などをクリックした人に見せることを目的としたページもあります。商品やサービスの特徴が1ページにまとまった縦長のレイアウトが多いです。略してLPと呼びます。

フルスクリーンとグリッドレイアウトは、トップページでよく使用されます。世界観に引き込むにはフルスクリーン、情報をたくさん見せるにはグリッドレイアウト、のように目的に合わせて選びましょう。3カラムは、多数のカテゴリーも無理なく表示できるため、大規模なウェブサイトに向いています。

CHAPTER 04

KEY WORD フルスクリーン

02 フルスクリーンとは？

ここからは、いくつかのレイアウトを実際に作りながら、ウェブサイトの制作方法を身につけていきましょう。まずはじめに紹介するのは、画像や動画を全画面に配置するフルスクリーンレイアウトです。このページでは、実際の制作に入る前に把握しておきたい、レイアウトの特徴やメリット、注意点などを解説します。

フルスクリーンレイアウトとは、フル＝いっぱい、スクリーン＝画面の名前が示す通り、ブラウザの画面いっぱいを使用したレイアウトです。ブランドやサービスの世界観を表現したり、ストーリー性のあるウェブサイトを制作したいときなどに使用します。

フルスクリーンレイアウト

フルスクリーン

画面いっぱいにビジュアル要素を敷き詰めて、その上に
重なるように各要素を配置するレイアウトです。

備前国総社宮 HP

最近では動画を
活用した事例も
多く見られます。

閲覧者はサイトを訪れて数秒で内容を判断するとされており、パッと目を引くフルスクリーンレイアウトは、その限られた時間内でウェブサイトの内容を伝えるのに有利です。ビジュアル要素は文字よりも直感的に内容を伝えることができるため、サイトの顔となるトップページでよく使用されています。

フルスクリーン画像の選び方

フルスクリーンレイアウトでは、画像の選択が非常に重要です。まず、サイトの内容を端的に表した画像を選ぶことが何よりも大切で、さらに、その上に文字をのせたときの読みやすさを検討するなど、様々な配慮をする必要があります。

フルスクリーンレイアウトのメリット

幅を固定したレイアウトは、大きなディスプレイでは左右に余白ができますが、フルスクリーンレイアウトはディスプレイに合わせて広がって表示されます。

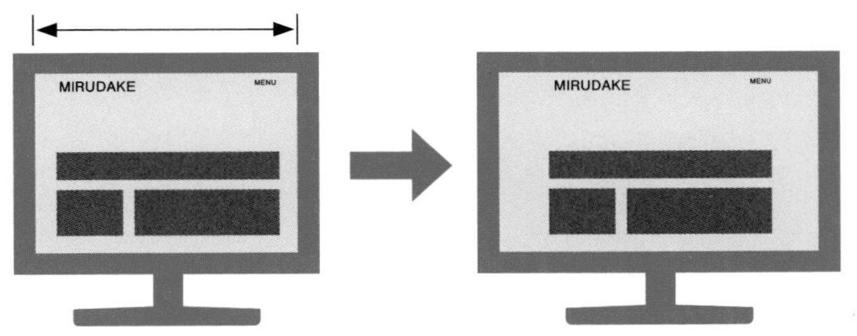

スマホやタブレットなど、
異なる端末にも
対応できます。

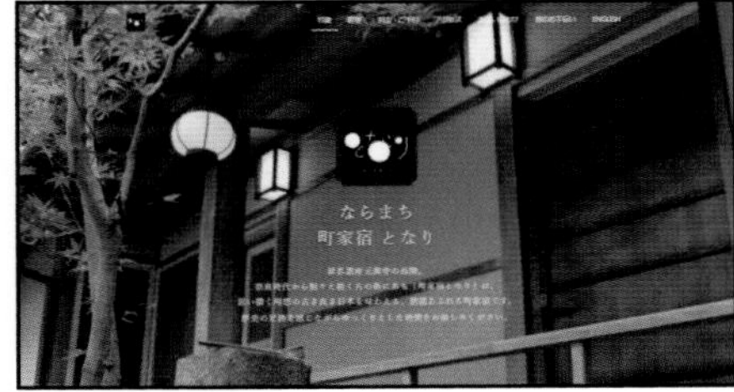

ならまち町家宿 となり HP

ディスプレイサイズが変わっても大丈夫

大画面 PC からスマートフォンの小さな画面まで、様々な画面サイズに対応でき、印象を統一できるのもフルスクリーンレイアウトのメリットです。

ウェブサイトを制作する上で、多様な端末での閲覧に配慮することは必須です。40 インチを超えるような大画面で見る人もいれば、4 インチほどのスマートフォンで見る人もいます。そのようにサイズが大きく異なる端末でも対応できる点も、フルスクリーンレイアウトのメリットといえます。

CHAPTER 04

KEY WORD インデント

03 フルスクリーンページを作ろう

ここからは、実際のコードと照らし合わせながらウェブサイトの制作方法を見ていきます。HTMLのコードは慣れるまでは難解に感じますが、意味を理解できればそれほど難しくはありません。普段ブラウザで見ているウェブサイトが、どのようなコードで書かれているのか、文書構造を確認しながら少しずつ理解していきましょう。

ビジュアルのインパクトが大きく、一見派手に見えるフルスクリーンページですが、文書構造としてはとてもシンプルです。ここでは、フルスクリーンページの代表的なレイアウトを例に、それぞれの要素がどのような構造で作られているかを確認していきます。

フルスクリーンページの文書構造

ヘッダー
headerタグでロゴとナビゲーションを包みます。
ナビゲーション
nav、ul、li、aタグを使用します。
ロゴ
画像はimgタグを使用します。
見出し
大見出しはh1タグを使用します。
本文
本文にはpタグを使用します。
ボタン
リンクはaタグを使用します。
フッター
footerタグを使用します。
BAKERY
Category
Bread
Contact
Baking with
natural yeast.
Contact

ページの上部にロゴとナビゲーション、ページの中心部に見出し、本文、画像を配置し、最下部にはフッターを配置します。

HTMLのタグには、それぞれに意味があります。ヘッダーにはheaderタグを使用するなど、要素の役割に対して正しいタグを使用することが大切です。正しいタグで文書構造が分かりやすいウェブサイトは検索エンジンにも理解されやすくなります。

文字の可読性への配慮は必須

フルスクリーンページは背景の画像によっては上にのせる文字が読みにくくなってしまいます。できるだけシンプルな画像を選ぶか、画像をぼかしたり、背景色を入れるなど、文字が読みやすくなるように配慮しましょう。

AKABANE

左ページ画面のソースコード

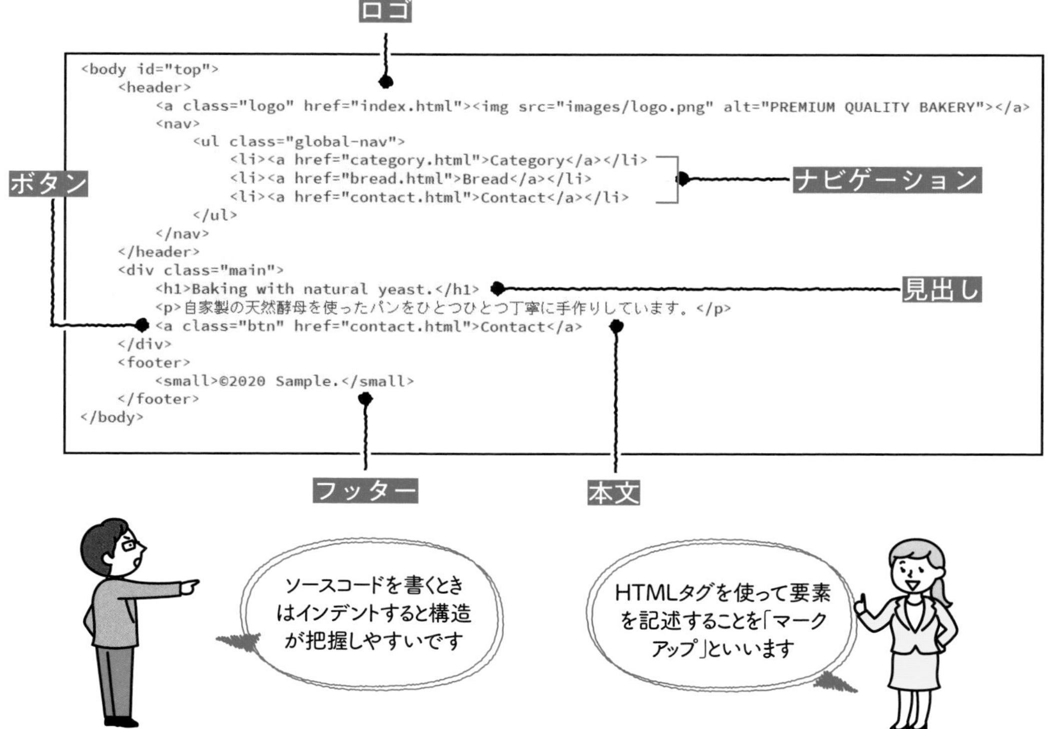
ロゴ
ナビゲーション
ボタン
見出し
フッター
本文
ソースコードを書くときはインデントすると構造が把握しやすいです
HTMLタグを使って要素を記述することを「マークアップ」といいます

```html
<body id="top">
    <header>
        <a class="logo" href="index.html"><img src="images/logo.png" alt="PREMIUM QUALITY BAKERY"></a>
        <nav>
            <ul class="global-nav">
                <li><a href="category.html">Category</a></li>
                <li><a href="bread.html">Bread</a></li>
                <li><a href="contact.html">Contact</a></li>
            </ul>
        </nav>
    </header>
    <div class="main">
        <h1>Baking with natural yeast.</h1>
        <p>自家製の天然酵母を使ったパンをひとつひとつ丁寧に手作りしています。</p>
        <a class="btn" href="contact.html">Contact</a>
    </div>
    <footer>
        <small>©2020 Sample.</small>
    </footer>
</body>
```

画像には画像、見出しには見出しの専用のタグを使用して記述することで、ソースコードを見るだけでその要素が何を意味しているのかが理解できます。また文書構造が視覚的に理解できるよう、記述の際には、適切な**インデント**（字下げ）を行うようにしましょう。

CHAPTER 04

KEY WORD 大まかな構造を作る

04 フルスクリーンのHTMLを書く

大まかな構造が理解できたら、ここからはいよいよ実践編です。ウェブサイト制作の大まかな手順は、最初にHTMLでページの中身を作り、その後にCSSで色や配置などの見た目を整える、というのが基本です。まずはHTMLでページの中身を書いていきましょう。

2章で解説した通り、HTMLを記述する際にまず行うのはページの大まかな構造を作ることです。各要素を入れる「箱」を積み上げていくようなイメージで、それぞれのエリアを作成していきましょう。

フルスクリーンページのHTMLを書く

①ファイルの準備

テキストエディタを開いて、ファイルを準備します。「index.html」ファイルを新規作成しましょう。

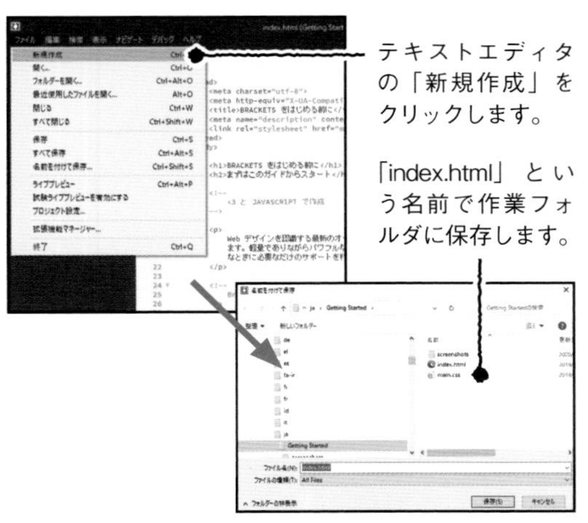

テキストエディタの「新規作成」をクリックします。
「index.html」という名前で作業フォルダに保存します。

②基本構造を入力

一番外側の大きな箱となるhtml要素を作り、その中にhead要素とbody要素を入力します。

```
<!DOCTYPE html>
<html>
<head></head>
<body></body>
</html>
```

```
<!DOCTYPE html>
<html>
<head></head>
<body></body>
</html>
```

HTMLの基本構造は、大きなhtml要素という箱の中に、head要素とbody要素という2つの箱が入っている構造です。文書の種類を表すDOCTYPE宣言を冒頭に記述したら、基本構造となる各要素のタグを入力します。

③head要素の中身を入力

次に文書の文字コードやタイトル、CSSファイルへのリンクなどの基本情報をhead要素の中に入力していきます。

meta要素で文字コードを入力します。

link要素でCSSファイルへのリンクを入力します。

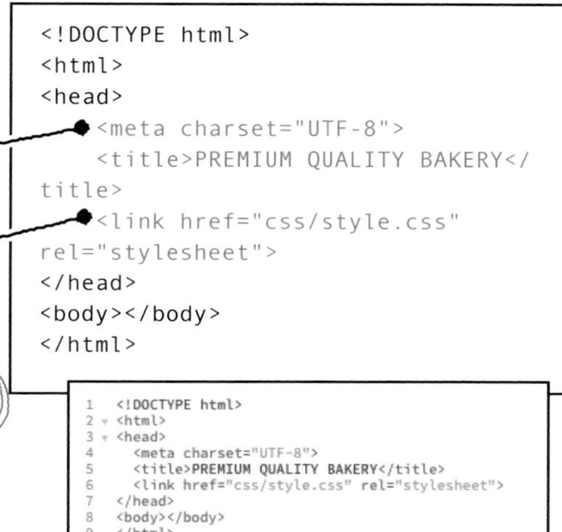

```
<!DOCTYPE html>
<html>
<head>
    <meta charset="UTF-8">
    <title>PREMIUM QUALITY BAKERY</title>
    <link href="css/style.css" rel="stylesheet">
</head>
<body></body>
</html>
```

```
<!DOCTYPE html>
<html>
<head>
  <meta charset="UTF-8">
  <title>PREMIUM QUALITY BAKERY</title>
  <link href="css/style.css" rel="stylesheet">
</head>
<body></body>
</html>
```

One point

HTMLの基本的な書き方は2章のP58以降で解説していますので、参照しながら進めると理解しやすいでしょう。

④body要素の中身を入力

body要素の中にheader要素とfooter要素を配置します。

```
<body>
    <header></header>
    <footer></footer>
</body>
```

ヘッダーとフッターにはそれぞれ専用のタグを使用します

```
<!DOCTYPE html>
<html>
<head>
    <meta charset="UTF-8">
    <title>PREMIUM QUALITY BAKERY</title>
    <link href="css/style.css" rel="stylesheet">
</head>
<body>
    <header></header>
    <footer></footer>
</body>
</html>
```

⑤コンテンツエリアを指定

コンテンツエリアはdiv要素を使用します。class属性でmainという名前をつけましょう。

```
<body>
    <header></header>
    <div class="main"></div>
    <footer></footer>
</body>
```

```
<!DOCTYPE html>
<html>
<head>
    <meta charset="UTF-8">
    <title>PREMIUM QUALITY BAKERY</title>
    <link href="css/style.css" rel="stylesheet">
</head>
<body>
    <header></header>
    <div class="main"></div>
    <footer></footer>
</body>
</html>
```

class名は誰が見ても分かりやすいものにします

HTMLを書くときのコツは、いきなり各要素の詳細な中身から書き始めるのではなく、このように大まかな構造から順番に書いていくことです。そうすることで、書き手も構造を理解しやすく、整然とした文書を作ることができます。

CHAPTER 04

05 「header」部分を作ろう

KEY WORD header 要素

大まかな構造が作れたら、次は各要素の中身を作成していきます。まずはロゴとナビゲーションのある header 要素です。header 要素は全ページ共通で表示される重要なエリアです。構造と作り方をしっかり理解していきましょう。

header 要素には、サイトのシンボルであるロゴや、ユーザーが各ページ間を移動するために使うナビゲーションメニューなど、全ページ共通で表示される重要な情報が掲載されています。ひとつずつしっかり入力を進めましょう。

header 要素内の記述

①ロゴの指定

ロゴの掲載には画像ファイルを使用します。画像ファイルを掲載するにはimgタグのsrc属性を使用して、ファイルのパスを指定します。相対パスで作業フォルダ内の画像を指定しましょう。ここではimagesフォルダのlogo.pngを指定します。画像が表示できない閲覧者などのために、alt属性に代替テキストを入力するのも忘れないようにしましょう。

<header>と</header>の間にimg要素を入力します。

```
<body>
    <header>
        <img src="images/logo.png" alt="PREMIUM
QUALITY BAKERY">
    </header>
    <div class="main"></div>
    <footer></footer>
</body>
```

画像の
代替テキストは
必ず入れましょう

```
<!DOCTYPE html>
<html>
<head>
    <meta charset="UTF-8">
    <title>PREMIUM QUALITY BAKERY</title>
    <link href="css/style.css"
    rel="stylesheet">
</head>
<body>
    <header>
        <img src="images/logo.png"
        alt="PREMIUM QUALITY BAKERY">
    </header>
    <div class="main"></div>
    <footer></footer>
</body>
</html>
```

ウェブサイトを閲覧するとき、人の視線は左上から右下に移動するとされています。ロゴは最初に目に入る左上に掲載されることが多く、文書構造的にも冒頭に記述される重要な情報です。万が一画像が表示されない場合に備えて、代替テキストは必ず入力しておきましょう。

②ロゴにトップページへのリンクを設定

ロゴをクリックするとトップページへ移動するウェブサイトが多いため、同様にここでもトップページへのリンクを設定しておきましょう。先ほど入力したimg要素をaタグで囲み、トップページを表すindex.htmlへのリンクを張ります。

aタグでimg要素を囲んでリンクを設定する。

```
<body>
    <header>
        <a href="index.html"><img src="images/logo.png"
alt="PREMIUM QUALITY BAKERY"></a>
    </header>
    <div class="main"></div>
    <footer></footer>
</body>
```

```
<!DOCTYPE html>
<html>
<head>
    <meta charset="UTF-8">
    <title>PREMIUM QUALITY BAKERY</title>
    <link href="css/style.css"
    rel="stylesheet">
</head>
<body>
    <header>
        <a href="index.html"><img
        src="images/logo.png" alt="PREMIUM
        QUALITY BAKERY"></a>
    </header>
    <div class="main"></div>
    <footer></footer>
</body>
</html>
```


③CSSでロゴ装飾の目印をつける

CSSで表示位置の調整や装飾をするときのために、class属性で目印を付けておきましょう。a要素にclass属性を追加し、値をlogoと入力します。

a要素にclass属性を追加し、目印をつけます。

```
<body>
    <header>
        <a class="logo" href="index.html"><img src="images/
logo.png" alt="PREMIUM QUALITY BAKERY"></a>
    </header>
    <div class="main"></div>
    <footer></footer>
</body>
```

```
<!DOCTYPE html>
<html>
<head>
    <meta charset="UTF-8">
    <title>PREMIUM QUALITY BAKERY</title>
    <link href="css/style.css"
    rel="stylesheet">
</head>
<body>
    <header>
        <a class="logo" href="index.html"><img
        src="images/logo.png" alt="PREMIUM
        QUALITY BAKERY"></a>
    </header>
    <div class="main"></div>
    <footer></footer>
</body>
</html>
```

④ナビゲーションメニューを入力

続いてナビゲーションメニューを入力します。サイト内の全ページに表示されるメニューは「グローバルナビゲーション」と呼ばれ、サイトの主要なナビゲーションとなるためnav要素を使用します。ロゴの下にnav要素を入力しましょう。

```
<body>
    <header>
        <a class="logo" href="index.html"><img src="images/
logo.png" alt="PREMIUM QUALITY BAKERY"></a>
        <nav></nav>
    </header>
    <div class="main"></div>
    <footer></footer>
</body>
```

```
<!DOCTYPE html>
<html>
<head>
    <meta charset="UTF-8">
    <title>PREMIUM QUALITY BAKERY</title>
    <link href="css/style.css" rel="stylesheet">

</head>
<body>
    <header>
        <a class="logo" href="index.html"><img
        src="images/logo.png" alt="PREMIUM QUALITY
        BAKERY"></a>
        <nav></nav>
    </header>
    <div class="main"></div>
    <footer></footer>
</body>
</html>
```

ナビゲーションには専用のnav要素を使用します。

ウェブサイトが、印刷物などのメディアと決定的に異なる点は「見る人が操作する」ものであることです。ロゴをクリックしたらトップページ行く、など多くのサイトが取り入れている慣習は、自サイトでも積極的に採用していくことが使いやすいウェブサイトを作る近道です。

⑤メニューの項目を設定

続いて、nav要素の中に各メニュー項目を入力していきます。メニューはリストになっているのでul、li要素を使用します。ulとは「unordered list（順序がないリスト）」の略で、箇条書きのような順序のないリスト項目を作成する際に使用します。ul要素とli要素は入れ子になっており、項目の数だけli要素を入力します。

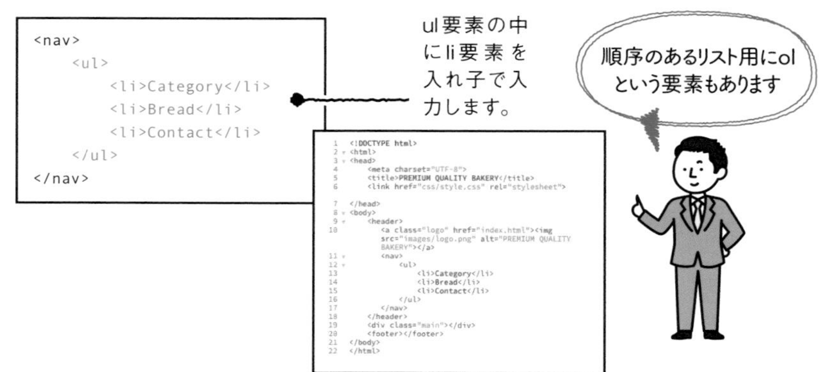

```
<nav>
    <ul>
        <li>Category</li>
        <li>Bread</li>
        <li>Contact</li>
    </ul>
</nav>
```

ul要素の中にli要素を入れ子で入力します。
順序のあるリスト用にolという要素もあります

⑥メニューにリンクを張る

リストを作っただけではナビゲーションメニューとして機能しないため、各ページへ移動するためにli要素にリンクを張ります。li要素の中のテキストをaタグで囲みましょう。これでナビゲーションとしての機能をもたせることができます。

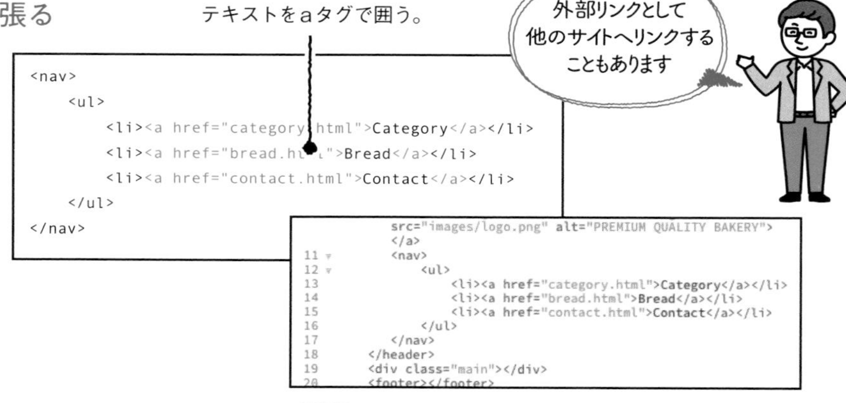

```
<nav>
    <ul>
        <li><a href="category.html">Category</a></li>
        <li><a href="bread.html">Bread</a></li>
        <li><a href="contact.html">Contact</a></li>
    </ul>
</nav>
```

テキストをaタグで囲う。
外部リンクとして他のサイトへリンクすることもあります

⑦メニュー装飾用の目印をつける

最後に、CSSでスタイリングをするための目印を付けておきます。ul要素のclass属性にglobal-navという値を入力します。

これで header要素の入力は完了です

```
<nav>
    <ul class="global-nav">
        <li><a href="category.html">Category</a></li>
        <li><a href="bread.html">Bread</a></li>
        <li><a href="contact.html">Contact</a></li>
    </ul>
</nav>
```

```
    <title>PREMIUM QUALITY BAKERY</title>
    <link href="css/style.css" rel="stylesheet">
</head>
<body>
    <header>
        <a class="logo" href="index.html"><img
        src="images/logo.png" alt="PREMIUM QUALITY BAKERY">
        </a>
        <nav>
            <ul class="global-nav">
                <li><a href="category.html">Category</a></li>
                <li><a href="bread.html">Bread</a></li>
                <li><a href="contact.html">Contact</a></li>
            </ul>
        </nav>
    </header>
    <div class="main"></div>
    <footer></footer>
</body>
</html>
```

ナビゲーションは、ユーザーが操作する頻度が高いエリアとなるため、分かりやすさが何よりも大切です。項目を増やしすぎたり、分かりにくい名前にしてしまったりということがないように、シンプルに制作することを心がけましょう。

CHAPTER 04

06 コンテンツ部分とフッターを作ろう

ヘッダーが完成したら、次はメインコンテンツエリアの入力を進めます。今回制作するフルスクリーンページのコンテンツは、見出し、本文、ボタンという最小限の要素で構成されたシンプルな作りなので、テンポよく進めていきましょう。

フルスクリーンページでは、ビジュアル要素を目立たせるため、文字情報は少なくするのが一般的です。画像の上に多くのテキストがのっていると読みづらく、フルスクリーンレイアウトの良さを活かせないため、できるだけシンプルな文字情報で内容を端的に伝えることが重要です。

コンテンツ部分を作る

①body要素にid属性を追加する

トップページを他のページと区別するため、body要素にid属性を追加し、topという値を入力します。これによりトップページだけ背景画像を全体に広げる、トップページの見出しだけ色を変える、といった独自の指定が可能になります。

```
<body id="top">
.....（中略）
</body>
```

```
</head>
<body id="top">
<header>
    <a class="logo" href
        <img src="images
    </a>
    <nav>
    <ul class="grobal-na
        <li><a href="men
```

ひとつのページ内に
同じidを複数設定
することはできません

②見出しの入力

h1要素を使って、サイトのキャッチコピーとなる大見出しを入力します。h1要素はそのページのタイトル的な役割を果たす重要な要素です。<div class="main">の中にh1タグで囲んだテキストを入力します。

```
<div class="main">
    <h1>Baking with natural
yeast.</h1>
</div>
```

```
                <li><a href="category.html">Category</a></li>
                <li><a href="bread.html">Bread</a></li>
                <li><a href="contact.html">Contact</a></li>
            </ul>
        </nav>
    </header>
    <div class="main">
        <h1>Baking with natural yeast.</h1>
    </div>
    <footer></footer>
</body>
</html>
```

h1は検索エンジン
がページの内容を
把握する上でも重
要な情報です

本文を入力する

p要素で本文を入力する

本文はp要素を使用して入力します。先ほど記述したh1要素の下に記述します。

```
        </a>
        <nav>
            <ul class="global-nav">
                <li><a href="category.html">Category</a></li>
                <li><a href="bread.html">Bread</a></li>
                <li><a href="contact.html">Contact</a></li>
            </ul>
        </nav>
    </header>
    <div class="main">
        <h1>Baking with natural yeast.</h1>
        <p>自家製の天然酵母を使ったパンをひとつひとつ丁寧に手作りして
        います。</p>
    </div>
    <footer></footer>
</body>
</html>
```

BAKERY

- Category
- Bread
- Contact

Baking with natural yeast.

自家製の天然酵母を使ったパンをひとつひとつ丁寧に手作りしています。

見出しの下に本文が挿入されました。

p要素はHTMLの最も基本となる要素です。

```
<div class="main">
    <h1>Baking with natural yeast.</h1>
    <p>自家製の天然酵母を使ったパンをひとつひとつ丁寧に手
作りしています。</p>
</div>
```

改行したい場合はbr要素で！（P79参照）

ボタンの設置

①a要素でボタンを作成する

コンテンツエリアの最後はボタンです。ボタンはリンクとなるためa要素を使用します。Contactという文字列を入力し、aタグで囲みます。リンク先はcontact.htmlとしておきましょう。

```
<div class="main">
    <h1>Baking with natural yeast.</h1>
    <p>自家製の天然酵母を使ったパンをひとつひとつ丁寧に手
作りしています。</p>
    <a href="contact.html">Contact</a>
</div>
```

```
        </a>
        <nav>
            <ul class="global-nav">
                <li><a href="category.html">Category</a></li>
                <li><a href="bread.html">Bread</a></li>
                <li><a href="contact.html">Contact</a></li>
            </ul>
        </nav>
    </header>
    <div class="main">
        <h1>Baking with natural yeast.</h1>
        <p>自家製の天然酵母を使ったパンをひとつひとつ丁寧に手作りして
        います。</p>
        <a href="contact.html">Contact</a>
    </div>
    <footer></footer>
</body>
</html>
```

BAKERY

- Category
- Bread
- Contact

Baking with natural yeast.

自家製の天然酵母を使ったパンをひとつひとつ丁寧に手作りしています。

Contact

これで見出し、本文、ボタンの3つの要素が揃いました。

ボタンなどリンクに使用するa要素は、HTML4までは単体では扱いにくく、divタグやpタグで囲って使用することが多かったのですが、HTML5からは単体でも使用しやすくなり、よりシンプルなコードで実装できるようになりました。

②a要素にclassを追加する

CSSでスタイリングするための目印をclass属性を使って入れておきましょう。class名はbtnとします。

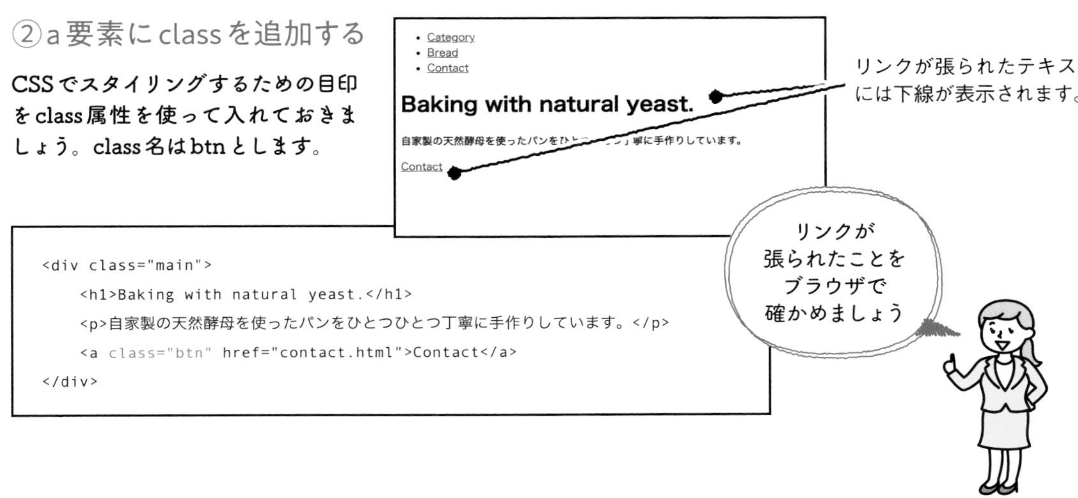


```
<div class="main">
    <h1>Baking with natural yeast.</h1>
    <p>自家製の天然酵母を使ったパンをひとつひとつ丁寧に手作りしています。</p>
    <a class="btn" href="contact.html">Contact</a>
</div>
```

footer要素を入力する

コピーライトの記述

最後にfooter要素の中にコンテンツの著作権を表す「コピーライト」を入力します。<footer>と</footer>の間にsmall要素でコピーライトのテキストを入力しましょう。

```
<footer>
    <small>©2020 Sample.</small>
</footer>
```

CHAPTER 04

KEY WORD background-color

07 ベースとなるスタイルを設定する

ここからは、実際のページをCSSを使ってスタイリングしていく例です。まめにプレビューをして、記述によってどう見た目が変わるかを確認しながら進めていきましょう。まずはページ全体のスタイルを調整します。

HTMLだけでは文字色や背景は初期値となり、配置もただ文書の構造にのっとって上から順に並んでいるだけです。しかし、CSSを使えば、スタイルを指定し、文字の装飾や色、配置などを整えることができます。早速、やっていきましょう。

ページのスタイルを設定しよう

①ファイルを作成

P.108を参考に、作業フォルダ内に「css」フォルダを作り、style.cssを新規作成します。1行目には文字コードを入力し、それに続いてページのスタイルを設定していきます。

②ページの余白を調整する

body部分にはWebブラウザ固有のスタイルで余白が設定されている場合があります。予期しない空白を作らないために、まずはbody要素のmargin、paddingともに0にします。

```
body {
    margin: 0;
    padding: 0;
}
```

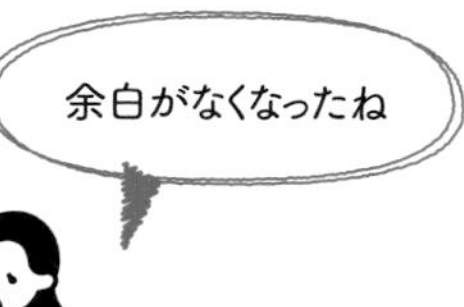

上下左右に余白あり

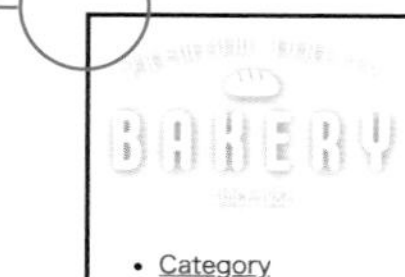

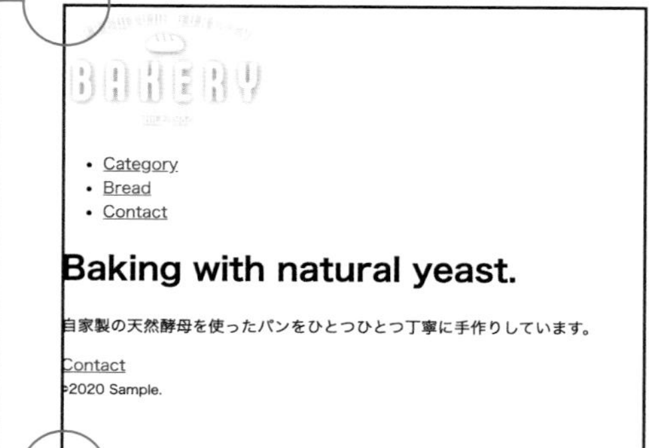

ページの背景色を指定する

```
body {
    margin: 0;
    padding: 0;
    background-color: #cccccc;
    color: #333333;
    font-size: 15px;
    line-height: 2;
}
```

One point

background-color

要素の背景色を指定する。書式はbackground-color：キーワード。値はtransparent、#rrggbb、#rgb、カラーネーム、rgb（r,g,b）、rgb（r%,g%,b%）、rgba（r,g,b,a）などがある。

background-colorプロパティで色を指定します。

次にbodyの背景色を指定することで、ページ全体の背景色を変更します。

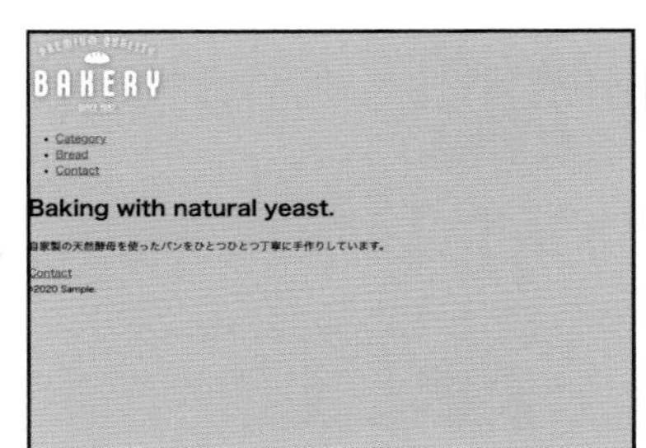

ブラウザの初期値では背景は白ですが、ここでは薄いグレーに設定しました。

ページ全体のテキストのスタイルを指定する

bodyに対してcolorプロパティで色を指定することで、ページ全体の文字色を決めます。ここでは濃いグレーにしました。

```
body {
    margin: 0;
    padding: 0;
    background-color: #cccccc;
    color: #333333;
    font-size: 15px;
    line-height: 2;
}
```

16進数のカラーコードで濃いグレーです

line-height「2」は2文字分の行間が空くわけではなく、文字を含めた1行の高さが「文字の高さ×2」になるという意味です。行間は1文字分になります。

font-sizeプロパティで文字の大きさ、line-heightプロパティで行間を指定します。

テキストの色や行間が変更された

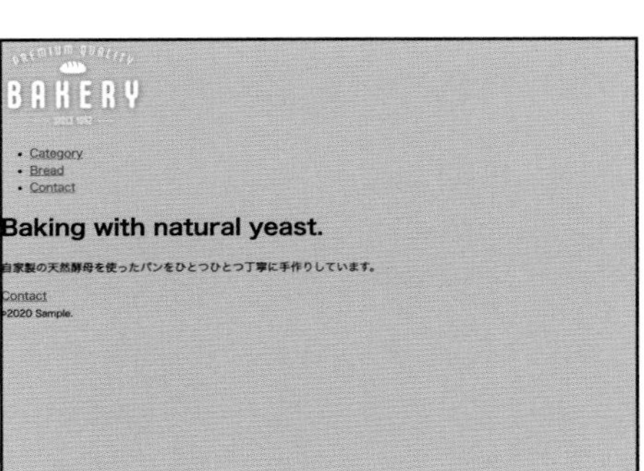

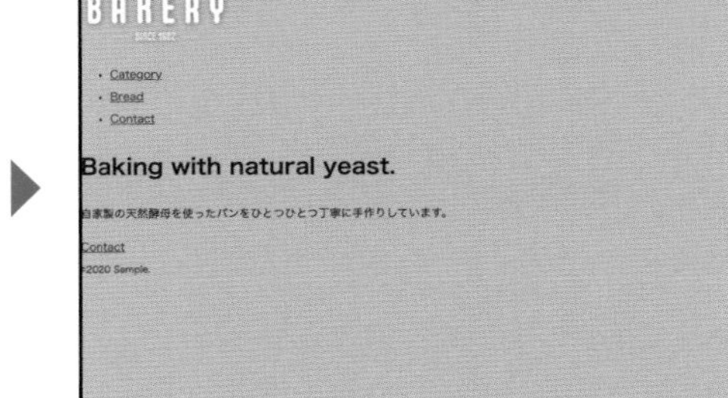

CHAPTER 04

KEY WORD リセット CSS ／ノーマライズ CSS

08 ブラウザ固有のスタイルを解除する

Web ブラウザに最初から設定されているスタイルは、ブラウザの種類やバージョンによって異なります。ブラウザの初期値のせいで設定した通りの表示にならなかったり、ブラウザによっての表示の違いができてしまうことがあるので、一旦ブラウザ固有のスタイルをリセットします。

各部の装飾を始まる前にまずやることがあります。デフォルトのスタイルの解除です。これをやることにより、ブラウザ間の表示の差異をなくして、まっさらな状態から CSS を書き始めることができるのです。ここでは、本書サンプルサイトのリセット方法を解説します。

デフォルトのスタイルのリセット

見出しと段落のマージンの調整

見出しのhタグと段落のpタグには、Webブラウザの初期値では上下にマージンが設定されています。このマージンを0にすることでスタイリングしやすくします。

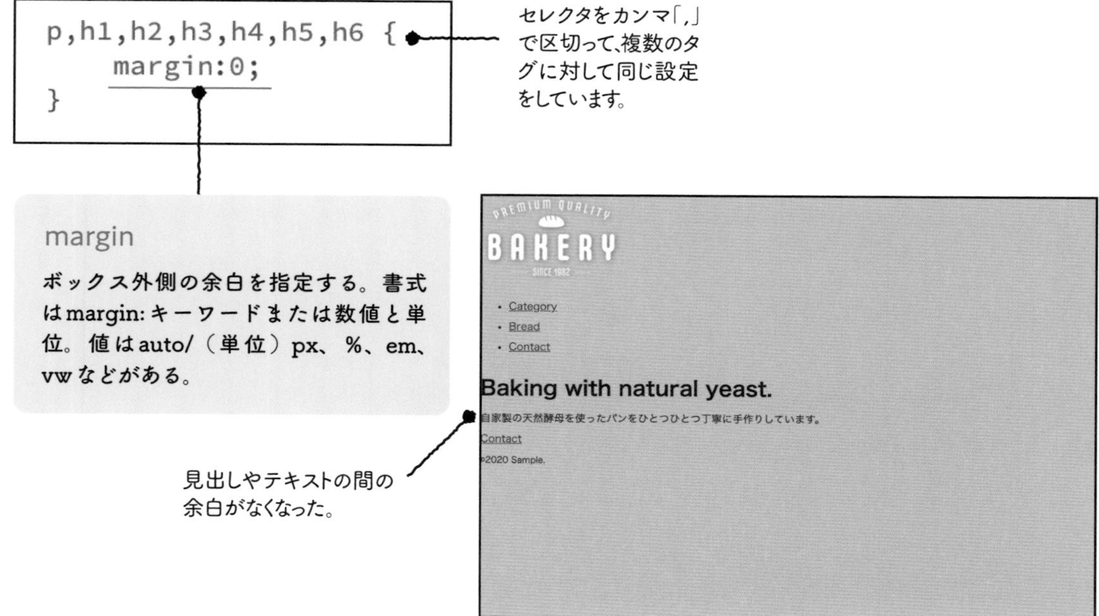

p,h1,h2,h3,h4,h5,h6 {
    margin:0;
}
セレクタをカンマ「,」で区切って、複数のタグに対して同じ設定をしています。
margin
ボックス外側の余白を指定する。書式はmargin: キーワードまたは数値と単位。値はauto/（単位）px、%、em、vw などがある。
PREMIUM QUALITY
BAKERY
SINCE 1982
Category
Bread
Contact
Baking with natural yeast.
自家製の天然酵母を使ったパンをひとつひとつ丁寧に手作りしています。
Contact
©2020 Sample.
見出しやテキストの間の余白がなくなった。

画像の余白の調整

画像を配置するimgタグは、Webブラウザの初期値のスタイリングでは下の要素との間に余白ができています。これは垂直方向の位置揃えvertical-alignが標準では「baseline」になっているからで、これを「bottom」に変更することで余白をなくすことができます。小さな変化ですが、意図通りのスタイルを作る上で大切な工程です。

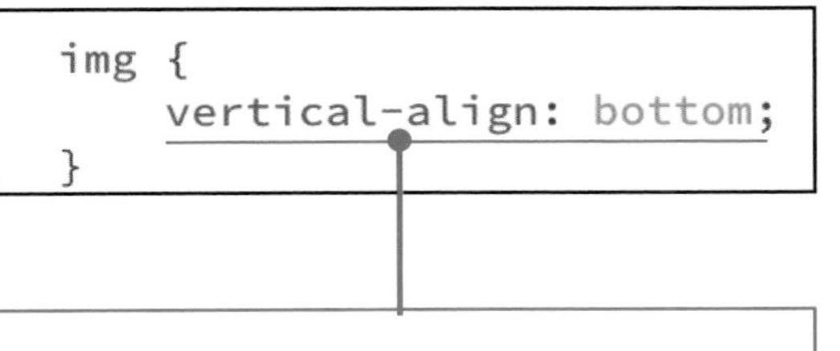

```
img {
    vertical-align: bottom;
}
```

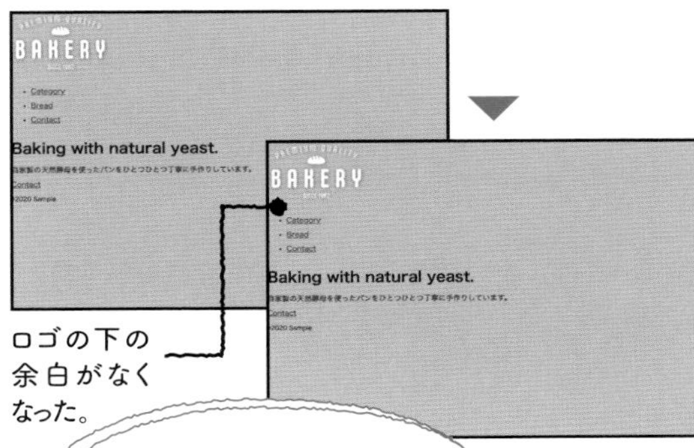

vertical-align

テキストや画像などの垂直方法の位置揃えを指定する。書式は、vertical:キーワードまたは数値と単位。値はbaseline、top、bottom、middle、super、sub、text-top、text-bottom／（単位）px、%、em、vwなどがある。

アルファベットには「y」や「p」のようにベースラインから下に飛び出した部分のある文字があります。ベースラインで揃えるとこの飛び出した分のための余白ができるので、画像の揃えを変更しました

リストの余白の調整

HTMLでの意味づけとしてはリストでも、表示上は箇条書き以外にしたいこともあります。ここでは一旦リストについているWebブラウザの初期値の余白をなくすため、margin、paddingともに0に設定しました。

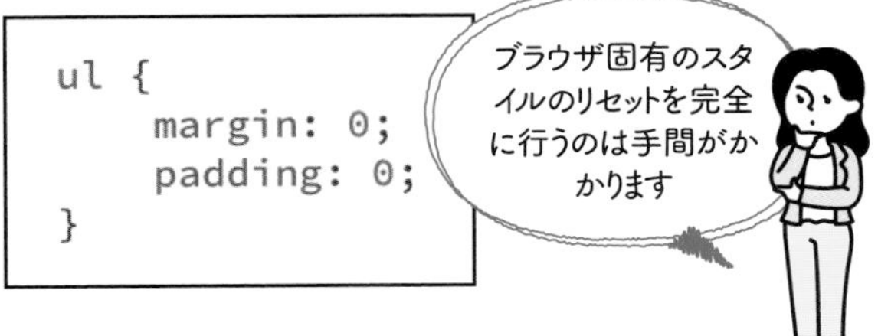

```
ul {
    margin: 0;
    padding: 0;
}
```


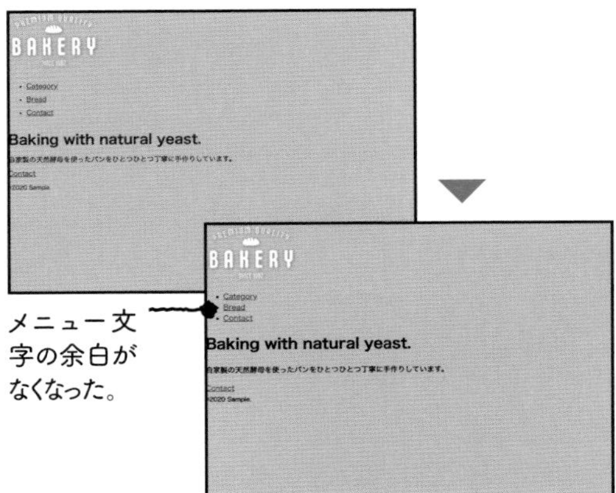

リセットCSSとノーマライズCSS

無償でネット上で配布しているリセット用のCSSがいくつもあります。すべてのスタイルをなくしてしまうCSSと、リセットしたあとどのブラウザでも同じ表示になるように各タグに基本的なスタイルを定義したCSSとがあります。前者をリセットCSS、後者をノーマライズCSSと呼びます。

リセットCSS	destyle.css、HTML5 Doctor Reset CSSなど
ノーマライズCSS	Normalize.css、ress.css、A modern CSS resetなど

CHAPTER 04

KEY WORD 疑似クラス

09 リンクの色や装飾を設定する

次はリンクの色や装飾を設定していきます。ページへの訪問前や訪問後のリンクの文字色を変えたり、リンク文字の下線の表示や非表示などを設定していきましょう。

リンクには「通常のリンク」「訪問済みのリンク」「マウスポインタを置いたとき」など様々な状態があります。しかし、HTML上でそれらを区別するタグはないため、「**疑似クラス**」を使って要素の特定の状態を指定し、スタイルを適応するのです。

リンクの書式と装飾を設定

訪問前／後のリンクの色の指定

まず通常時のリンクの色を設定します。リンクはWebブラウザの標準状態では青色なので、青系の色を使うのが一般的ですが、サイトのテイストに合わせて自由に設定することもできます。リンクは状態によってスタイルを変えられて、訪問済みのリンクはa:visited疑似クラスで指定します。これで、一度訪問したことのあるページへのリンクは色が変わります

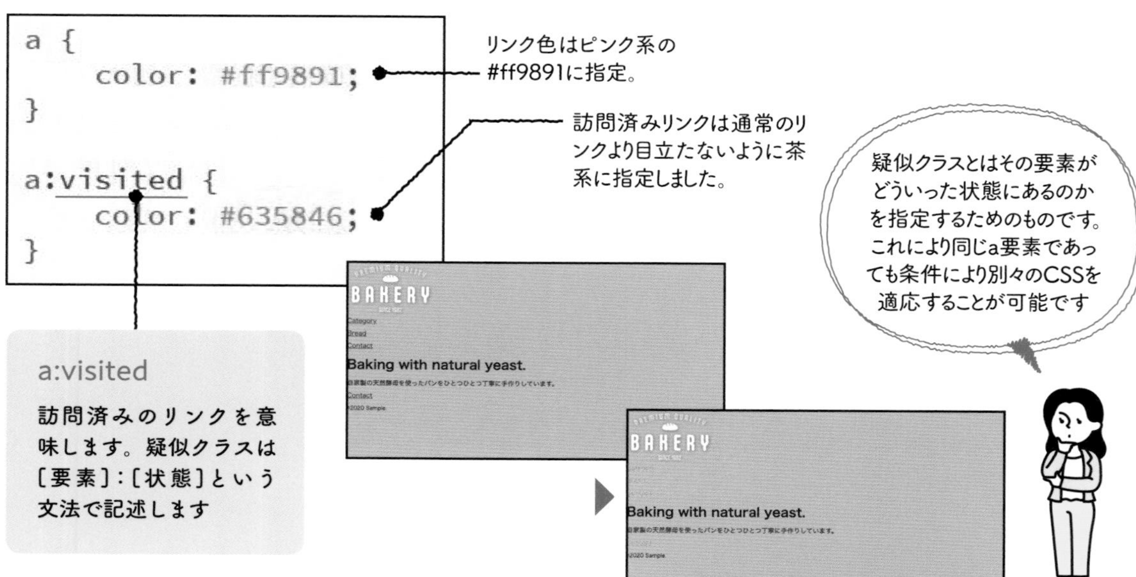

a {
color: #ff9891;
}
a:visited {
color: #635846;
}
リンク色はピンク系の#ff9891に指定。
訪問済みリンクは通常のリンクより目立たないように茶系に指定しました。
疑似クラスとはその要素がどういった状態にあるのかを指定するためのものです。これにより同じa要素であっても条件により別々のCSSを適応することが可能です
a:visited
訪問済みのリンクを意味します。疑似クラスは[要素]:[状態]という文法で記述します
BAKERY
Category
Bread
Contact
Baking with natural yeast.
Contact
©2020 Sample
BAKERY
Baking with natural yeast.
©2020 Sample

リンクにポインタを合わせたときのスタイルの指定

テキストにリンクが設定されている場合、Webブラウザの標準状態では文字に下線が引かれます。aタグに対して text-decoration プロパティを使ってこの下線をなくします。その上で、a:hover 疑似クラスを使ってマウスポインタを合わせたときだけ下線が表示されるように指定しました。

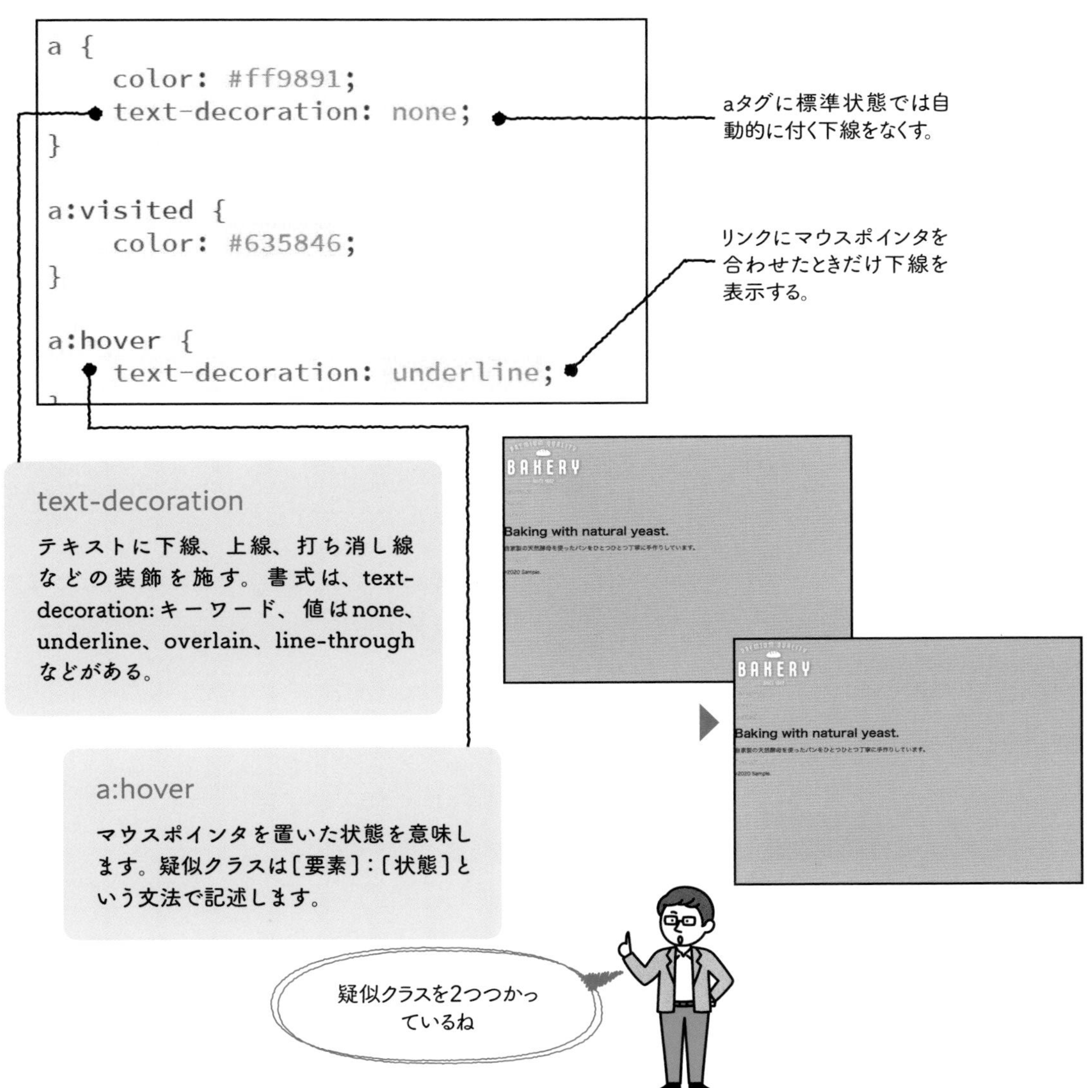

a:hover 疑似クラスを使うことで、ポインタがリンクに乗ったときにだけ、枠線をつける、背景色をつけるなどいろいろな効果を作れます。ただし、スマートフォンやタブレットなどのタッチ操作の端末ではこの効果はつかえないことを考慮しましょう。

a {
color: #ff9891;
text-decoration: none;
}
a:visited {
color: #635846;
}
a:hover {
text-decoration: underline;
aタグに標準状態では自動的に付く下線をなくす。
リンクにマウスポインタを合わせたときだけ下線を表示する。
text-decoration
テキストに下線、上線、打ち消し線などの装飾を施す。書式は、text-decoration: キーワード、値はnone、underline、overlain、line-throughなどがある。
a:hover
マウスポインタを置いた状態を意味します。疑似クラスは［要素］:［状態］という文法で記述します。
BAKERY
Baking with natural yeast.
BAKERY
Baking with natural yeast.
疑似クラスを2つつかっているね

CHAPTER 04

KEY WORD auto ／ flex

10 CSSによるレイアウト実践Part1

ここからは各要素のスタイル設定を始めます。HTMLがCSSによってどんな風に変化していくのかを確かめながら進めていけばCSSへの理解が深まるはずです。早速、やっていきましょう。

レイアウトの詳細を記述してきます。要素の大きさの指定にはwidthとheightプロパティをつかいます。中央表示にはmarginプロパティの上下の余白を0にし、autoという値を設定します。autoは、ブラウザの幅から要素の幅を引いた値を左右均等に分配し、余白を設けるというものです。

CSSでレイアウト

ヘッダーエリアのサイズと位置を設定する

headerタグでマークアップしたヘッダー部分にwidthとheightプロパティで幅と高さを指定します。次に、このヘッダーのエリアをブラウザの中央に表示します。「margin: 0 auto;」で上下方向のマージンを0に、左右方向のマージンを「auto」（自動）に設定しました。要素の幅を指定した上で左右のマージンを「auto」にすると、自動的に左右均等のマージンができて要素がセンター揃えになります。

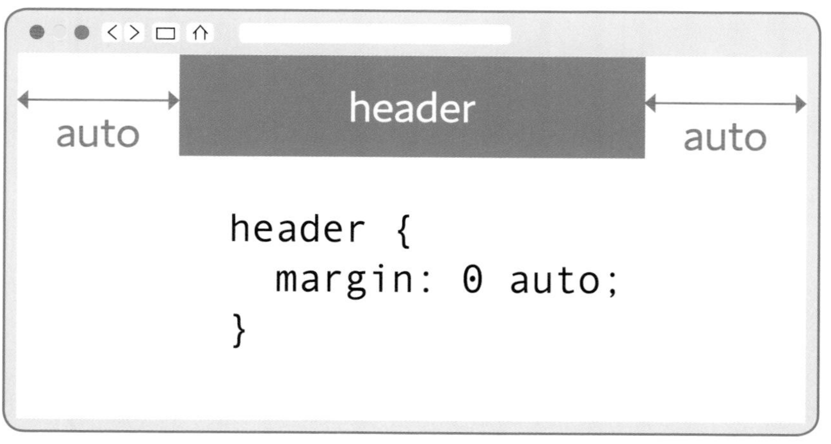

autoは非常に便利な値で、マージンやサイズ（width, height）や配置などのプロパティでよくつかわれます

ヘッダーエリアの横幅が960pxになっているのは、最もよく使用されるPCのディスプレイサイズが1024×768pxだからです。960pxにしておけば、横幅1024pxのディスプレイで見た時に問題なく表示されます

```
header {
    width: 960px;
    height: 170px;
    margin: 0 auto;
}
```

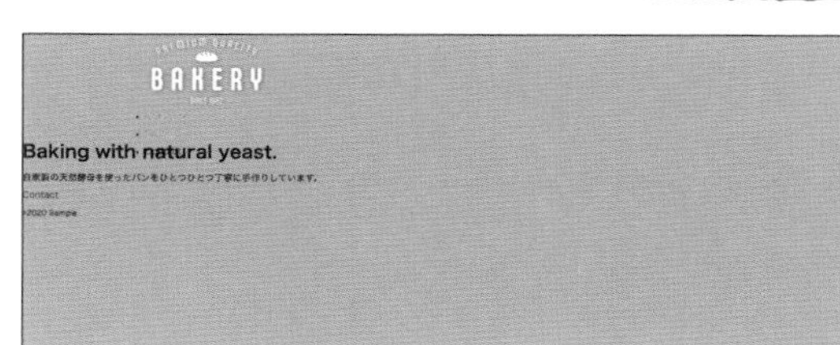


```
header {
    width: 960px;
    height: 170px;
    margin: 0 auto;
    display: flex;
    justify-content: space-between;
    align-items:center;
}
```

headerに「display: flex;」を指定することで、header内の1階層目の要素を横並びにします。

「justify-content」は横並びにした要素の横方向の揃えで、「space-between」で均等配置になります。「align-items」は縦方向の揃えで、「center」で中央揃えになります。

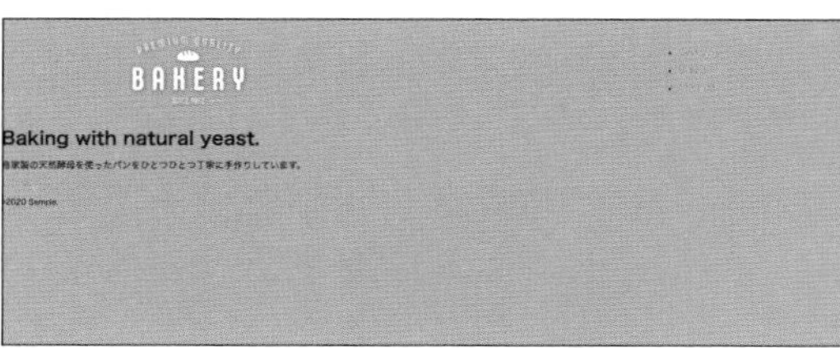

flexエリアの子要素は横並びになります

logoとglobal-navの位置が変わったね

この場合「space-between」で両端揃えになります

CHAPTER 04

KEY WORD border ／ border-bottom

11 CSSによるレイアウト実践Part2

次はメニュー項目のレイアウトを変えます。floatプロパティを使って位置を変えたり、borderプロパティを使ってメニュー部分のリンクにマウスポインタを合わせたときに下線を表示したりしていきます。

メニュー部分はHTMLではリストとしてマークアップしたものを、横並びのリストにしたいと思います。一見面倒なことをやっているように思うかもしれませんが、メニューはそれぞれ並列な扱いの項目をまとめたものなので、文書構造上リストで扱うのが適切と考えたからです。また、CSSが適用されない場合にも、リストとして表示されることで見やすいはずです。

メニュー項目のレイアウト

```
<ul class="global-nav">
    <li><a href="portfolio.html">Portfolio</a></li>
    <li><a href="about.html">About</a></li>
    <li><a href="contact.html">Contact</a></li>
</ul>
```

このHTMLにCSSを適応します。

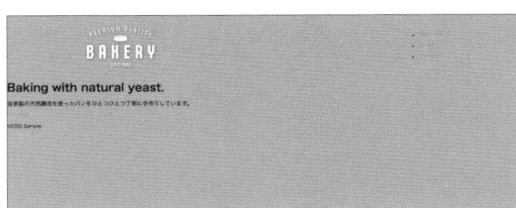

メニュー項目を横に並べる

クラス名「global-nav」をつけたulに「display: flex;」を指定することで、子要素のliのテキストがすべて横並びになりました。あとは、マージンで余白を調整し、フォントサイズを指定します。また、リストの先頭に入る「・」などのマークを設定する「list-style」をnoneにしてマークが何も表示されないようにします。

```
.global-nav {
    display: flex;
    justify-content: space-between;
}

.global-nav li {
    margin: 0 20px;
    font-size: 18px;
    list-style: none;
}
```

メニューも横方向
均等配置で揃えました

メニュー項目の文字色と下線の調整

aタグに対して文字色の設定が既にしてあっても、セレクタで特定のクラス内の子要素のaタグに限定することで文字色の設定を上書きすることができます。色は白（#ffffff）にしました。

```
.global-nav li a {
    color: #ffffff;
}
```

.global-nav の li要素内にある <a>タグだけをリンクカラーが白になるよう指定しました。

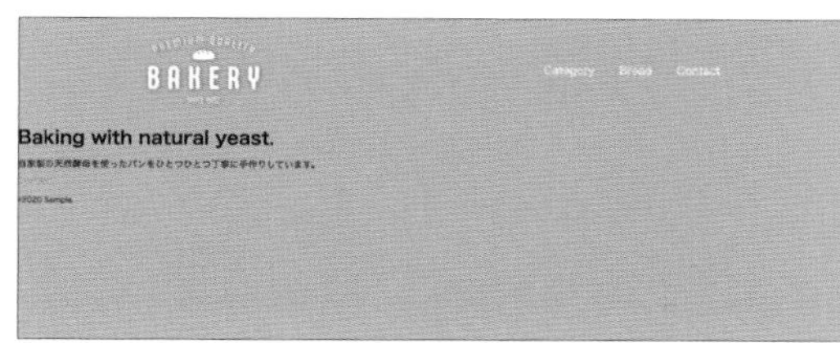

a要素はリスト項目（li要素）内に含まれています

クラス名「global-nav」の子要素のliタグのさらに子要素のaタグを対象にする

メニュー部分のリンクにマウスポインタを合わせたときに、borderプロパティを使って下線を表示します。borderプロパティは要素の周りに枠線（ボーダー）をつけるためのものですが、「border-bottom」で下にだけ線を引けます。

text-decorationでテキストにアンダーラインをつけることはできますが、文字との間隔や太さなどをコントロールできません。そこで、もっと細かくスタイリングできるborderプロパティで2pxの白い線を表示するようにしました。text-decorationは不要なので「none」で非表示にします。

```
.global-nav li a:hover {
    border-bottom: 2px solid #ffffff;
    padding-bottom: 8px;
    text-decoration: none;
}
```

ボーダーは上下左右に指定できますが、ここでは「border-bottom」で下にだけ適用します。

solidは実線を意味しています。ほかにも破線、二重線などを指定できます。

padding-bottomで文字とボーダーとの余白を指定しました。

border
border-width、border-style、border-colorの3つのプロパティをまとめて指定する。書式はborder:各プロパティの値を半角スペースで区切る。値は個別のプロパティの値となる。

border-bottom
ボックスの下辺の境界線についてborder-width、border-style、border-colorの3つのプロパティをまとめて指定する。書式はborder-bottom:各プロパティの値を半角スペースで区切る。値は個別のプロパティの値となる。

ここではメニューの文字のみに設定をするため、全体に影響を与えるtext-decorationを解除しています

04 目的別Webデザインの基本

CHAPTER 04

KEY WORD clear ／ both

12 CSSによるレイアウト実践Part3

CSSによるレイアウト実践の最終段階は、コンテンツエリアとフッターのレイアウト調整です。これまでやってきた方法を使って、ページ全体の大枠のレイアウトを完成させます。

次はコンテンツエリアなどのレイアウトを調整していきましょう。中身は空の状態ですが、コンテンツを入れていく領域のレイアウトをあらかじめ済ませておきます。ヘッダーエリアと同様に固定幅のセンター揃えに設定します。

コンテンツエリアのレイアウト

```
<div class="main">
    <h1>Baking with natural yeast.</h1>
    <p>自家製の天然酵母を使ったパンをひとつひとつ丁寧に手作りしています。</p>
    <a class="btn" href="contact.html">Contact</a>
</div>
```

このHTMLにCSSを適応します。

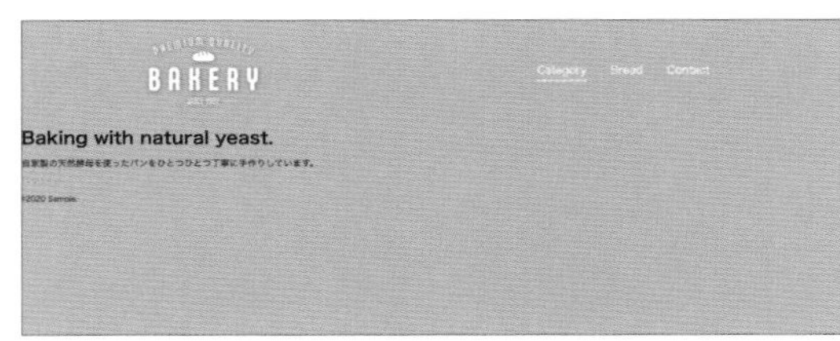

コンテンツエリアが左に寄っている

コンテンツエリアを中央に揃える

header部分と設定方法は同じです。widthで幅を指定した上で、左右のマージンを「auto」にすることでセンター揃えにします。左右均等のマージンができるので、Webブラウザのウィンドウ幅にかかわらず常に真ん中に領域が配置されることになります。

```
.main {
    width: 960px;
    margin: 0 auto;
}
```

HTML側でmainクラスの付いた領域内に要素を入れると、960pxの幅の中に収まるように配置されます。

コンテンツエリアが中央寄りに配置され、ヘッダーと幅がそろった

フッターのテキストの調整

フッター部分の文字を中央揃えにして、文字色は白（#ffffff）にします。paddingプロパティで上下に余白を指定します。

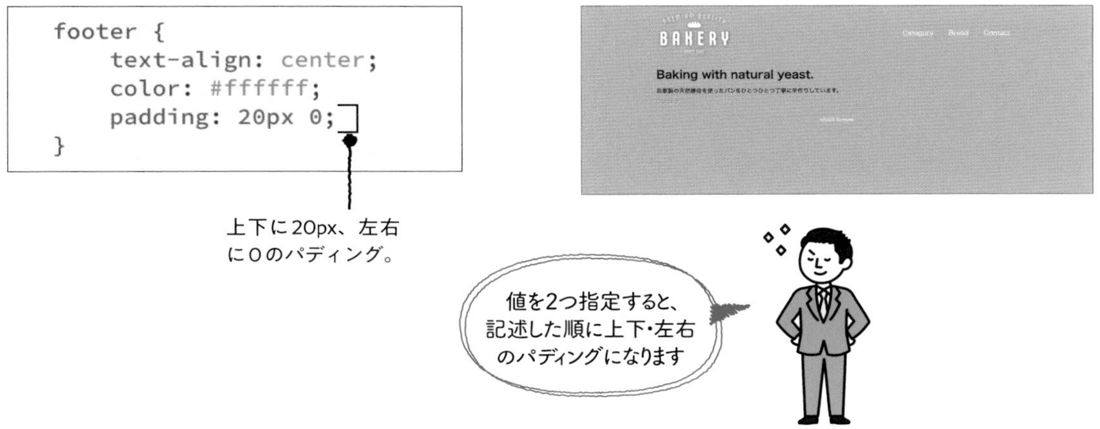

```
footer {
    text-align: center;
    color: #ffffff;
    padding: 20px 0;
}
```

上下に20px、左右
に0のパディング。
BAKERY
Baking with natural yeast.
値を2つ指定すると、
記述した順に上下・左右
のパディングになります

フッターの余白の調整

フッター内のsmallタグで囲まれた要素のテキストサイズを小さめの12pxに設定しました。

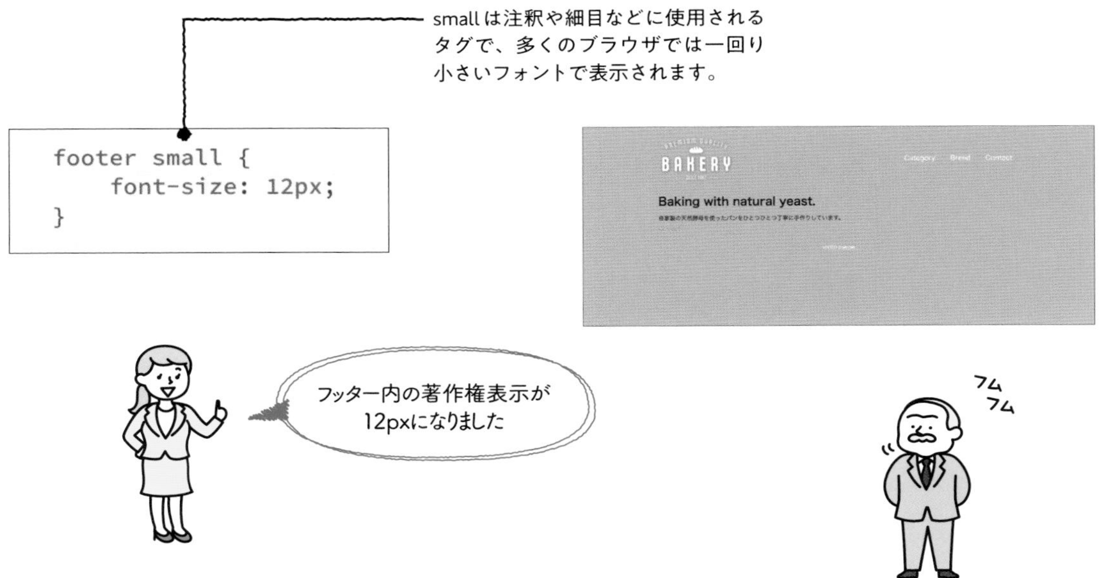

```
footer small {
    font-size: 12px;
}
```

smallは注釈や細目などに使用される
タグで、多くのブラウザでは一回り
小さいフォントで表示されます。
BAKERY
Baking with natural yeast.
フッター内の著作権表示が
12pxになりました
フム
フム

smallタグはその名の通り本来は文字を小さくするためのタグだったのですが、HTML5では著作権表示や法的表記など注釈に使うタグに変わりました。見た目の調整はCSSで行い、HTML側では文書構造を定義する役割分担を明確にするためです。

KEY WORD 全体像の把握

CHAPTER 04

13 フルスクリーンページのCSSを書く

フルスクリーンページの最大の特徴である大きな背景画像もCSSで設定します。全体のレイアウトや見出しの大きさ、ボタンの色などをひとつずつ設定していきましょう。

記述を始める前に、まずはページの完成図を見ながらCSSで何を設定するのかを確認します。それぞれの要素の位置や見た目をどのようなプロパティで指定するのか、先に全体像を把握しておくとこの後の作業が進めやすくなります。

CSSで何を設定するのか？

フルスクリーンページの各要素に対して、CSSで以下の設定をします。

本文

文字…サイズ、色

ボタン

文字…サイズ、色、書体、文字揃え
サイズ…横幅と縦幅
位置…上下の余白
その他…角丸、枠線、オンマウス

位置…横幅、文字揃え

背景画像

画像ファイルの指定
位置…表示位置、固定
表示…繰り返し解除
サイズ…背景画像の大きさ

見出し装飾の位置調整

❶見出しのサイズと色、 行間の指定

トップページのみに限定した指定とするため、#top を追加し、h1 への指定を入力します。

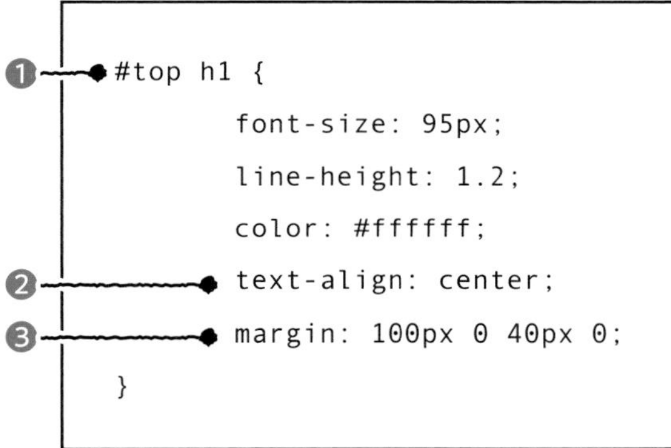

```
❶ #top h1 {
          font-size: 95px;
          line-height: 1.2;
          color: #ffffff;
❷         text-align: center;
❸         margin: 100px 0 40px 0;
   }
```

❶見出しの見た目が変更されました。

❷見出しを中央揃えにする

text-align で見出しの文字揃えを中央揃えに変更しましょう。

❷中央揃えに変更されました

❸見出しの上下の余白を指定

見出しのサイズが大きくなりましたが、位置がデザインデータと異なります。margin で上下に余白を作りましょう。

❸上下に余白ができました。

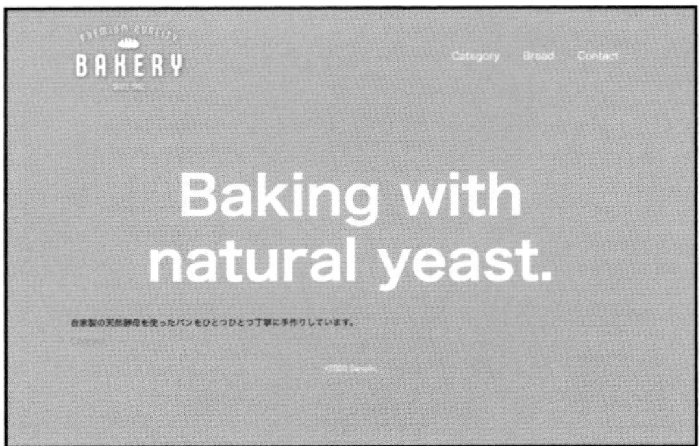

これで見出しの装飾が完成しました。段々とデザインデータに近づいてきたことが実感できるはずです。CSS の入力の際にはブラウザでこまめにプレビューしながら進めるといいでしょう。

本文とボタンの装飾

❶本文の装飾

続いてp要素です。ここでも子孫セレクタを使用し、トップページのp要素だけにスタイルが適用されるようにします。

❷ボタンの装飾

続いてボタンの見た目を変更します。a要素につけておいた.btnというclassをセレクタにします。

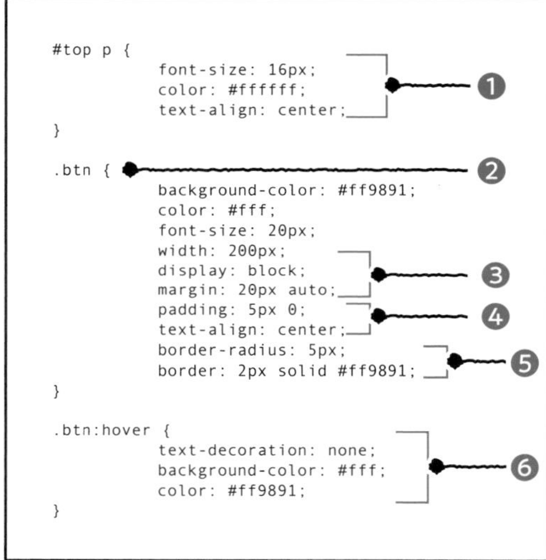

```
#top p {
        font-size: 16px;
        color: #ffffff;          ❶
        text-align: center;
}

.btn {                           ❷
        background-color: #ff9891;
        color: #fff;
        font-size: 20px;
        width: 200px;
        display: block;          ❸
        margin: 20px auto;
        padding: 5px 0;          ❹
        text-align: center;
        border-radius: 5px;      ❺
        border: 2px solid #ff9891;
}

.btn:hover {
        text-decoration: none;
        background-color: #fff;  ❻
        color: #ff9891;
}
```

❸ボタンのサイズと位置を調整

ボタンの横幅をwidthで指定し、displayをblockに変更、marginで表示位置を調整します。

❹ボタンの文字位置調整

paddingでボタン内の上下の余白を作り、text-alignでテキストの文字揃えを中央揃えに変更します。

❺ボタンの角を丸くして枠線をつける

border-radiusで角を丸くし、borderで枠線を付けます。枠線はこの時点では表示されませんが、次の項目でマウスを置いたときに表示させるための準備です。

❻マウスを置いたときの挙動を指定する

マウスを置いたときにボタンの色が反転するよう、.btn:hoverにスタイルを指定します。

❶本文の見た目が変更されました。

❷背景色と文字の色が変わりました。

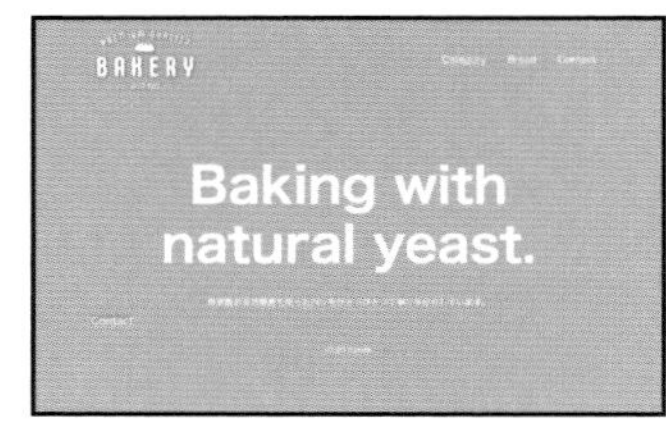

❸ボタンが大きくなり、位置が調整できました。

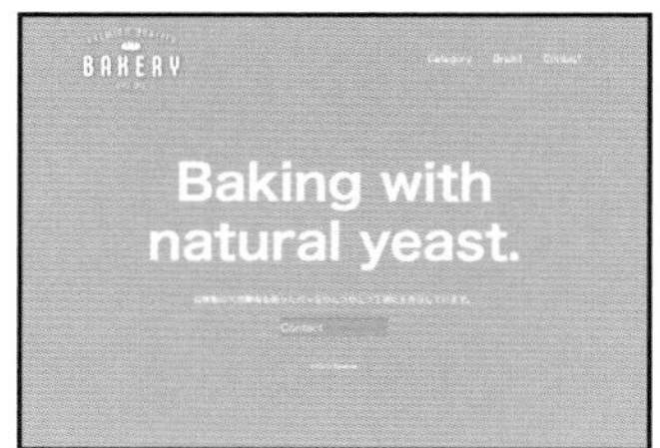

❹ボタンの見た目が整ってきました。

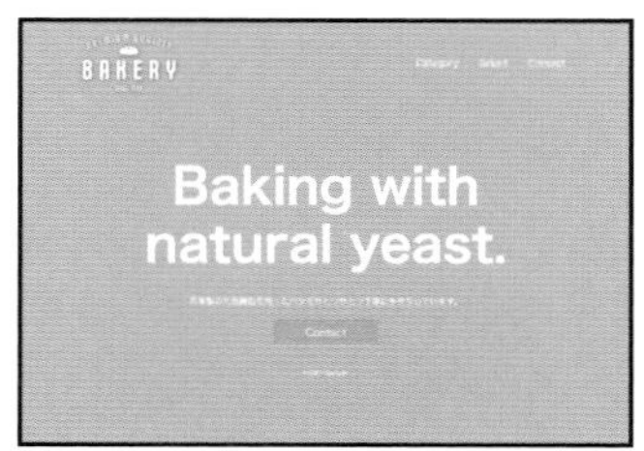

❺ボタンの角が丸くなりました。

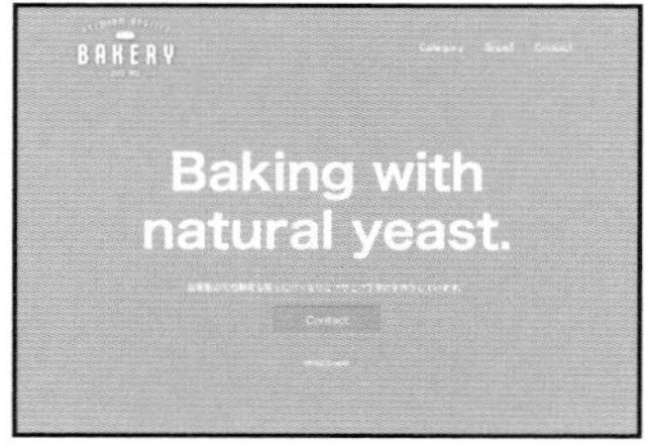

フッターの位置を調整

フッターの位置を調整

フッターの位置がボタンに近すぎるので、marginで余白を作ります。トップページのみの指定とするため子孫セレクタで指定します。

```
#top footer {
        margin-top: 200px;
}
```

footerのみに指定すると全ページに影響が出てしまうので、#topを使って子孫セレクタで指定します。

背景画像の設定

❶背景画像のパスを指定

続いて背景画像を設定します。#topに対して、高さ100%を指定し、background-imageで画像へのパスを指定します。

```
#top {
❶    height: 100%;
     background-image: url(../images/bg-top.jpg);
❷    background-repeat: no-repeat;
❸    background-position: center;
❹    background-attachment: fixed;
❺    background-size: cover;
}
```

❷繰り返しを解除する

background-repeatで背景画像の繰り返しを解除します。

❸背景画像の位置を指定する

background-positionで、画像の表示位置を上下ともに中央（center）に指定します。

❹背景画像を固定する

コンテンツ量やブラウザサイズに関わらず背景画像を固定するため、backgroud-attachmentを指定します。

❺背景画像の大きさを指定する

background-sizeプロパティでcoverと指定して、背景画像がページ全体を覆うように設定します。

トップページの完成です!

CHAPTER 04

14 カラムとは？

KEY WORD　カラム（シングルカラム／２カラム）

ここからは、ウェブサイトのレイアウトの基本となる「カラム」について見ていきましょう。カラムはウェブサイトを作る上で欠かせない概念です。ここでは、ベーシックなレイアウトであるシングルカラムと２カラムの２つを見比べながら、それぞれのメリット・デメリットを解説します。

ウェブサイトの代表的なレイアウトにシングルカラム、２カラム、３カラムがあることはすでに説明しました。その中でも特に使用頻度の高いシングルカラムと２カラムの特徴はよく理解しておくと良いでしょう。

シングルカラムと2カラム

シングルカラム
コンテンツを1列に縦に積んだレイアウトで、スマートフォンと相性がよく、ここ数年の主流となっています。

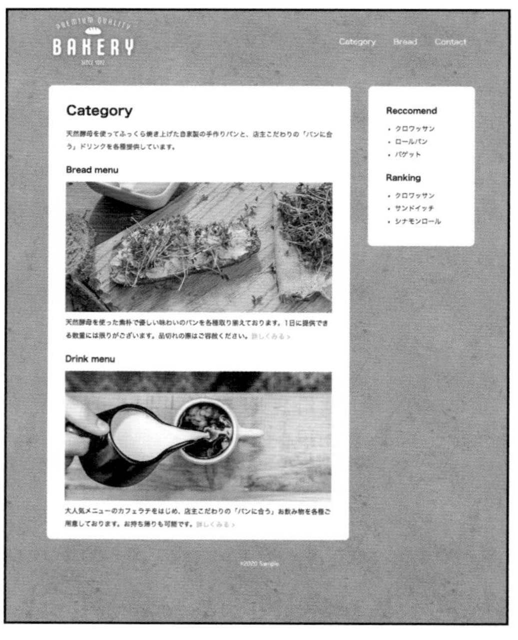

2カラム
古くからよく使われている定番のレイアウトで、バランス良く多様な情報を掲載できる合理的なレイアウトです。

あまり聞き慣れない「カラム」という言葉ですが、「列」と読み替えると分かりやすいです。1列のレイアウトと２列のレイアウト、それぞれの特徴を理解した上で、自分のサイトにどのレイアウトを採用するかを決めましょう。

時代の主流はシングルカラム？

スマートフォンでの閲覧が増えている昨今では、コンテンツを縦に積んでいくシングルカラムのレイアウトが主流になりつつあります。しかし、PC やタブレットでの閲覧も考えると、サイドバーにメニューや補足情報をバランス良く掲載できる２カラムのほうが合理的な場合も多いです。

サイドバー
メニューやバナーの掲載など
サイドバーは何かと便利です

●２カラムレイアウトのメリット

2カラムの最大のメリットは、サイドバーに補足情報が掲載できることです。一度に見せられる情報量が増えるだけでなく、サブメニューなどのナビゲーションを掲載すればサイトの使いやすさも向上します。

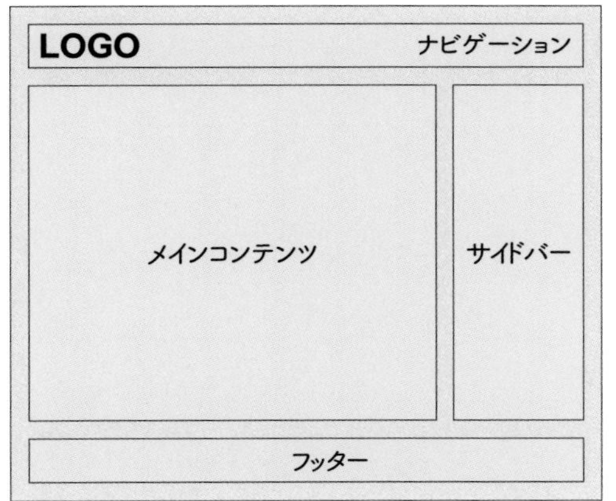

サブメニューやバナーなど、シングルカラムに比べて一覧できる情報量が多いです。

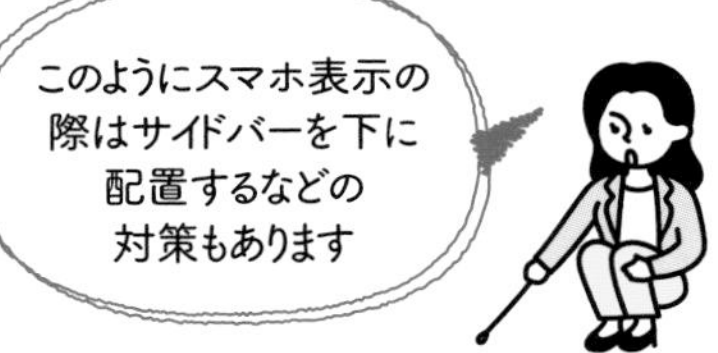

このようにスマホ表示の際はサイドバーを下に配置するなどの対策もあります

●２カラムレイアウトのデメリット

2カラムのWebページは、スマホなどの小さな画面で見ると、文字が小さくなってしまうなどのデメリットもあるので、その対策も考える必要があります。

時代によって人気のレイアウトが変化していくのが面白いですね

CHAPTER 04

15 2カラムページを作ろう

KEY WORD　サイドバー

概要が理解できたら次は実践編に移ります。2カラムレイアウトのコードを書きながら、カラムの作り方を見ていきましょう。ここで学習するコードを応用すれば、3カラム、4カラムとカラムを増やしていくことも可能です。しっかり理解していきましょう。

まずは作成するページの完成図を確認しましょう。コンテンツエリアを左に、サイドバーを右に配置したレイアウトを作成します。コンテンツエリアには2つのセクションを、サイドバーにはサブメニューをそれぞれ掲載します。

2カラムページの主要パーツ

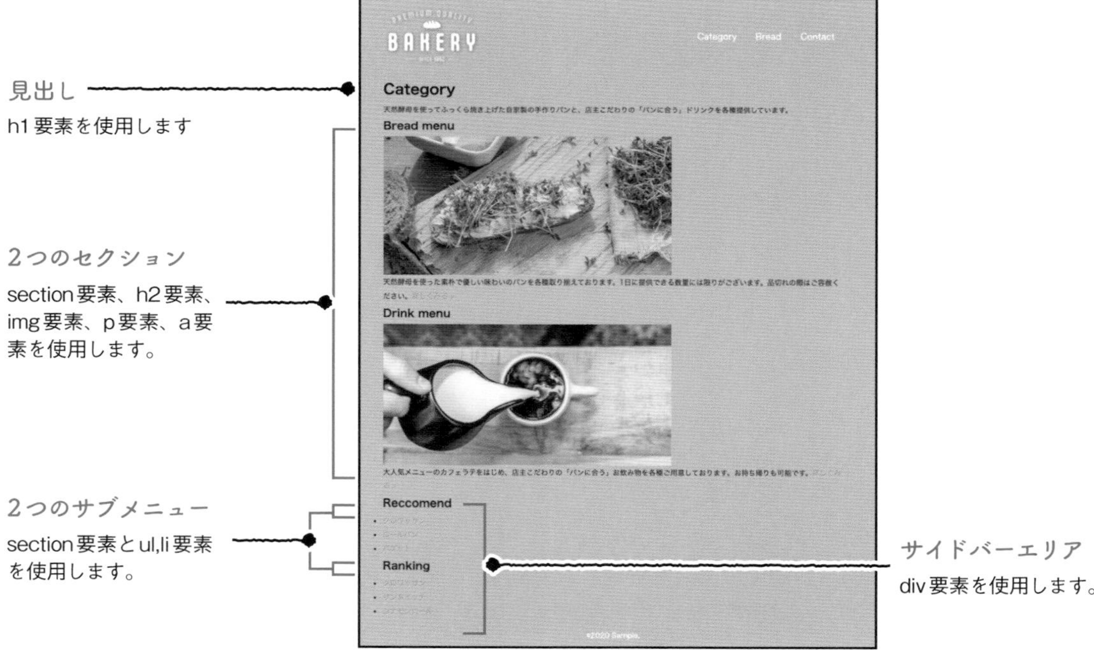

2カラムレイアウトの多くが、右サイドバー方式を採用しています。ウェブは横書きで、左から右に視線が移動することから、先に見せたい本文を左側に置くことが合理的だからです。メニューを先に見せたいケースでは左サイドバーを採用しても良いでしょう。

①ファイルの準備と基本構造の作成

テキスト・エディタを開いて「category.html」ファイルを新規作成し、P146-147の②〜⑤を参考にページの基本構造を作ります。

```
<!DOCTYPE html>
<html>
<head>
    <meta charset="UTF-8">
    <title>Category | PREMIUM QUALITY BAKERY</title>
    <link href="css/style.css" rel="stylesheet">
</head>
<body>
    <header></header>
    <div class="main"></div>
    <footer></footer>
</body>
</html>
```

タイトルやCSSへのリンクも入力し、index.htmlと同じフォルダに保存します。

②ヘッダーとフッターのコードをコピーする

headerとfooterは「index.html」と同じコードを使用するので、コピーしてペーストします。

```
<body>
    <header>
        <a class="logo" href="index.html"><img src="images/logo.png" alt="PREMIUM
QUALITY BAKERY"></a>
        <nav>
            <ul class="global-nav">
                <li><a href="category.html">Category</a></li>
                <li><a href="bread.html">Bread</a></li>
                <li><a href="contact.html">Contact</a></li>
            </ul>
        </nav>
    </header>
    <div class="main"></div>
    <footer>
        <small>©2020 Sample.</small>
    </footer>
</body>
```

index.htmlと同じコードです。

③div要素にclassを追加する

mainと名前のついたdiv要素に、two-columnというclassを追加します。classを追加するには半角スペースをあけて入力します。

```
<body>
    <header>
        <a class="logo" href="index.html"><img src="images/logo.png" alt="PREMIUM
QUALITY BAKERY"></a>
        <nav>
            <ul class="global-nav">
                <li><a href="category.html">Category</a></li>
                <li><a href="bread.html">Bread</a></li>
                <li><a href="contact.html">Contact</a></li>
            </ul>
        </nav>
    </header>
    <div class="main two-column"></div>
    <footer>
        <small>©2020 Sample.</small>
    </footer>
</body>
```

classは1つの要素に対して複数設定できます。

④div要素の中にdiv要素を2つ作り、それぞれに名前をつける

div要素の内側に新たにdiv要素を2つ作り、それぞれcontents-area、side-areaと名前をつけます。

```
<body>
    <header>
        <a class="logo" href="index.html"><img src="images/logo.png" alt="PREMIUM
QUALITY BAKERY"></a>
        <nav>
            <ul class="global-nav">
                <li><a href="category.html">Category</a></li>
                <li><a href="bread.html">Bread</a></li>
                <li><a href="contact.html">Contact</a></li>
            </ul>
        </nav>
    </header>
    <div class="main two-column">
        <div class="contents-area"></div>
        <div class="side-area"></div>
    </div>
    <footer>
        <small>©2020 Sample.</small>
    </footer>
</body>
```

divの内側に2つのdivを作ります。

ここでのポイントは、div要素を入れ子にするという点です。two-columnというdiv要素が親要素となり、その子要素として、contents-areaとside-areaという2つのdiv要素を作成します。

CHAPTER 04

KEY WORD　2つのセクション／サブメニュー

16 2カラムページのコンテンツ部分を作る

レイアウトの基本構造ができたら、次はページの中身を作成します。HTML コードは基本的に左側の要素から記述していきます。コンテンツエリア→サイドバーの順で、コンテンツエリアには２つのセクション、サイドバーにはサブメニューのコードをそれぞれ入力していきましょう。

まずはこのページの本文となるコンテンツエリアの入力から始めます。コンテンツエリアにはまず大見出しがあり、その下に２つのセクションが配置される構造になっています。各セクションには中見出しと本文、リンクが入ります。

コンテンツエリアの作成

①見出しとリード文を入力

コンテンツエリアの冒頭に大見出しとリード文を入力します。h1要素とp要素を使用します。

```
<div class="contents-area">
    <h1>Category</h1>
    <p>天然酵母を使ってふっくら焼き上げた自家製の手作りパンと、店主こだわりの「パン に合う」ドリンクを各種提供しています。</p>
</div>
```

```
                </ul>
            </nav>
        </header>
        <div class="main two-column">
            <div class="contents-area">
                <h1>Category</h1>
                <p>天然酵母を使ってふっくら焼き上げた自家製の手作りパンと、店主こだわりの「パンに合う」ドリンクを各種提供しています。</p>
            </div>
            <div class="side-area"></div>
```

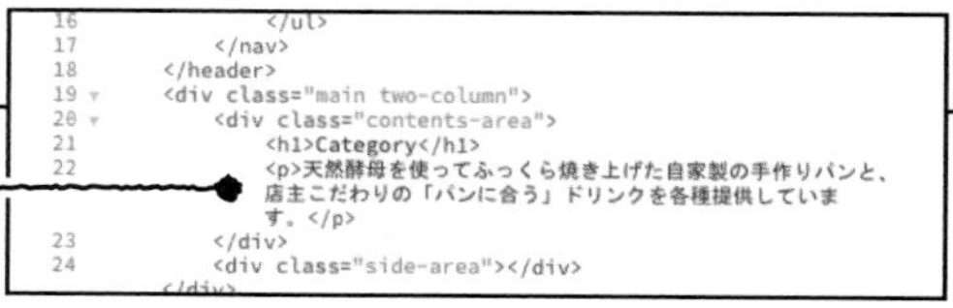

大見出しとリード文が挿入されました。

②section要素を入力する

リード文の下に、1つ目のセクションの内容を入れる「箱」となるsection要素を入力します。

```
        </header>
        <div class="main two-column">
            <div class="contents-area">
                <h1>Category</h1>
                <p>天然酵母を使ってふっくら焼き上げた自家製の手作りパンと、店主こだわりの「パンに合う」ドリンクを各種提供しています。</p>
                <section></section>
            </div>
            <div class="side-area"></div>
        </div>
        <footer>
            <small>©2020 Sample.</small>
        </footer>
    </body>
</html>
```

```
<div class="contents-area">
    <h1>Category</h1>
    <p>天然酵母を使ってふっくら焼き上げた自家製の手作りパンと、店主こだわりの「パンに合う」ドリンクを各種提供しています。</p>
    <section></section>
</div>
```

このsection要素がセクションの箱になります。

③セクションの見出しを入力する

section要素の中に、1つ目のセクションの見出しを入力します。h2要素を使用します。

```
<div class="contents-area">
    <h1>Category</h1>
    <p>天然酵母を使ってふっくら焼き上げた自家製の手
作りパンと、店主こだわりの「パンに合う」ドリンクを各種
提供しています。</p>
    <section>
        <h2>Bread menu</h2>
    </section>
</div>
```

```
            <li><a href="contact.html">Contact</a></li>
        </ul>
    </nav>
</header>
<div class="main two-column">
    <div class="contents-area">
        <h1>Category</h1>
        <p>天然酵母を使ってふっくら焼き上げた自家製の手作りパンと、
        店主こだわりの「パンに合う」ドリンクを各種提供していま
        す。</p>
        <section>
            <h2>Bread menu</h2>
        </section>
    </div>
    <div class="side-area"></div>
</div>
```

見出しは文書構造を意識して設定しましょう。

④イメージ画像を入力する

見出しの下にimg要素を使用して、イメージ画像を入力します。alt属性も忘れずに入力しましょう。

```
<div class="contents-area">
    <h1>Category</h1>
    <p>天然酵母を使ってふっくら焼き上げた自家製の手
作りパンと、店主こだわりの「パンに合う」ドリンクを各種
提供しています。</p>
    <section>
        <h2>Bread menu</h2>
        <img src="images/img-sec1.jpg" alt="
セクション1のイメージ画像">
    </section>
</div>
```

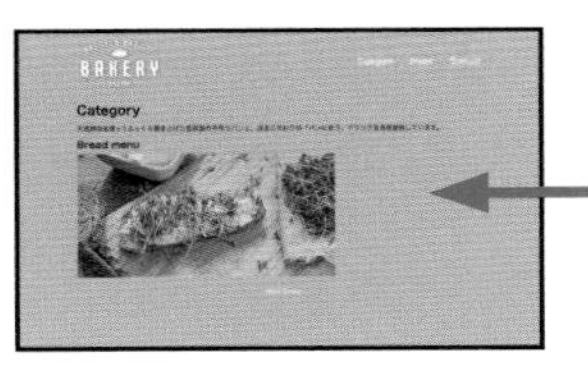


```
            す。</p>
            <section>
                <h2>Bread menu</h2>
                <img src="images/img-sec1.jpg" alt="セクション1の
                イメージ画像">
            </section>
        </div>
        <div class="side-area"></div>
    </div>
    <footer>
        <small>©2020 Sample.</small>
    </footer>
```

alt属性には、画像を端的に表す言葉を入力しましょう。

⑤画像にリンクを張る

画像をクリックしたらページ遷移ができるように、画像リンクにしましょう。aタグでimg要素を囲ってリンクを張ります。

```
<div class="contents-area">
    <h1>Category</h1>
    <p>天然酵母を使ってふっくら焼き上げた自家製の手作りパ
ンと、店主こだわりの「パンに合う」ドリンクを各種提供してい
ます。</p>
    <section>
        <h2>Bread menu</h2>
        <a href="bread.html">
            <img src="images/img-sec1.jpg" alt="
セクション1のイメージ画像">
        </a>
    </section>
</div>
```

img要素をaタグで囲みます。

画像リンクは文字よりも領域が広くクリックしやすいです。

One point

HTML5の規格書では、section要素は基本的に見出しとセットで使用することが推奨されています。section要素は意味的なまとまりを表す要素のため、その部分の意味を表す見出しをつけることができない場合、section要素を使用するのは適切でないかもしれません。

⑥説明文を入力してリンクを設定する

画像リンクの下に、セクションの説明文を入力し、それに続いて「詳しくみる >」というテキストリンクを作成します。p要素とa要素を使って入力していきましょう。

```
            <section>
                <h2>Bread menu</h2>
                <a href="bread.html">
                    <img src="images/img-sec1.jpg" alt="セクション1のイメージ画像">
                </a>
                <p>天然酵母を使った素朴で優しい味わいのパンを各種取り揃えております。1日に提供できる数量には限りがございます。品切れの際はご容赦ください。<a href="bread.html">詳しくみる ></a></p>
            </section>
        </div>
        <div class="side-area"></div>
    </div>
    <footer>
        <small>©2020 Sample.</small>
    </footer>
```

```
<div class="contents-area">
    <h1>Category</h1>
    <p>天然酵母を使ってふっくら焼き上げた自家製の手作りパンと、店主こだわりの「パンに合う」ドリンクを各種提供しています。</p>
    <section>
        <h2>Bread menu</h2>
        <a href="bread.html">
            <img src="images/img-sec1.jpg" alt="セクション1のイメージ画像">
        </a>
        <p>天然酵母を使った素朴で優しい味わいのパンを各種取り揃えております。1日に提供できる数量には限りがございます。品切れの際はご容赦ください。<a href="bread.html">詳しくみる ></a></p>
    </section>
</div>
```

⑦２つ目のセクションを作成する

STEP②～⑥で作成したコード<section>～</section>をコピーして、そのすぐ下にペーストします。そして画像のパスや文言、リンク先を変更します。

```
    </header>
    <div class="main two-column">
        <div class="contents-area">
            <h1>Category</h1>
            <p>天然酵母を使ってふっくら焼き上げた自家製の手作りパンと、店主こだわりの「パンに合う」ドリンクを各種提供しています。</p>
            <section>
                <h2>Bread menu</h2>
                <a href="bread.html">
                    <img src="images/img-sec1.jpg" alt="セクション1のイメージ画像">
                </a>
                <p>天然酵母を使った素朴で優しい味わいのパンを各種取り揃えております。1日に提供できる数量には限りがございます。品切れの際はご容赦ください。<a href="bread.html">詳しくみる ></a></p>
            </section>
            <section>
                <h2>Drink menu</h2>
                <a href="drink.html">
                    <img src="images/img-sec2.jpg" alt="セクション2のイメージ画像">
                </a>
```

```
<div class="contents-area">
    <h1>Category</h1>
    <p>天然酵母を使ってふっくら焼き上げた自家製の手作りパンと、店主こだわりの「パンに合う」ドリンクを各種提供しています。</p>
    <section>
        <h2>Bread menu</h2>
        <a href="bread.html">
            <img src="images/img-sec1.jpg" alt="セクション1のイメージ画像">
        </a>
        <p>天然酵母を使った素朴で優しい味わいのパンを各種取り揃えております。1日に提供できる数量には限りがございます。品切れの際はご容赦ください。<a href="bread.html">詳しくみる ></a></p>
    </section>
    <section>
        <h2>Drink menu</h2>
        <a href="drink.html">
            <img src="images/img-sec2.jpg" alt="セクション2のイメージ画像">
        </a>
        <p>大人気メニューのカフェラテをはじめ、店主こだわりの「パンに合う」お飲み物を各種ご用意しております。お持ち帰りも可能です。<a href="drink.html">詳しくみる ></a></p>
    </section>
</div>
```

同じ構造が繰り返すときは、セクションごと複製するとスムーズです。

これでコンテンツエリアの入力は完了です。ブラウザで確認してみましょう。

サイドバーのメニューの作成

①セクションを作成

続いてサイドバーです。コンテンツエリアと同様に、まずはdiv要素の内側にsection要素を入力します。

```
<div class="side-area">
    <section></section>
</div>
```

section要素で箱を作ります。

```
            <p>大人気メニューのカフェラテをはじめ、店主こだわりの「パンに合う」お飲み物を各
            ご用意しております。お持ち帰りも可能です。<a href="drink.html">詳しくみる >
            </a></p>
        </section>
    </div>
    <div class="side-area">
        <section></section>
    </div>
</div>
<footer>
    <small>©2020 Sample.</small>
</footer>
</body>
</html>
```

②見出しとメニューを入力

section要素の中に、h2要素で見出し、ul,li要素でメニューを作成します。メニューの各項目にはa要素でリンクを張りましょう。

見出しとメニューを作ります。

```
    <div class="side-area">
        <section>
            <h2>Reccomend</h2>
            <ul>
                <li><a href="sub1-a.html">クロワッサン</a></li>
                <li><a href="sub1-b.html">ロールパン</a></li>
                <li><a href="sub1-c.html">バゲット</a></li>
            </ul>
        </section>
    </div>
</div>
<footer>
    <small>©2020 Sample.</small>
```

```
<div class="side-area">
    <section>
        <h2>Reccomend</h2>
        <ul>
            <li><a href="sub1-a.html">クロワッサン</a></li>
            <li><a href="sub1-b.html">ロールパン</a></li>
            <li><a href="sub1-c.html">バゲット</a></li>
        </ul>
    </section>
</div>
```

ブラウザでの表示も確認しましょう。

③2つ目のセクションを作成する

コンテンツエリアのときと同様に、section要素ごと複製して、各文言やリンク先を変更していきます。以上でHTMLの入力は完了です。

```
            <h2>Reccomend</h2>
            <ul>
                <li><a href="sub1-a.html">クロワッサン</a></li>
                <li><a href="sub1-b.html">ロールパン</a></li>
                <li><a href="sub1-c.html">バゲット</a></li>
            </ul>
        </section>
        <section>
            <h2>Ranking</h2>
            <ul>
                <li><a href="sub2-a.html">クロワッサン</a></li>
                <li><a href="sub2-b.html">サンドイッチ</a></li>
                <li><a href="sub2-c.html">シナモンロール</a></li>
            </ul>
        </section>
    </div>
```

```
<div class="side-area">
    <section>
        <h2>Reccomend</h2>
        <ul>
            <li><a href="sub1-a.html">クロワッサン</a></li>
            <li><a href="sub1-b.html">ロールパン</a></li>
            <li><a href="sub1-c.html">バゲット</a></li>
        </ul>
    </section>
    <section>
        <h2>Ranking</h2>
        <ul>
            <li><a href="sub2-a.html">クロワッサン</a></li>
            <li><a href="sub2-b.html">サンドイッチ</a></li>
            <li><a href="sub2-c.html">シナモンロール</a></li>
        </ul>
    </section>
</div>
```

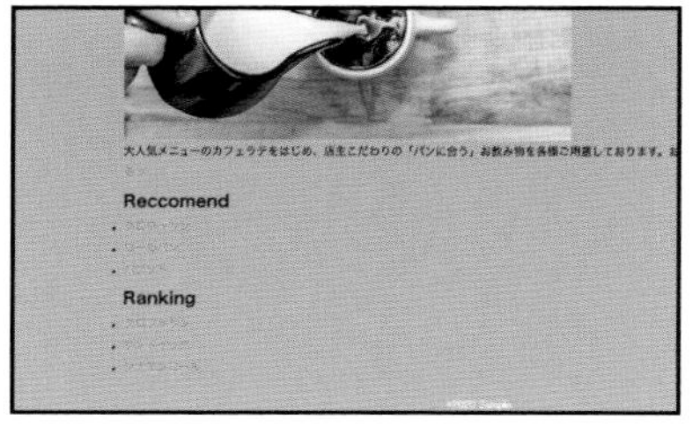

MEMO　ページ内リンクの作成

ページ途中の特定の箇所に移動させるリンク方法を「ページ内リンク」といいます。ページ内リンクの設定方法は、まず着地点となる要素にid属性で名前をつけます（例：<div id="abc">）。そして、リンクとなるa要素にはパスの末尾に「#」を入力し、続いてid名を入力します（例：<a href="○○.html#abc"）。

KEY WORD flexbox

CHAPTER 04

17 2カラムページのCSSを書く

ここからは、作成したHTMLファイルをCSSでスタイリングしていきます。フルスクリーンページに比べて、コンテンツの内容が多く、サイドバーもあるため少し構造が複雑になってきます。こまめにブラウザで表示を確認し、コードの意味を理解しながら進めていきましょう。

ページを左右に2分割し、左のコンテンツエリアを680px、右のサイドバーを240pxで配置します。レイアウトの設定だけでなく、見出しや画像サブメニューの見た目など、各コンテンツのスタイリングもCSSで行います。

CSSで何を書くのか

ウェブサイトのレイアウトの中でも定番となっている、シンプルで機能的な2カラムのレイアウト

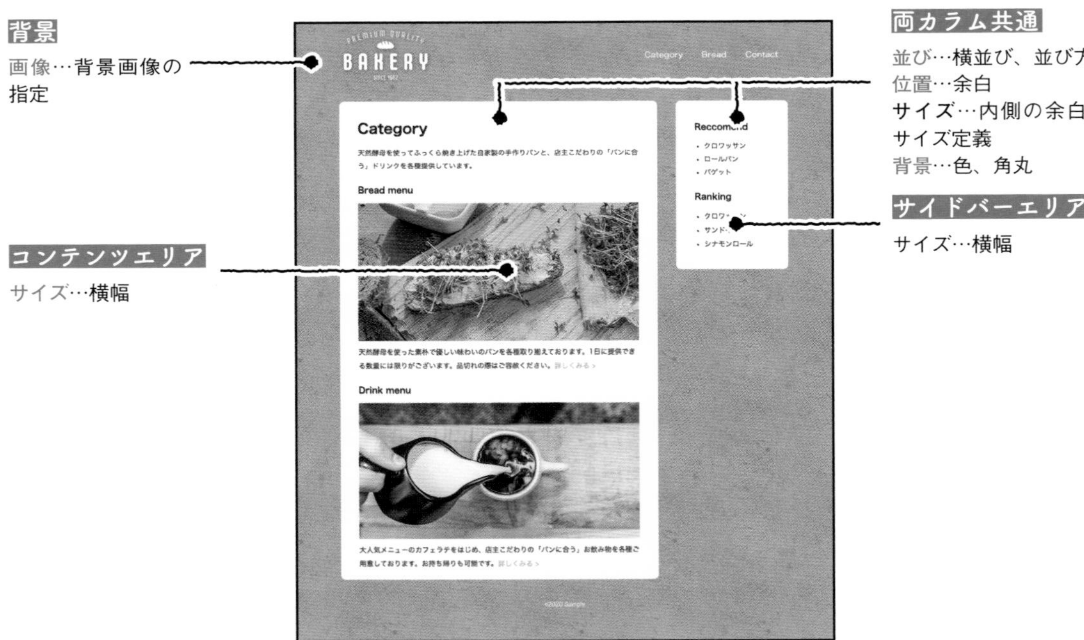

ここでは、2つのエリアを横並びにするために**flexbox**という手法を使います。flexboxはCSS3から登場した手法で、floatを使った従来の方法に比べて、要素の並び順や配置指定などの自由度が高く、現在では主流の方法となっています。

背景の設定

背景画像を設定する

背景に繰り返しのパターン画像を指定します。style.cssを開き、bodyへの記述の箇所に背景画像に関する指定を追加します。

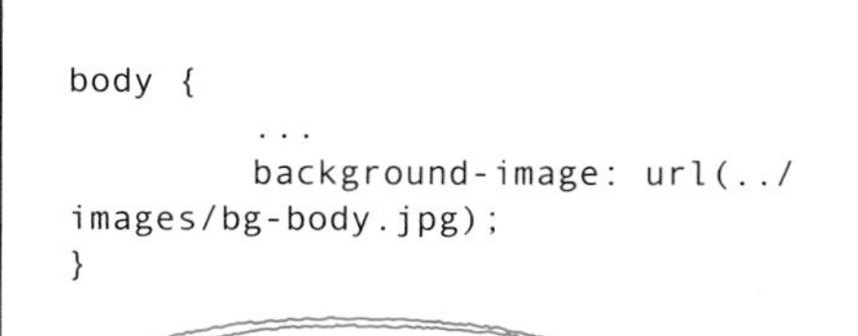

```
body {
        ...
        background-image: url(../
images/bg-body.jpg);
}
```

画像のURLは
imegesフォルダの「bg-body.jpg」
へのパスに書き換えます

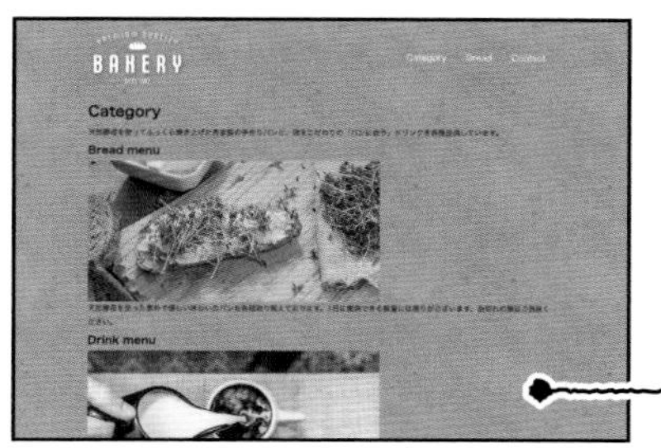

背景にパターン画像
が設定されました。

コンテンツエリアとサイドバーエリアの設定

①横並びを設定する

2つのエリアの親要素である、two-columnというclassに、flexを使って横並びの指定を入力していきます。

①
```
.two-column {
    display: flex;
    justify-content: space-between;
    align-items: flex-start;
    margin-top: 20px;
}
```

②両エリア共通の指定を入力する

2つのエリアには背景色や角丸など共通する部分が多いため、共通部分の指定を入力します。

②
```
.contents-area, .side-area {
    background-color: #fdfbf8;
    padding: 20px 40px;
    border-radius: 10px;
    box-sizing: border-box;
}
```

③各エリアの幅を指定する

widthで、コンテンツエリアとサイバーエリアの幅をそれぞれ指定します。

③
```
.contents-area {
        width: 680px;
}

.side-area {
        width: 240px;
}
```

マウスを乗せたリンク画像を半透明にする

画像のスタイリングを設定する

マウスを乗せたときにリンクだと分かりやすいよう、:hoverにopacityプロパティを使って、半透明になる指定を入力します。

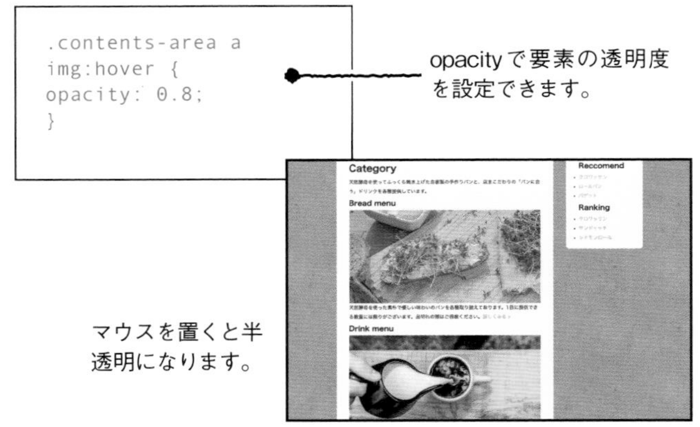

.contents-area a
img:hover {
opacity: 0.8;
}
opacityで要素の透明度を設定できます。
マウスを置くと半透明になります。
Category
Bread menu
Drink menu
Reccomend
Ranking

見出しを整える

①見出しのスタイリング

h1とh2に対してそれぞれフォントサイズや余白を指定し、見出しのバランスを整えます。

②リストの見た目を整える

リストの行頭アイコンがはみ出てしまっているため、margin-leftで左側に20pxの余白を作り、リストを右側に移動します。また、リストの下にも少し余白を追加します。

③メニュー項目の色を変更する

メニューの各項目の色はリンクカラーではなく通常の文字カラーとしたいので、a要素に対して文字色の指定を追加します。

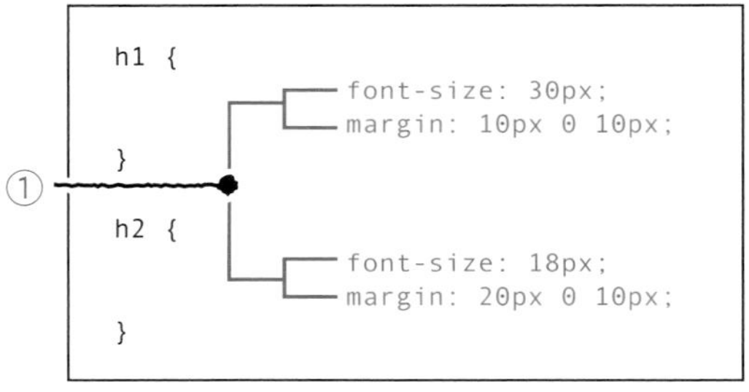

font-size: 30px;
margin: 10px 0 10px;

margin: 20px 0 10px;

②
③

```
.side-area ul {
   margin-left: 20px;
   margin-bottom: 20px;
}

.side-area ul a {
   color: #333333;
}
```

ここまで来ればほぼ完成です

カラム幅の算出方法

かつてfloatという手法を使って横並びのレイアウトを作っていたときは、幅の計算が非常に複雑でした。しかし、今回紹介したflexboxという手法ではある程度自動で横並びにしてくれるため、以前ほど細かく指定する必要がなくなり、制作はぐっと楽になりました。

CSS3から導入されたFlexboxの登場で、複雑なレイアウトも今までより少ないコードで組めるようになりました

フッターの配置

最後にmargin-topでフッターの上部の余白を調整します。

```
footer {
    margin-top: 20px;
}
```

これで2カラムのレイアウトは完成です。お疲れさまでした!

細かい部分も丁寧に作ることが大切です

以上でflexboxを使用した2カラムのレイアウト作成は完了です。flexboxに関連した様々なプロパティを使えば、カラムの左右を逆にしたり、スマートフォンでは縦に並べたりといったことが簡単にできます。ぜひ色々と挑戦してみてください。

CHAPTER 04

KEY WORD グリッドレイアウト

18 グリッドレイアウトとは？

ここからはグリッドレイアウトについて学んでいきます。グリッドレイアウトはメディアサイトや画像ギャラリーのように、複数の要素を一覧で見せたいウェブサイトでよく使用されています。まずはグリッドレイアウトの特徴やバリエーションについて見ていきます。

グリッドとは「格子状の」という意味で、画面を縦横のガイド線で分割し、その格子に沿って要素を並べていくレイアウト手法です。複数の要素を並べても大きさや余白のサイズなどが揃うため、整列された印象を与えられます。

分割したガイド線に基づいたレイアウト

多くの情報を一度に見せることができるグリッドレイアウト。

ガイド線を引いて分割

ページ全体をガイド線で分割（例では12分割）し、ガイド線に基づいてページがレイアウトされています。

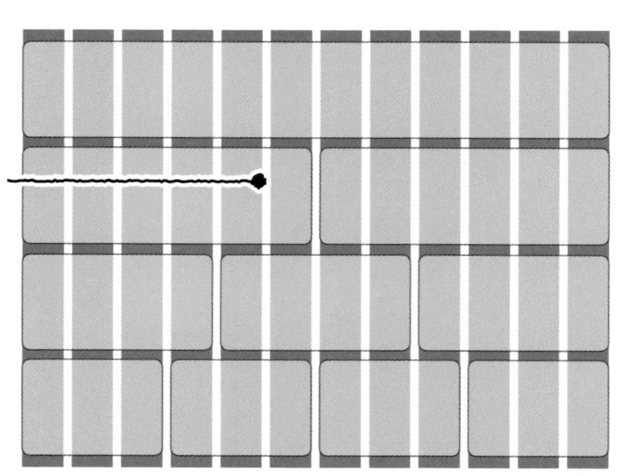

雑誌のように記事を並べるメディアサイトなどでよく採用されています。

上のレイアウトは、ページ全体を横に12分割した例です。このガイド線に基づいて各要素の幅を決めれば、たくさんの要素を並べても雑然とすることがないので、多くの情報を一度に見せたいページでは特に有効に作用します。

グリッドレイアウトと親和性の高い数字

グリッドレイアウトと親和性の高い数字として「12」があります。12は「2分割」「3分割」「4分割」「6分割」と多くの数字で割り切れるため、作れるレイアウトパターンも多彩です。逆に「7」や「11」など割れる数字がない素数はグリッドレイアウトには向いていません。

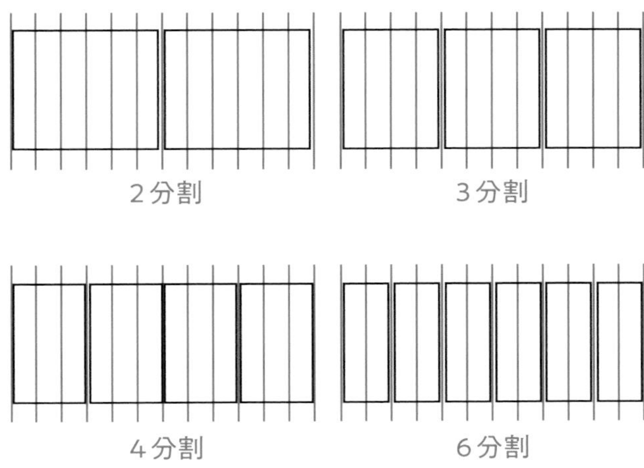

グリッドレイアウトのメリット

グリッドレイアウトは、多くの情報を整然と並べられるだけでなく、アレンジも自在です。例えばひとつの要素だけを極端に大きくしてもグリッドに沿ってさえいれば、大きく崩れることはありません。

カード型

可変型

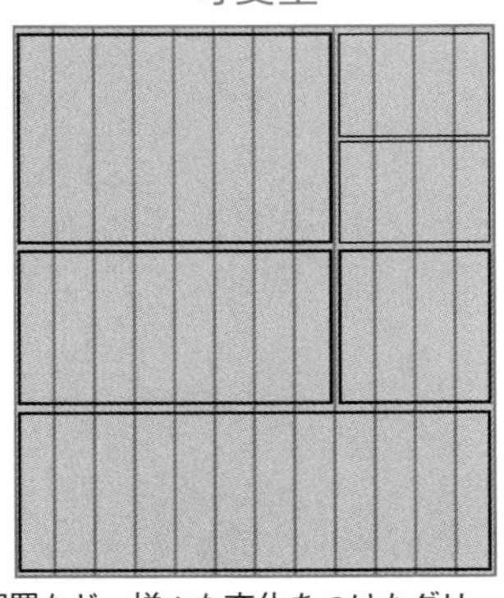

グリッドを応用すれば、様々なバリエーションが可能です。

実際のウェブサイトでは、大きさや配置など、様々な変化をつけたグリッドレイアウトが見られます。

同じサイズの画像をシンプルに並べる方法だけでなく、高さや幅を変えて変化をつけることもできます。格子状になっている**グリッドレイアウト**は、たとえ変化をつけても整然とした印象を与えられるのが大きな利点です。

CHAPTER 04

KEY WORD 汎用性の高いレイアウト

19 グリッドレイアウトページを作ろう

それでは、実際にコードを書きながらグリッドレイアウトの制作方法を学んでいきましょう。これまで作成した2つのレイアウトと同じように、まずはHTMLでページの中身を作り、CSSでスタイリングするという順序で進めていきます。

グリッドレイアウトでは、12個の画像が並んだフォトギャラリーを作成します。ブログの一覧ページやECサイトなどに流用しやすく汎用性の高いレイアウトなので、しっかり身につけていきましょう。

グリッドレイアウトページの文書構造

メインのコンテンツは12個の画像です。前述の通りアレンジしやすい「12」という数字を採用しました。

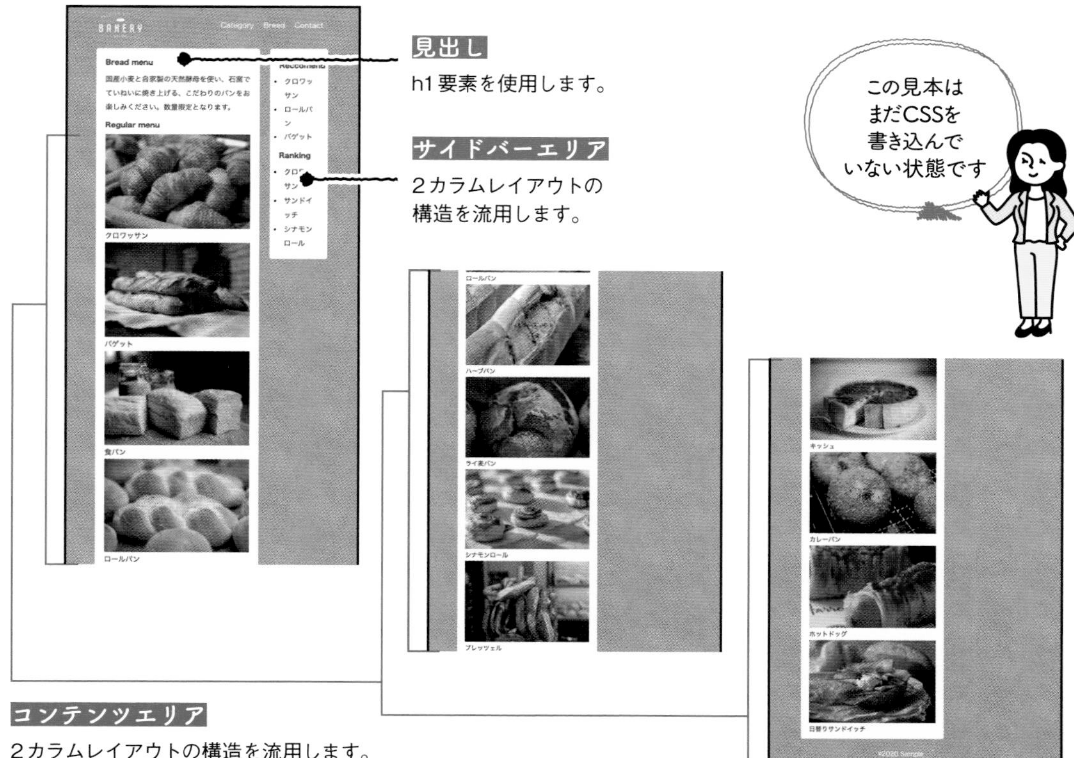

グリッドレイアウトのコンテンツ部分を作る

①ファイルを準備し、ページの基本構造を作る

テキストエディタを開いて、「bread.html」ファイルを新規作成しindex.htmlと同じフォルダに保存します。P146-147の②〜⑤を参考に、ページの基本構造を作ります。

①
```
<!DOCTYPE html>
<html>
<head>
    <meta charset="UTF-8">
    <title>Bread | PREMIUM QUALITY BAKERY</title>
    <link href="css/style.css" rel="stylesheet">
</head>
<body>
    <header></header>
    <div class="main"></div>
    <footer></footer>
</body>
</html>
```

タイトルやCSSへのリンクも入力します

②2カラムのレイアウトを流用する

2カラムレイアウトの作成で使用した枠組みをそのまま使用するため、P173の③〜④を参照して、2カラムの枠組みを作ります。

②
```
<body>
    <header></header>
    <div class="main two-column">
        <div class="contents-
area"></div>
        <div class="side-area"></
div>
    </div>
    <footer></footer>
</body>
```

mainのdivの中に2つのdiv要素を入れます。

③ヘッダーとフッターのコードをコピーする

headerとfooterはindex.htmlと同じコードを使用するので、コピーしてペーストします。

```
<body>
    <header>
        <a class="logo" href="index.html"><img src="images/logo.png"
        alt="PREMIUM QUALITY BAKERY"></a>
        <nav>
            <ul class="global-nav">
                <li><a href="category.html">Category</a></li>
                <li><a href="bread.html">Bread</a></li>
                <li><a href="contact.html">Contact</a></li>
            </ul>
        </nav>
    </header>
    <div class="main two-column">
        <div class="contents-area"></div>
        <div class="side-area"></div>
    </div>
    <footer>
        <small>©2020 Sample.</small>
    </footer>
</body>
</html>
```

ここまでは2カラムレイアウトの作成と同じ手順です。復習も兼ねて作成しましょう

③
```
<body>
    <header>
        <a class="logo" href="index.
html"><img src="images/logo.png"
alt="PREMIUM QUALITY BAKERY"></a>
        <nav>
            <ul class="global-nav">
                <li><a href="category.
html">Category</a></li>
                <li><a href="bread.
html">Bread</a></li>
                <li><a href="contact.
html">Contact</a></li>
            </ul>
        </nav>
    </header>
    <div class="main two-column">
        <div class="contents-area"></
div>
        <div class="side-area"></div>
    </div>
    <footer>
        <small>©2020 Sample.</small>
    </footer>
</body>
```

ヘッダーとフッターは、すべてのレイアウトで共通のコードを使用します。

コンテンツエリアの作成

①見出しとリード文の作成

まずはcontents-areaの冒頭に見出しとリード文を入力します。2カラムレイアウト同じように、h1要素とp要素を使用します。

```
<div class="contents-area">
    <h1>Bread menu</h1>
    <p>国産小麦と自家製の天然酵母を使い、石窯でていねいに焼き上げる、こだわりのパンをお楽しみください。数量限定となります。</p>
</div>
```

②中見出しとグリッドの外枠を作成する

h2要素で中見出しを作成し、その下にグリッドの外側の「箱」となるdiv要素を作成します。class属性でgrid-outerという名前をつけます。

```
<div class="contents-area">
    <h1>Bread menu</h1>
    <p>国産小麦と自家製の天然酵母を使い、石窯でていねいに焼き上げる、こだわりのパンをお楽しみください。数量限定となります。</p>
    <h2>Regular menu</h2>
    <div class="grid-outer"></div>
</div>
```

③ひとつ目の箱を作成する

grid-outerの中に、grid-innerという名前をつけたdiv要素を入力します。最終的にこの箱が12個並んで表示されることになります。

```
<div class="contents-area">
    <h1>Bread menu</h1>
    <p>国産小麦と自家製の天然酵母を使い、石窯でていねいに焼き上げる、こだわりのパンをお楽しみください。数量限定となります。</p>
    <h2>Regular menu</h2>
    <div class="grid-outer">
        <div class="grid-inner"></div>
    </div>
</div>
```

④画像とキャプションを入れる

grid-innerの中身を入力していきます。画像とキャプションを、img要素とp要素でそれぞれ作成します。

```
<div class="contents-area">
    <h1>Bread menu</h1>
    <p>国産小麦と自家製の天然酵母を使い、石窯でていねいに焼き上げる、こだわりのパンをお楽しみください。数量限定となります。</p>
    <h2>Regular menu</h2>
    <div class="grid-outer">
        <div class="grid-inner">
            <div class="grid-inner">
                <img src="images/img-grid1.jpg" alt="クロワッサン">
                <p>クロワッサン</p>
            </div>
        </div>
    </div>
</div>
```

入れ子の階層が深くなってきたのでゆっくり慎重に作業しましょう

⑤grid-innerを11個複製

grid-innerを中身ごと11個複製し、合計で12個のdiv要素が連続する構造を作ります。

⑥画像のパスとキャプションを変更する

画像のパスとそれぞれのキャプションをひとつずつ入力していきます。これでグリッドの中身は完成です。

```
<div class="contents-area">
    <h1>Bread menu</h1>
    <p>国産小麦と自家製の天然酵母を使い、石窯でていねいに焼き
上げる、こだわりのパンをお楽しみください。数量限定となります。
</p>
    <h2>Regular menu</h2>
    <div class="grid-outer">
        <div class="grid-inner">
            <div class="grid-inner">
                <img src="images/img-grid1.jpg" alt="
クロワッサン">
                <p>クロワッサン</p>
            </div>
            <div class="grid-inner">
                <img src="images/img-grid2.jpg" alt="
バゲット">
                <p>バゲット</p>
            </div>
            <div class="grid-inner">
                <img src="images/img-grid3.jpg" alt="
食パン">
                <p>食パン</p>
            </div>

……..［省略］……..

            <div class="grid-inner">
                <img src="images/img-grid12.jpg"
alt="日替りサンドイッチ">
                <p>日替りサンドイッチ</p>
            </div>
        </div>
    </div>
</div>
```

```
<div class="contents-area">
    <h1>Bread menu</h1>
    <p>国産小麦と自家製の天然酵母を使い、石窯でていねいに焼き
上げる、こだわりのパンをお楽しみください。数量限定となります。
</p>
    <h2>Regular menu</h2>
    <div class="grid-outer">
        <div class="grid-inner">
            <div class="grid-inner">
                <img src="images/img-grid1.jpg" alt="
クロワッサン">
                <p>クロワッサン</p>
            </div>
            <div class="grid-inner">
                <img src="images/img-grid1.jpg" alt="
クロワッサン">
                <p>クロワッサン</p>
            </div>
            <div class="grid-inner">
                <img src="images/img-grid1.jpg" alt="
クロワッサン">
                <p>クロワッサン</p>
            </div>

……..［省略］……..

            <div class="grid-inner">
                <img src="images/img-grid1.jpg" alt="
クロワッサン">
                <p>クロワッサン</p>
            </div>
        </div>
    </div>
</div>
```

⑦サイドバーのサブメニューを複製する

サイドバーは2カラムのページと同じものを表示させたいので、「column.html」を開いてside-areaの中身をまるごと複製します。

```
<div class="contents-area">
……..［省略］……..
</div>
<div class="side-area">
    <section>
        <h2>Reccomend</h2>
        <ul>
            <li><a href="sub1-a.html">クロワッサン</a></li>
            <li><a href="sub1-b.html">ロールパン</a></li>
            <li><a href="sub1-c.html">バゲット</a></li>
        </ul>
    </section>
    <section>
        <h2>Ranking</h2>
        <ul>
            <li><a href="sub2-a.html">クロワッサン</a></li>
            <li><a href="sub2-b.html">サンドイッチ</a></li>
            <li><a href="sub2-c.html">シナモンロール</a></li>
        </ul>
    </section>
</div>
```

CHAPTER 04

20 グリッドレイアウトページのCSSを書く

KEY WORD flexbox

作成したHTMLファイルをCSSでスタイリングします。グリッドレイアウトの作成にはP.134で紹介した「Grid」という手法もありますが、今回はよりシンプルな方法として、Flexboxを使用します。

2カラムレイアウトの作成時に使用した、flexboxの手法を応用してグリッドレイアウトを作成します。flexboxは複数の項目を並べて表示させるときにも非常に便利なプロパティです。完成図をイメージしながらコードの入力を進めていきましょう。

CSSで何を書くのか？

ヘッダー、背景、サイドバー

2カラムレイアウトと同じデザインです。

12個の画像が3列×4行に並んだレイアウトを作成します

画像ギャラリー

位置…並び方
サイズ…横幅、余白
文字…フォントサイズ

flexを指定しただけだと12個の画像が横並びになります

①flexで横並びにする

まずはgrid-outerにdisplay:flexを指定して、内包する子要素を横並びに表示するように設定します。

```
.grid-outer {
   display: flex;
}
```

②並び方と折り返し方法を指定する

flexbox関連のプロパティを使用して、子要素の並び方の指定と、子要素のサイズが溢れたときに折り返して複数行で表示するよう指定します。

```
.grid-outer {
    display: flex;
    justify-content:
space-between;
    flex-wrap: wrap;
}
```

③子要素の幅と余白を指定する

続いて、grid-innerの横幅を指定します。3列で表示させる際、完全に3分割する場合は33.33%と指定しますが、各要素の間に余白を入れたいので30%を指定します。30%×3=90%となり、余った10%が余白になります。また、下部にはmarginを使って余白を入れます。

```
.grid-inner {
    width: 30%;
    margin-bottom: 25px;
}
```

④画像のはみ出しを修正する

掲載している画像が大きいため、grid-innerからはみ出て表示されてしまっています。これを修正するため、.grid-innerの中のimg要素にmax-widthを指定します。

```
.grid-inner img {
    max-width: 100%;
}
```

わずか数ステップでグリッドレイアウトが完成しました!

②

③

④

flexboxなら分割数も自由自在

grid-innerの幅を変えるだけで、4分割や6分割などのレイアウトも簡単に作れます。width：23% と width：15% に指定した場合のレイアウトを確認してみましょう。

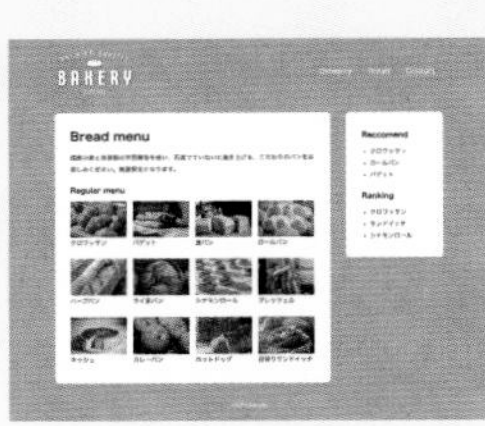

width：23%（4分割）

width：15%（6分割）

CHAPTER 04

KEY WORD アクセスセクション／フォームセクション

21 お問い合わせページを作ろう

特にビジネスに使うウェブサイトの場合、「お問い合わせページ」の作成は欠かせません。せっかくユーザーがサイトを見て、あなたのビジネスをいいな、と思ったとしても、問い合わせ窓口が分かりやすく設定されていないとせっかくのチャンスを逃してしまいます。お問い合わせページの基本とタグについて解説しましょう。

お問い合わせページは大きく**アクセスセクション、フォームセクション**の２つに分かれます。アクセスセクションには、会社の所在地や電話番号、最寄駅からの道順などが入ります。フォームセクションに入るのはユーザーに情報を入力してもらうフォームです。

お問い合わせページの文書構造

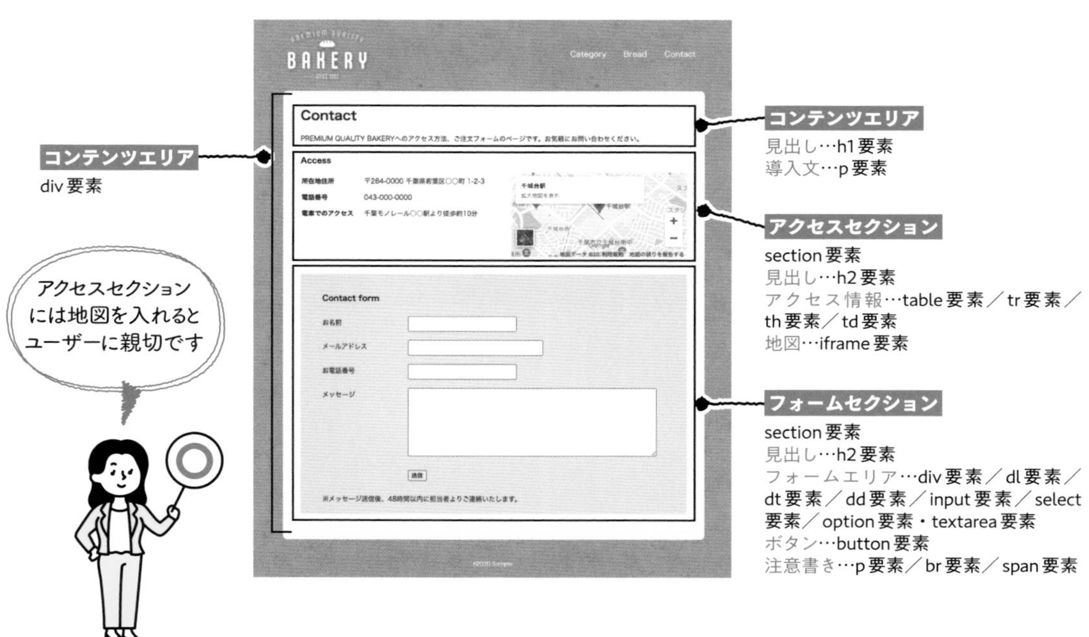

なお、お問い合わせフォームは HTML だけでは作動しないことには注意してください。この項目のタグで作ったフォームは、ボタンを押しても何も送信されません。フォームを実際に稼働させるには「PHP」や「CGI」といったプログラムでフォームとサーバーをつなぐ必要があります。

お問い合わせページのHTMLを書く

①ファイルを準備し、ページの基本構造を作る

テキスト・エディタを開いて、「contact.html」ファイルを新規作成しindex.htmlと同じフォルダに保存します。P146～147の②～⑤を参考に、ページの基本構造を作ります。タイトルも変更するのを忘れないようにしましょう。

```
<!DOCTYPE html>
<html>
<head>
    <meta charset="UTF-8">
    <title>Bread | PREMIUM QUALITY BAKERY</title>
    <link href="css/style.css" rel="stylesheet">
</head>
<body>
    <header></header>
    <div class="main"></div>
    <footer></footer>
</body>
</html>
```

②ヘッダーとフッターのコードをコピーする

これまで作成したページと同じように、headerとfooterはindex.htmlと同じコードを使用するので、コピーしてペーストします。

```
<body>
    <header>
        <a class="logo" href="index.html"><img src="images/
logo.png" alt="PREMIUM QUALITY BAKERY"></a>
        <nav>
            <ul class="global-nav">
                <li><a href="category.html">Category</a></li>
                <li><a href="bread.html">Bread</a></li>
                <li><a href="contact.html">Contact</a></li>
            </ul>
        </nav>
    </header>
    <div class="main"></div>
    <footer>
        <small>©2020 Sample.</small>
    </footer>
</body>
```

③コンテンツエリアの作成

今回はシングルカラムのため、mainという名前のついたdivにone-columnというclassを追加します。さらにその中に子要素としてcontents-areaを作成します。

```
<div class="main one-column">
    <div class="contents-area"></div>
</div>
```

④見出しとリード文を入力

contents-areaの中に、エリア全体の見出しとリード文を入力します。見出しは端的に、リード文は長くなりすぎないように注意してください。

```
<div class="main one-column">
    <div class="contents-area">
        <h1>Contact</h1>
         <p>PREMIUM QUALITY BAKERY へのアクセス方法、
ご注文フォームのページです。お気軽にお問い合わせください。</p>
    </div>
</div>
```

エリアの見出しやリード文は、分かりやすいサイトを見て研究を

ユーザーがあなたのページを見てお問い合わせを思い立った場合、お問い合わせページの全体をよく読まずにお問い合わせフォームまで一気にスクロールするかもしれません。フォームセクションだけパッと見ただけでも入力すべき内容が分かりやすいように作るのがコツです。

⑤アクセスセクションの作成

今回は右図のように、左側に住所や電話番号、右側に地図と左右に分けて要素が配置されるデザインでページを作成しましょう。まずは左側のsection要素を設置し、class属性でaccessという名前をつけます。

```
<div class="contents-area">
    <h1>Contact</h1>
    <p>PREMIUM QUALITY BAKERY へのアクセス方法、ご注文フォームのページです。お気軽にお問い合わせください。</p>
    <section class="access"></section>
</div>
```

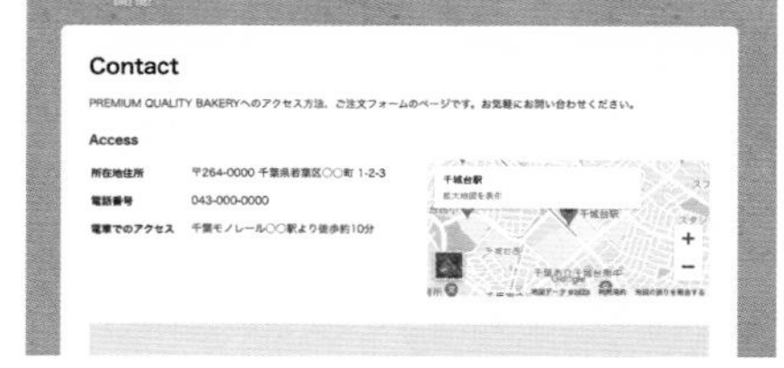

⑥アクセス情報の作成

次に、section要素の中身を入れていきます。h2要素を使った見出しと、div要素を追加し、div要素の中にはアクセス情報を掲載するための表組みとなるtable要素を入力します。

```
<section class="access">
    <h2>Access</h2>
    <div class="access-inner">
        <table></table>
    </div>
</section>
```

⑦表組みを作成

tableを使って要素を表組みにすることで、データの羅列になるような情報が見やすくなります。thの見出しセル、tdのデータセルに分け、ひとつひとつのテキストを入力しましょう。

```
<section class="access">
    <h2>Access</h2>
    <div class="access-inner">
        <table>
            <tr>
                <th> 所在地住所 </th>
                <td> 〒 264-0000 千葉県若葉区〇〇町 1-2-3</td>
            </tr>
            <tr>
                <th> 電話番号 </th>
                <td>043-000-0000</td>
            </tr>
            <tr>
                <th> 電車でのアクセス </th>
                <td> 千葉モノレール〇〇駅より徒歩約 10 分 </td>
            </tr>
        </table>
    </div>
</section>
```

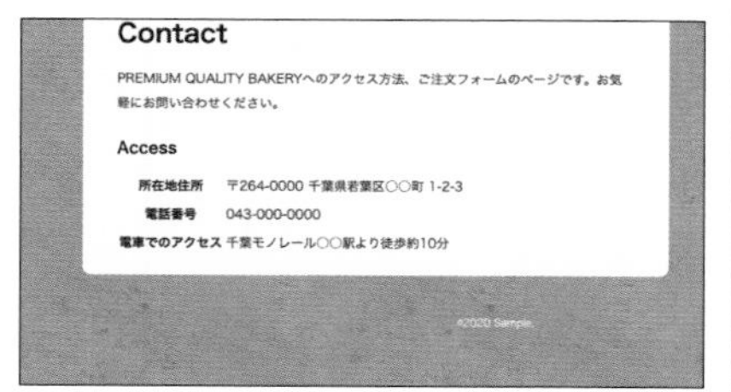

アクセスセクションを閲覧するユーザーのニーズは、「所在地を知りたい」「電話したい」などとはっきりしています。スマホで電話番号をクリックするだけで電話できるようにする、最寄駅からの道順のシンプルさを示す、といった工夫をしたいですね。

CHAPTER 04

KEY WORD iframe 要素

22 地図を表示しよう

便利なウェブサイトが増えた現代、ユーザーにとっては、アクセスセクションに書かれた住所をコピペして場所を検索するだけでも苦痛です。ぜひ、地図をページに埋め込むようにしましょう。驚くほど簡単なタグで地図埋め込みを実現することができるので、必ず覚えてください。

本書では、GoogleMaps を地図に埋め込む方法を紹介します。詳細で使いやすい地図ですし、使っているユーザーが多く埋め込みのタグも簡単なので、特に大きな理由がない限りは GoogleMaps を使うのが無難でしょう。ページへの埋め込みには、iframe 要素を使用します。

Google Maps を埋め込む

①表示エリアを検索する

Google Mapsにアクセスします。左上にある「Googleマップを検索する」という検索窓に、ページで示したい地点を入力してください。クリックすると、入力した地点に赤いピンが立ちます。

住所を入力しても、
特に入り組んだ場所などだと、
少し違う地点にピンが
立つことがあります。
必ず目視で確認しましょう

※架空の店舗のため便宜上、千葉モノレールの千城台駅にピンを立てています。

②共有を実行する

ピンの立った場所が間違いないことを確認したら、左側メニューにある「共有」をクリックします。地図の埋め込み用画面が開くので「地図を埋め込む」をクリックしましょう。

Google Maps は検索エンジンから始まった Google の作った地図で、最初からウェブと連携することを前提に作られています。したがって、ウェブサイトへの埋め込みがとてもやりやすいのはありがたいところです。都心であればほとんどのビル名も入り、訪問場所間違いを防げます。

③カスタムサイズを選択

左上の「中▼」と書いてあるメニューで、埋め込みサイズを選択します。「カスタムサイズ」で自由に調整しましょう。

④地図の表示サイズを入力してコードをコピー

「カスタムサイズ」を選択すると、地図のサイズを入力する画面が表示されます。今回は「400×200」と入力し、右下にある「HTMLをコピー」でiframeのコードをコピーしてください。

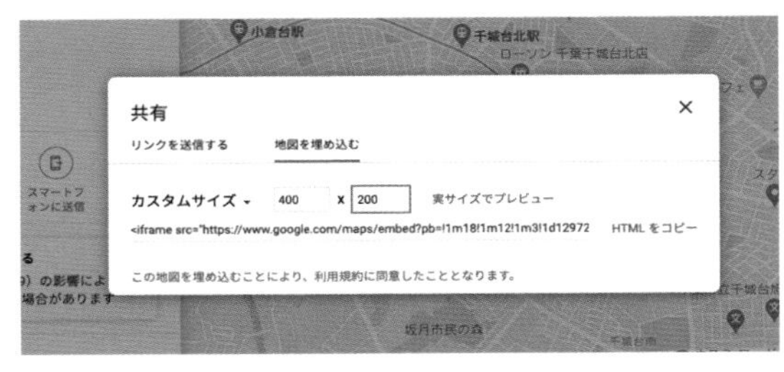

⑤埋め込みコードをペースト

コーディング画面に戻り、table要素の下に、iframeのコードをペーストしましょう。右図のようにペーストしたら、ブラウザで確認してみてください。

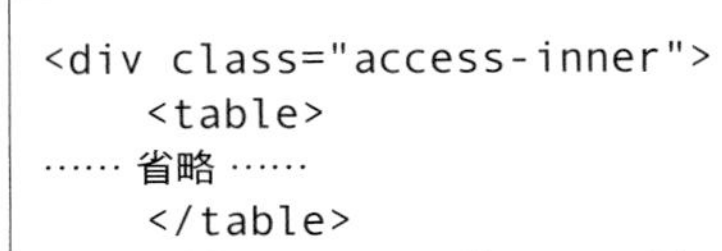

```
<div class="access-inner">
    <table>
…… 省略 ……
    </table>
    <iframe src="https://www.google.
com/maps/embed?pb=!1m18!1m12!1m3!1
d12972.869392118439!2d140.179777904
15915!3d35.62236798011097!2m3!1f0!2
f0!3f0!3m2!1i1024!2i768!4f13.1!3m3
!1m2!1s0x6022900f33042c37%3A0xafea1
78eb35fd20f!2z5Y2D5Z-O5Y-w6aeF!5e0!
3m2!1sja!2sjp!4v1598058694789!5m2!1
sja!2sjp" width="400" height="200"
frameborder="0" style="border:0;"
allowfullscreen="" aria-hidden="false"
tabindex="0"></iframe>
</div>
```

iframeのコードをペースト

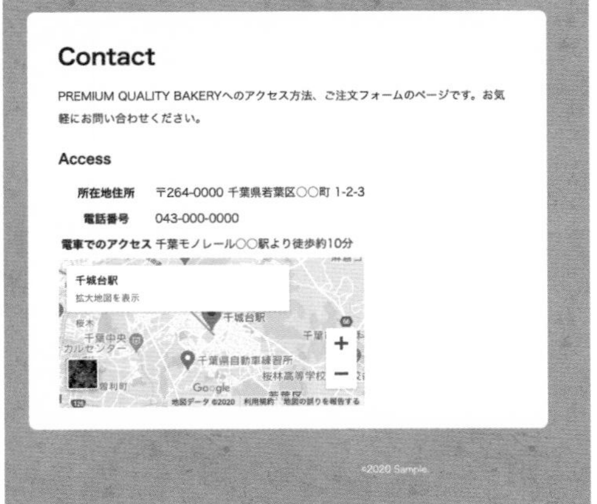

ブラウザを確認

地図のサイズは「大」「中」「小」から選ぶこともできますが、美しいページデザインのためにはカスタムサイズが断然おすすめです

地図などの画像要素が入るページは特に、レイアウトのウデの見せどころです。特に左右に揃える場合は、表組みと地図がきれいに揃うようにサイズ調整してください。難しいようであれば、今回のように左右に並べるのではなく上下に並べる配置にしてもいいかもしれません。

CHAPTER 04

23 フォームを設置する

KEY WORD form

続いて、ユーザーが情報を入力するフォームを作成します。「コンタクトセクション」とも言います。フォームは特にビジネスのためのウェブサイトを作る場合、お問い合わせを受けるために必須だといっても過言ではありません。やや複雑ですがぜひ覚えてください。

フォームの作成は、大きく「全体の設定」→「個別の入力欄の設定」という2つのステップに分かれます。個別の入力欄は電話番号、メールアドレス、コメントなど種類によって異なる「属性」を設定する必要があります。まずは全体の設定について解説していきましょう。

フォームセクションの作成

①フォームのためのセクションを作成する

まずは、accessのセクションの下にsection要素を配置し、class属性でformと名前をつけます。その中にh2要素で見出しを入れます。

```
<section class="access">
…… 省略 ……
</section>
<section class="form">
    <h2>Contact form</h2>
</section>
```

フォームには電話番号やメールアドレス、テキスト入力やボタンなど様々な種類があり、これらの「type」をタグによって設定します。下に示したのは、typeの一例です

input要素のタイプ属性

type="text"	最も基本的なテキストの入力欄
type="email"	メールアドレスの入力欄
type="tel"	電話番号の入力欄
type="radio"	ラジオボタン（選択ボタン）

input以外のフォーム要素

<select>	セレクトボックス
<textarea>	長い文章などを入力する大きなテキストエリア
<button>	送信ボタンなど

②フォームの大枠の作成

form要素を設置し、その中に定義リストを設けて項目を入れていきます。このタグによってフォームが作成できます。入力欄（dd要素）はここでは空にしておきます。

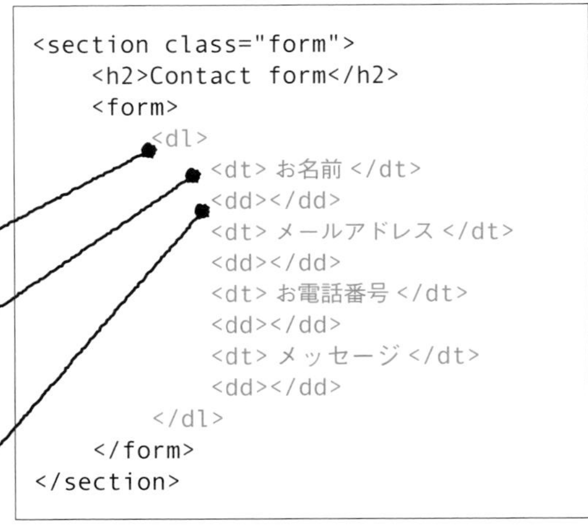

```
<section class="form">
    <h2>Contact form</h2>
    <form>
        <dl>
            <dt> お名前 </dt>
            <dd></dd>
            <dt> メールアドレス </dt>
            <dd></dd>
            <dt> お電話番号 </dt>
            <dd></dd>
            <dt> メッセージ </dt>
            <dd></dd>
        </dl>
    </form>
</section>
```

<dl>
定義リストを表す。終了タグが必須。

<dt>
定義リストの用語を表す。終了タグは省略可能。

<dd>
定義リストの定義語の説明部分を表す。終了タグは省略可能。

Contact form

お名前
メールアドレス
お電話番号
メッセージ

項目はいくらでも入れられますが、入力欄が多すぎるとユーザーに敬遠されます。必須なものだけに絞り込みましょう

③特定のフォームにクラス名をつける

今回は、「お名前」と「メールアドレス」にclass名を設定して、必須入力扱いにしてみましょう。span要素で項目名を囲み、class属性で「required」という名前をつけてみます。

```
<dl>
    <dt><span class="required"> お名前
</span></dt>
    <dd></dd>
    <dt><span class="required"> メール
アドレス </span></dt>
    <dd></dd>
    <dt> お電話番号 </dt>
    <dd></dd>
    <dt> メッセージ </dt>
    <dd></dd>
</dl>
```

④名前入力欄の属性を設定

それぞれの入力欄の属性を設定します。まずは「お名前」入力欄です。「お名前」項目のinput要素のtype属性を「text」と指定し、name属性とclass属性をいずれも「name」とします。

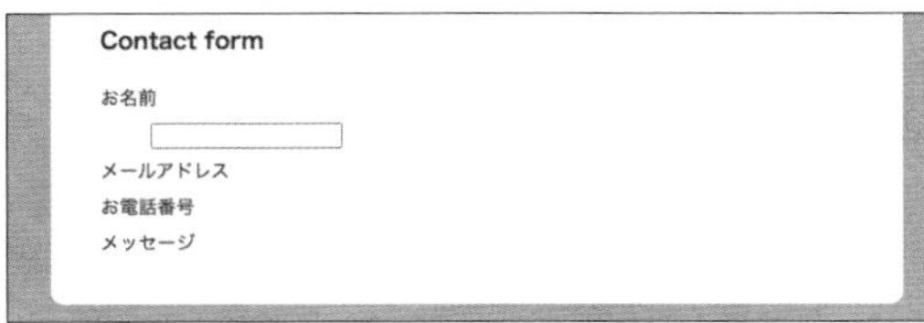


```
<dl>
    <dt><span class="required">お名前
</span></dt>
    <dd><input type="text"
name="name" class="name"></dd>
    <dt><span class="required">メール
アドレス</span></dt>
    <dd></dd>
    <dt>お電話番号</dt>
    <dd></dd>
    <dt>メッセージ</dt>
    <dd></dd>
</dl>
```

⑤入力必須項目の属性を設定

「お名前」項目は196ページで決めたように、必須入力欄です。input要素内に「required」を記入してください。こうすると、空欄のままフォームを送信することができなくなります。

```
<dl>
    <dt><span class="required">お名前
</span></dt>
    <dd><input type="text"
name="name" class="name" required></
dd>
    <dt><span class="required">メール
アドレス</span></dt>
    <dd></dd>
    <dt>お電話番号</dt>
    <dd></dd>
    <dt>メッセージ</dt>
    <dd></dd>
</dl>
```

⑥メールアドレスの入力欄の属性を設定

次は「メールアドレス」の属性設定です。input要素のtype属性は、「email」になります。メールアドレスも必須入力項目なので、「お名前」と同様にrequired属性を設定してください。

Contact form
お名前
メールアドレス
お電話番号
メッセージ

```
<dl>
    <dt><span class="required">お名前
</span></dt>
    <dd><input type="text"
name="name" class="name" required></
dd>
    <dt><span class="required">メール
アドレス</span></dt>
    <dd><input type="email"
name="email" class="email"
required></dd>
    <dt>お電話番号</dt>
    <dd></dd>
    <dt>メッセージ</dt>
    <dd></dd>
</dl>
```

⑦電話番号入力欄の属性を設定

「お電話番号」も属性を設定します。type属性は「tel」です。「お電話番号」は必須入力項目にしないので、required属性は設定しません。なるべく必須入力項目は少なくしましょう。

```
<dl>
    <dt><span class="required">お名前</span></dt>
    <dd><input type="text" name="name" class="name" required></dd>
    <dt><span class="required">メールアドレス</span></dt>
    <dd><input type="email" name="email" class="email" required></dd>
    <dt>お電話番号</dt>
    <dd><input type="tel" name="tel" class="tel"></dd>
    <dt>メッセージ</dt>
    <dd></dd>
</dl>
```

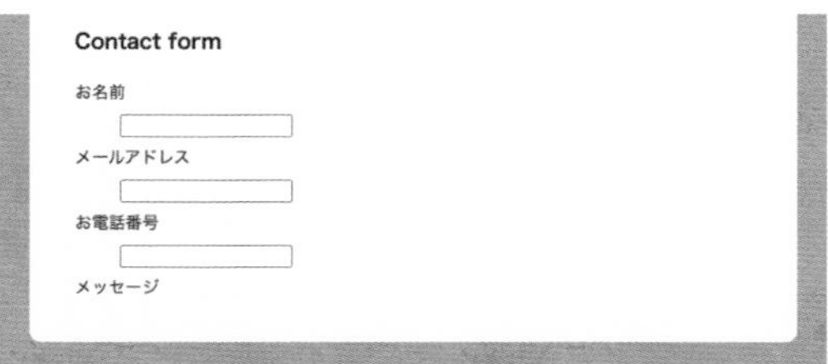

⑧長文テキストの入力欄を設定

フリーコメントの記述欄を設定します。「お名前」と違い、テキストが長文の場合はinput要素ではなくtextarea要素を使います。name属性とclass属性にそれぞれ「message」と記入してください。

```
<dl>
    <dt><span class="required">お名前</span></dt>
    <dd><input type="text" name="name" class="name" required></dd>
    <dt><span class="required">メールアドレス</span></dt>
    <dd><input type="email" name="email" class="email" required></dd>
    <dt>お電話番号</dt>
    <dd><input type="tel" name="tel" class="tel"></dd>
    <dt>メッセージ</dt>
    <dd><textarea name="message" class="message"></textarea></dd>
</dl>
```

<textarea>
複数行のテキスト入力欄を設置するタグです。名前などの入力と違い、自由記述欄の設置などに使います。cols、rows、name、disabled、readonlyといった属性があります。終了タグは必須です。

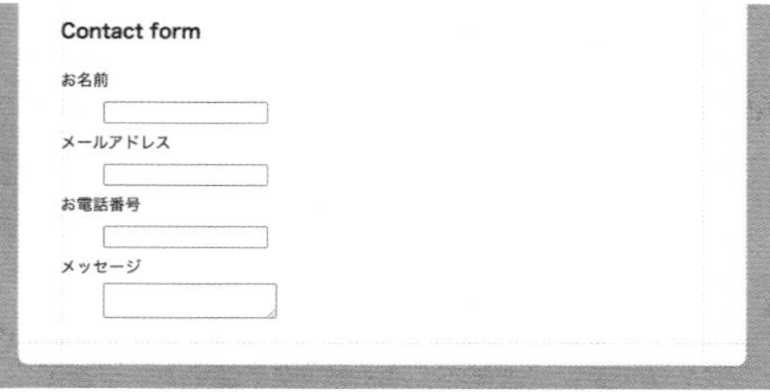

⑨送信ボタンの作成

それぞれの項目の属性設定が完了したら、dl要素の下に送信ボタンを作成しましょう。button要素を設定することでボタンが設置でき、type属性に「submit」と入力すると送信フォームが完成します。

```
<dl>
…… 省略 ……
</dl>
<button type="submit">送信</button>
```

<button>
ボタンを設置するタグです。type、name、value、disabledなどの属性があります。終了タグは必須です。

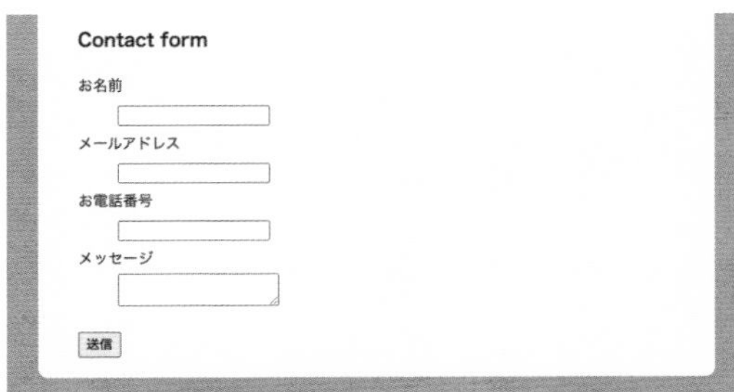

⑩コンタクトページの仕上げ

最後に、フォームの注意書きを作成します。form要素の下にp要素で右図のように入力してください。記述の位置を間違えないように気をつけましょう。これでお問い合わせページのHTMLは完成です。

```
<form>
    <dl>
…… 省略 ……
    </dl>
    <button type="submit">送信</
button>
</form>
<p>※「<span class="required"></
span>」のついている項目は必須項目です。</p>
```

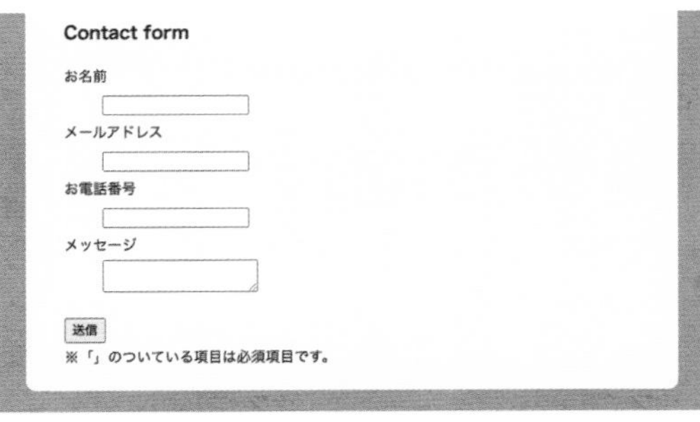

できあがったらブラウザで確認してみよう

04 目的別Webデザインの基本

お問い合わせページのCSSを書く

①contents-areaの幅を広げる

contents-areaが2カラムの幅のままになっているので、これを広げましょう。one-columnの中のcontents-areaに対して、幅が100%になるよう指定します。

②表組みと地図を左右に配置する

access-innerに対してdisplay:flexを指定し、表組みと地図が横並びに表示されるようにします。

③表組み内の文字のデザインを調整

access内のth、td要素に対して、テキスト関連の指定をし、見た目を整えていきます。

④データセルの左右に余白を設定する

td要素に、paddingで左右の余白を設定します。これで表組みのレイアウトは完成です。

⑤背景色と余白を設定

続いてフォームです。まずは、フォーム全体を目立たせるため、ページとは異なる背景色にしましょう。paddingとmarginで余白も設定します。

⑥項目名と入力欄を横並びにする

dl要素に対してdisplay:flexを指定し、項目名と入力欄が横並びになるようにします。この時点では表示が崩れていますが次のステップで修正するので問題ありません。

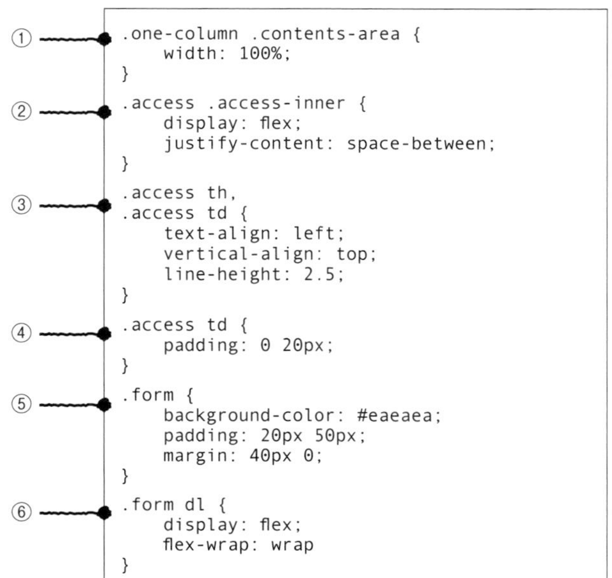

```
① .one-column .contents-area {
       width: 100%;
   }
② .access .access-inner {
       display: flex;
       justify-content: space-between;
   }
③ .access th,
   .access td {
       text-align: left;
       vertical-align: top;
       line-height: 2.5;
   }
④ .access td {
       padding: 0 20px;
   }
⑤ .form {
       background-color: #eaeaea;
       padding: 20px 50px;
       margin: 40px 0;
   }
⑥ .form dl {
       display: flex;
       flex-wrap: wrap
   }
```

①

②

③

④

⑤

⑥

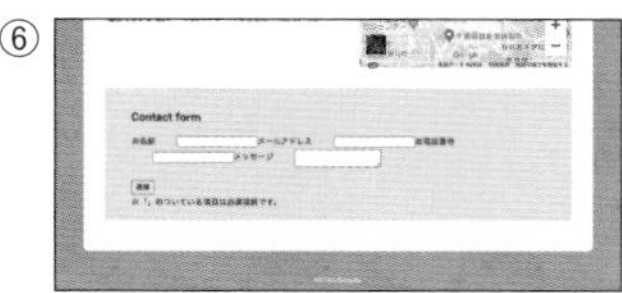

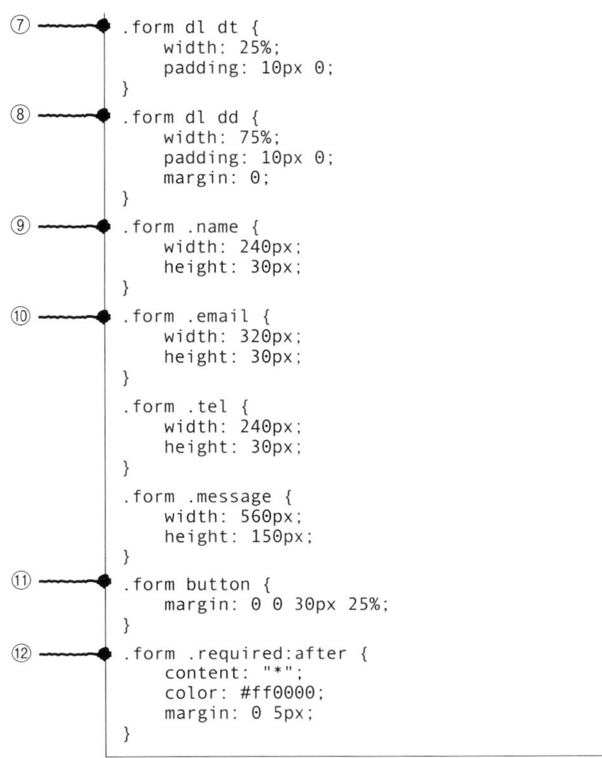

```
⑦  .form dl dt {
        width: 25%;
        padding: 10px 0;
    }
⑧  .form dl dd {
        width: 75%;
        padding: 10px 0;
        margin: 0;
    }
⑨  .form .name {
        width: 240px;
        height: 30px;
    }
⑩  .form .email {
        width: 320px;
        height: 30px;
    }
    .form .tel {
        width: 240px;
        height: 30px;
    }
    .form .message {
        width: 560px;
        height: 150px;
    }
⑪  .form button {
        margin: 0 0 30px 25%;
    }
⑫  .form .required:after {
        content: "*";
        color: #ff0000;
        margin: 0 5px;
    }
```

⑦項目名の表示エリアを調整

項目名が表示されるエリアの幅を定義しましょう。dt要素に対して横幅と上下の余白を指定してください。

⑧入力欄の表示エリアを調整

dd要素に対しても同じように幅と余白を指定します。dd要素にはデフォルトでmarginが設定されているので、それを解除するためmargin:0も入力します。

⑨名前入力欄のサイズを指定

それぞれの入力欄も拡大して見やすくしましょう。まずは「お名前」の入力欄であるnameの幅と高さを指定します。

⑩メールアドレスと電話番号欄のサイズを指定

同じように、「メールアドレス」と「お電話番号」「メッセージ」の入力欄に対してもそれぞれ幅と高さを指定します。「メッセージ」はユーザーが入力しやすいよう大きめの値を指定しましょう。

⑪送信ボタンの表示位置を調整する

送信ボタンが左に寄ってしまっているので、marginを使って表示位置を調整します。

⑫必須項目に赤い印をつける

必須項目につけておいたclass属性requiredに、擬似要素を使って赤い印が表示されるように指定します。お問い合わせページは完成です。

⑦

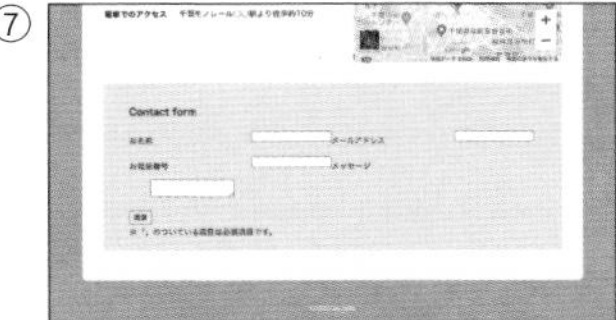

⑧

⑨

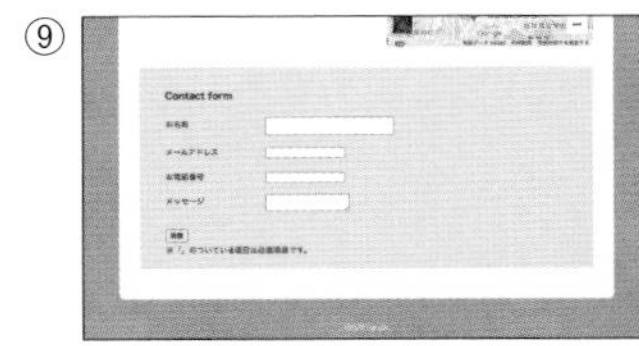

⑩

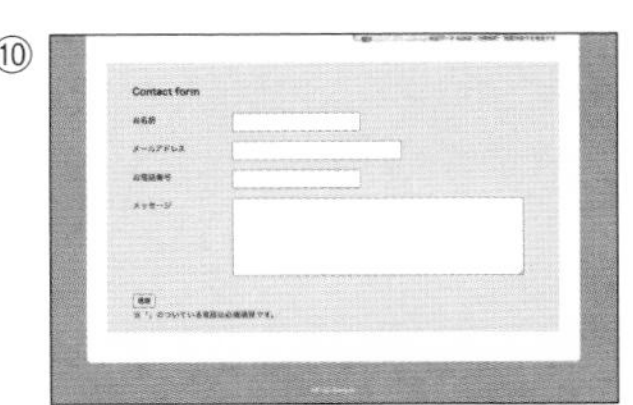

⑪

⑫

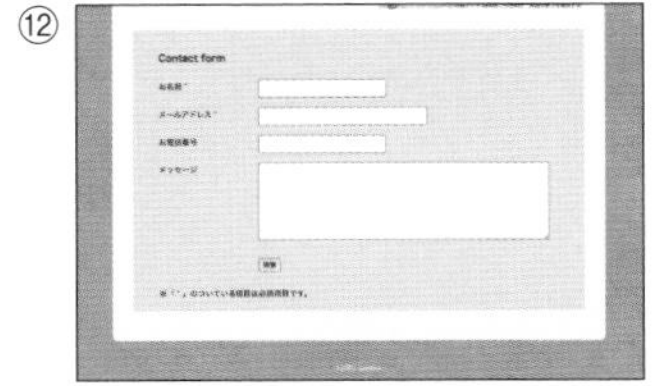

CHAPTER 04

KEY WORD レスポンシブデザイン

24 マルチデバイスに対応させる

あなたのウェブサイトは、必ずしもPCのみで閲覧されるとは限りません。近年ではユーザーがスマホやタブレットなど様々なデバイスでサイトを閲覧する可能性があり、複数のデバイスで快適に見られるように最適化するサイト設計はもはや必須なのです。

どんなデバイスから閲覧しても表示が最適化されるサイトは、ひとつのHTMLによって作成することができます。マルチデバイスに対応するための「レスポンシブデザイン」の考え方と、レスポンシブデザインを実現するためのコードについて解説しましょう。

レスポンシブデザインとは？

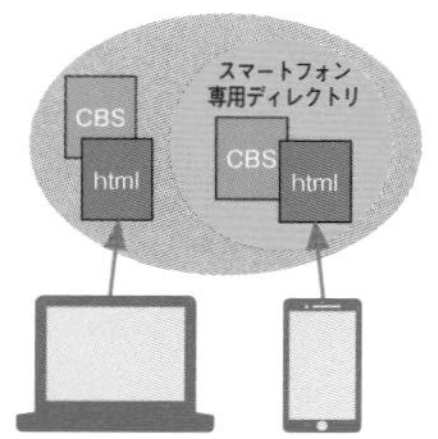

スマートフォン用の別ファイルと、別のページURLを用意する必要があった。

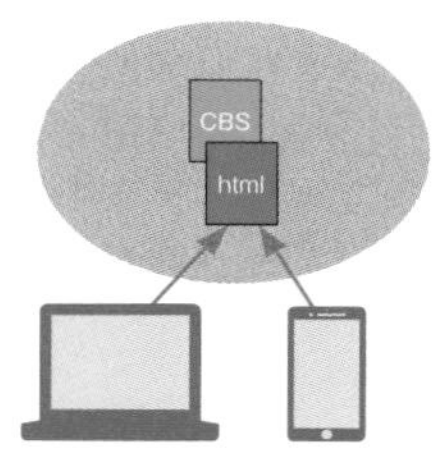

一つのファイルとURLを用意するだけで複数デバイスに対応可能になった。

スマホ用の配置をイメージする

レスポンシブデザインのウェブデサイトを作成しようという場合には、PC向け表示のデザインカンプとは別に、右図のようなスマホ用のデザインカンプを作成します。

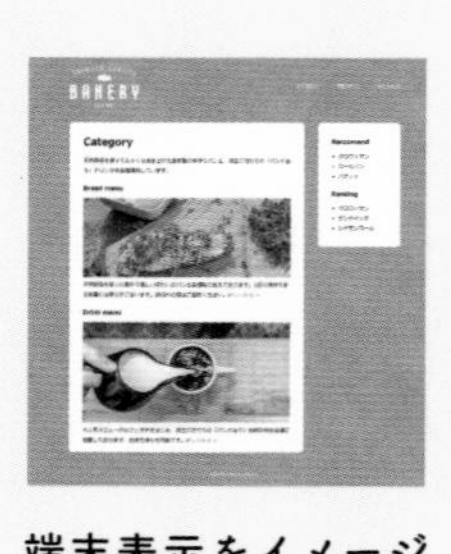

端末表示をイメージしながら、要素の配置をPC版からどうアレンジするか決めていきます。

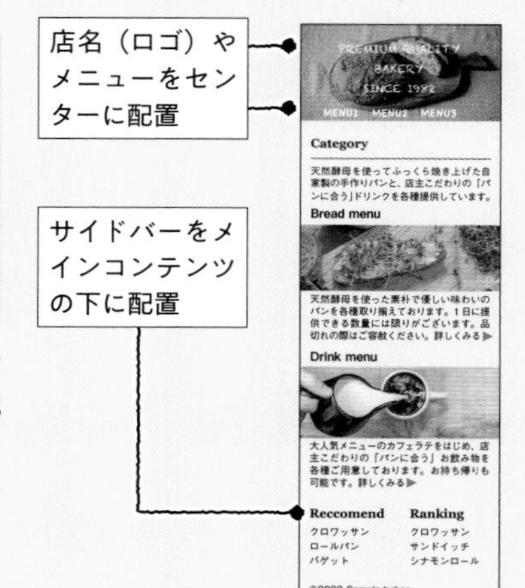

レスポンシブデザインの準備

表示領域を設定する「viewport」とは？

デバイスの画面に表示される領域を指定するのが「viewport」です。PC用のページをそのままスマホで表示すると要素が収まらなかったり、縮小されて文字が見えづらくなったりしてしまいます。それを防ぐため、画面の表示領域を指定するのです。

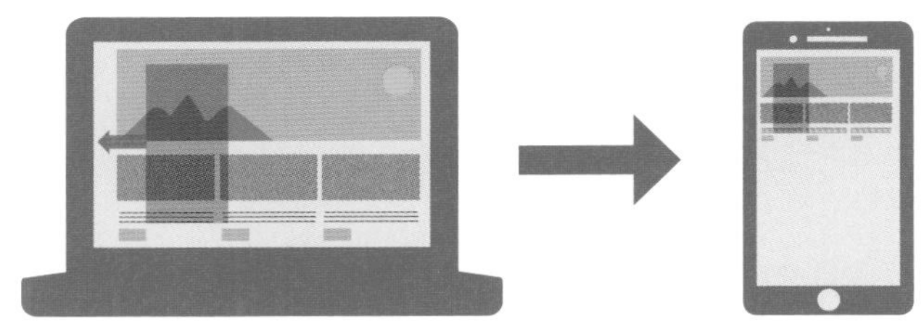

「viewport」を記述する

①category.htmlにmeta要素を追加

ここでは試しにCategoryページにviewportを設定し、スマホ用のレイアウトを作ってみましょう。まずはcategory.htmlを開いてください。head要素の中にmeta要素を配置し、name属性でviewportと入力します。これでviewportを設定できます。

②content属性を記述する❶

次はcontent属性の値を入力しましょう。まずはviewportの幅を示す「width」の値を指定します。幅はどんな値にも変えることができますが、レスポンシブデザインではデバイスごとに画面の幅が変わることに留意し、端末の画面幅に合わせる「device-width」にします。

③content属性を記述する❷

初期のズーム倍率を指定するための「initialscale」の値を指定しましょう。端末の画面に合わせて最適化した表示サイズにするため、拡大や縮小は不要です。倍率は「1」にします。

viewportはサイト内のすべてのページで設定する必要があります

```
<!DOCTYPE html>
<html>
<head>
    <meta charset="UTF-8">
    <title>Category | PREMIUM QUALITY BAKERY</title>
    <link href="css/style.css" rel="stylesheet">
    <meta name="viewport" content="width=device-width,initial-scale=1">
</head>
<body>
...... 以下省略 ......
```

check ブレイクポイントとメディアクエリ

ブレイクポイント

レスポンシブデザインでは、画面の横幅を基準にしてプログラムが閲覧者のデバイスを判断し、CSSを切り替えます。この切り替え地点の数値が「ブレイクポイント」です。たとえばiphone8のブラウザの横幅は375pxなので、「横幅が375px以下であればスマホ用のページを表示する」といったように指定します。

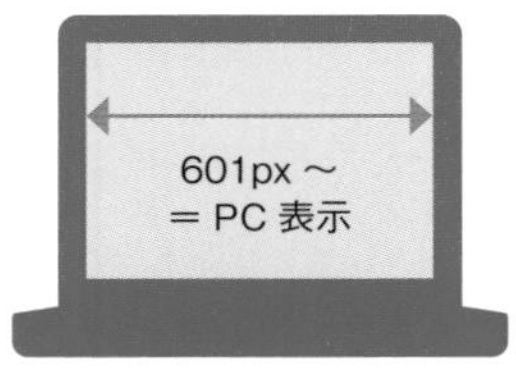

一般的に使われることが多い値でブレイクポイントを指定します。

メディアクエリ

決めたブレイクポイントを指定するには、「メディアクエリ」を使います。メディアクエリの入力方式には2種類あります。ブレイクポイントごとに別々のCSSファイルを読み込ませる場合にはlink要素に記述し、一括にする場合はCSSファイルに直接記述します。本書では、後者のCSSファイルに直接記述する方式をとります。

```
<link href="css/sp.css"
rel="stylesheet" media="screen and
(max-width:600px)">
```

画面の幅が600xより狭い場合、sp.cssが適用される、と記述します。

メディアクエリを記述する

①style.cssの記述

style.cssを開き、右のように加筆してください。「@media」がメディアクエリを意味し、「screen」は画面のことです。「and」以降はスタイルが適用される条件を表しており、この場合は幅が600px以下の場合には記述されたスタイルを適用する、ということになります。

②コメントの記述

コードには、コメントを記述しておくようにしましょう。慣れないうちは自分が書いた部分が何を意味するコードなのかをすぐに忘れてしまいます。また、ウェブの外注業者を入れたり、誰か他の人に引き継いだりする際にもコメントつきのほうがスムーズです。

```
/* ------ 画面サイズが600px以下の場合に
適用 ------ */
@media screen and (max-width: 600px)
{
}
```

最近はモバイルファースト
という考えが浸透しつつあります

One point

メディアクエリは「大きい→小さい」という順に記述するか「小さい→大きい」の順に記述するか、どちらかに統一しましょう。

ブラウザでの表示確認

①デベロッパーツールを起動

chromeの画面上で右クリックし、メニューから「検証」をクリックします。画面の右側がソースコードになった画面が、デベロッパーツールです。

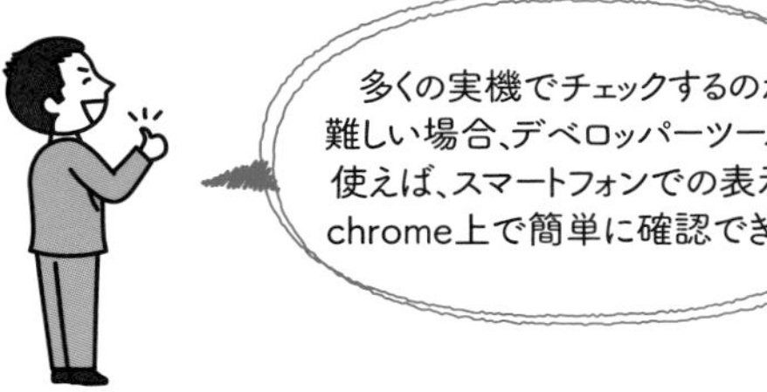

多くの実機でチェックするのが
難しい場合、デベロッパーツールを
使えば、スマートフォンでの表示を
chrome上で簡単に確認できます

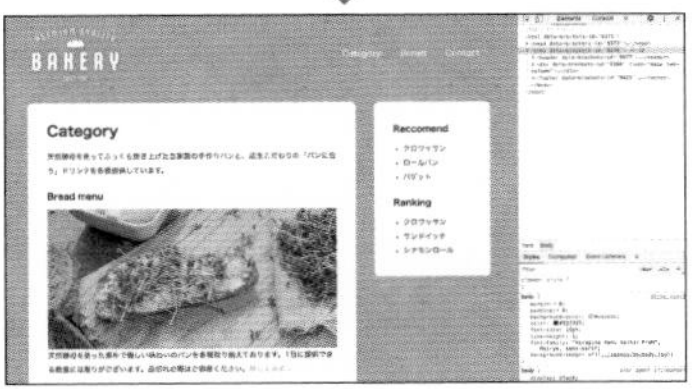

②スマホ表示に切り替え

デベロッパーツールの左上にスマホとタブレットのマークがあるので、クリックしてください。クリックすると、画面左側の表示が表示画面のプレビューになります。

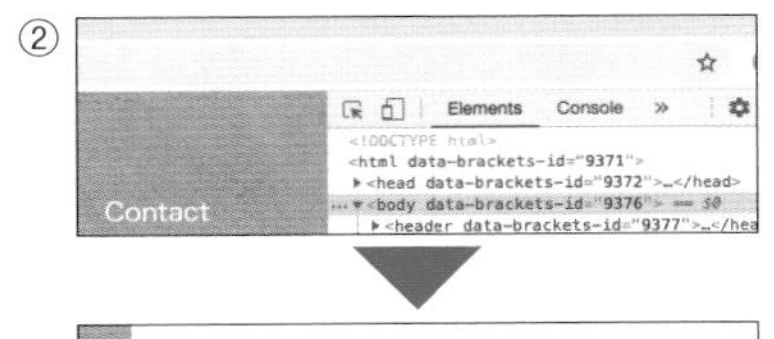

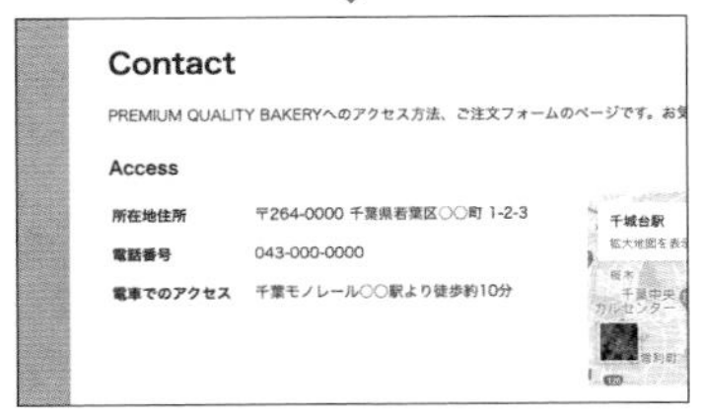

③プレビュー用の機種を選択

最新版の機種はchromeが対応していないことがあります、その場合は最も近い機種を選んでください。今回は「iphone 6/7/8」を選択します。

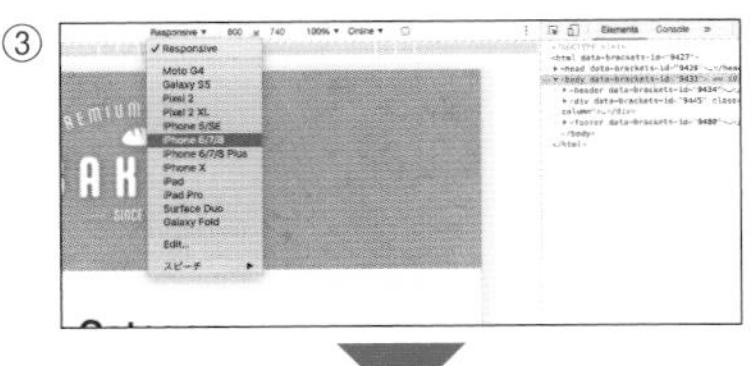

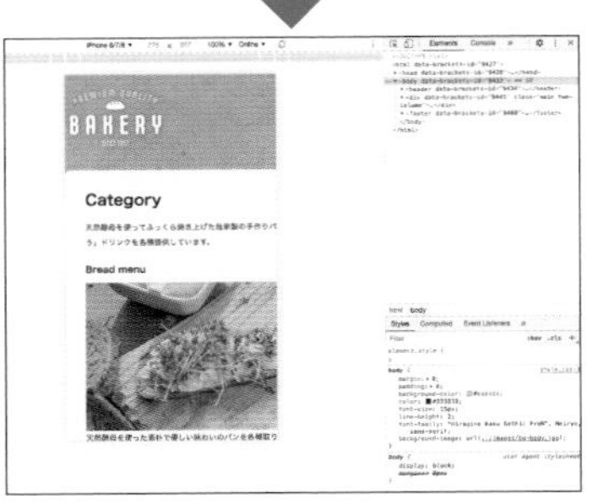

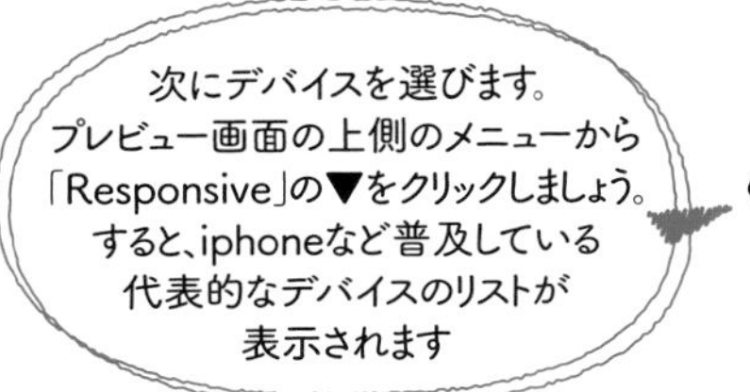

次にデバイスを選びます。
プレビュー画面の上側のメニューから
「Responsive」の▼をクリックしましょう。
すると、iphoneなど普及している
代表的なデバイスのリストが
表示されます

プロの制作会社であれば、普及しているいくつもの実機で表示を試しながらレスポンシブデザインを調整します。今回はデベロッパーツールによるプレビューを活用しますが、あなたのスマホや家族・友人などの手を借りて幾つかのデバイスで実際に試すことをおすすめします。

レスポンシブデザインのCSSを書く

①

①文字サイズを指定

メディアクエリの{ }内に書き込むことでスマホ用のスタイルを記述することができます。bodyセレクタに対してfont-sizeで文字サイズを指定します。

②

②見出しサイズを指定

h1要素、h2要素についてもfont-sizeプロパティで、スマホ表示された際の見出しのサイズを指定していきます。

③

③header要素のサイズを調整

header要素はPC表示時には960pxに指定してあります。これを可変させるためにautoを指定し、高さも変更します。

④要素の並び方を変更

PCでは横並びになっていたロゴとナビゲーションを縦積みに変更しましょう。flex-directionプロパティを使用します。

④
⑤

⑤要素の配置を調整

justify-contentプロパティで要素の配置を調整します。余白を均等に配置するspace-aroundを指定しましょう。

⑥ロゴの配置を微調整

ロゴとページの上辺がやや詰まっているので、margin-topで余白を微調整します。

⑥
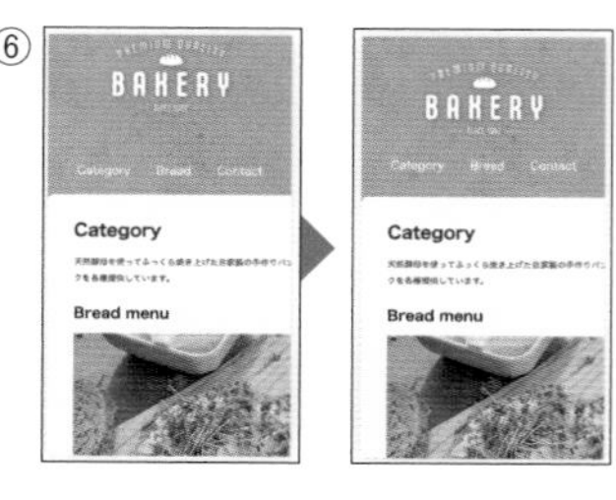

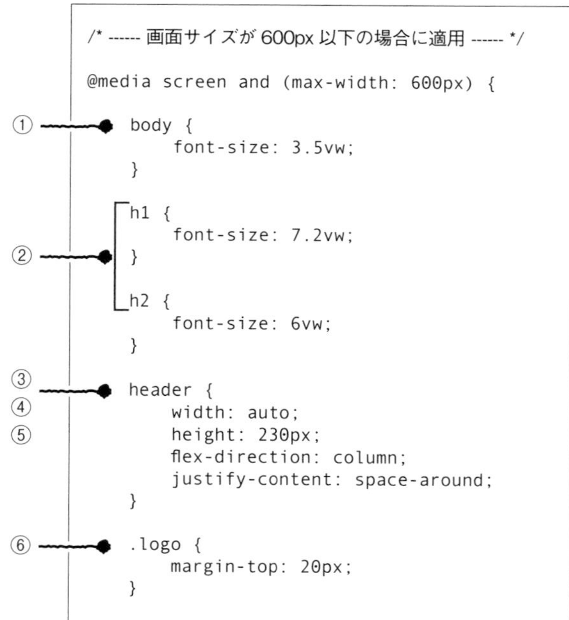

```
/* ------ 画面サイズが600px以下の場合に適用 ------ */

@media screen and (max-width: 600px) {

①    body {
          font-size: 3.5vw;
      }

      h1 {
          font-size: 7.2vw;
②    }

      h2 {
          font-size: 6vw;
      }

③
④    header {
⑤        width: auto;
          height: 230px;
          flex-direction: column;
          justify-content: space-around;
      }

⑥    .logo {
          margin-top: 20px;
      }
```

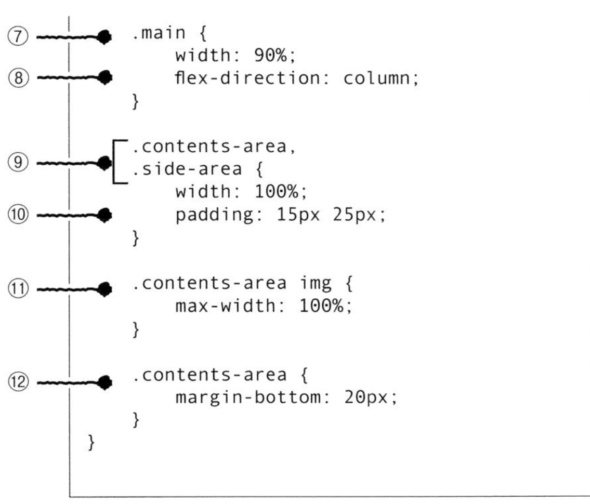

```
⑦ ──●  .main {
            width: 90%;
⑧ ──●       flex-direction: column;
        }

       ┌.contents-area,
⑨ ──●  └.side-area {
            width: 100%;
⑩ ──●       padding: 15px 25px;
        }

⑪ ──●  .contents-area img {
            max-width: 100%;
        }

⑫ ──●  .contents-area {
            margin-bottom: 20px;
        }
    }
```

⑦

⑧
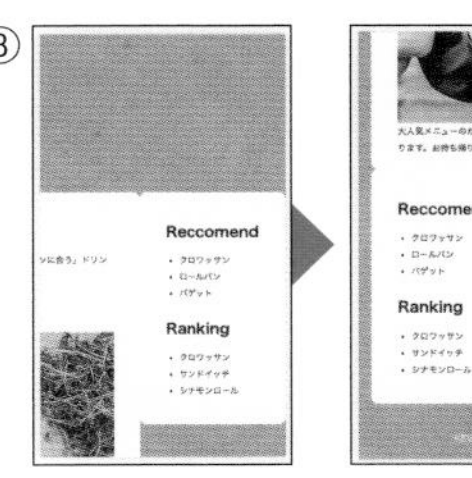

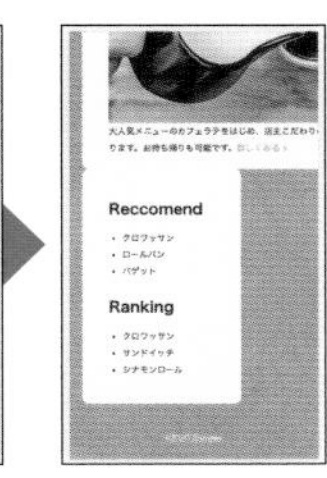

⑨

⑩

⑪

⑫

⑦コンテンツエリアの調整

次にメインとなるコンテンツエリアの調整です。PCでは960pxとなっていたmainの幅を90%に指定しましょう。子要素の幅が端末より大きいのではみ出ていますが、この時点では気にせず進めてください。

⑧サイドバーを縦積みにする

PCでは右に配置していたサイドバーを、flex-directionで縦積みにします。右にあったサイドバーが下に移動します。

⑨コンテンツのはみ出しを解消する

はみ出しを解消するためcontents-areaとside-areaの幅を100%に設定します。

⑩余白を調整する

内側の余白がPCのデザインのままなのでpaddingを指定して調整します。

⑪画像のはみ出しを解消する

画像だけがまだはみ出ているのでimg要素にmax-widthを指定します。

⑫コンテンツ間の余白を調整する

content-areaにmargin-bottomを指定して、side-areaとの間に余白を作ります。
以上で、このページのスマホ用レイアウトは完成です。

CHAPTER 04

KEY WORD ファビコン

25 ファビコンを設定しよう

ウェブブラウザのタブやブックマークの表示に、小さなアイコンが表示されているのを見たことがあるのではないでしょうか。これが「ファビコン」です。ファビコンは地味に思えるかもしれませんが、ウェブサイトの存在感を増す隠れた重要要素です。ぜひ、設定しましょう。

ファビコンは多くの場合、サイトを運営する企業やサービスのロゴをそのまま、あるいはファビコン用に簡略化して用いています。もともとのロゴがなかったり個人サイトだったりする場合は、あなたのサイトの内容を端的に表す、シンプルなファビコンを自分で作成しましょう。

ファビコンの画像を作成して表示させよう

画像を作成する

まずはファビコン用の画像を作成しましょう。100×100pxほどの正方形の画像を作成し、jpg、png、gifのいずれかの方式で保存します。これがファビコンに使う画像になります。ファビコンの作成はphotoshopでも可能ですが、Web上に無料の作成ツールも公開されているので検索してみましょう。

OLサービスを使ってICOファイルを作成

ウェブブラウザやOSによる表示の違いに対応するため、複数のサイズをひとまとめにしたICOファイルを作成し、自動でサイズが変換されるようにしましょう。今回はオンラインサービスのfavicon generator（https://realfavicongenerator.net/）を使用します。

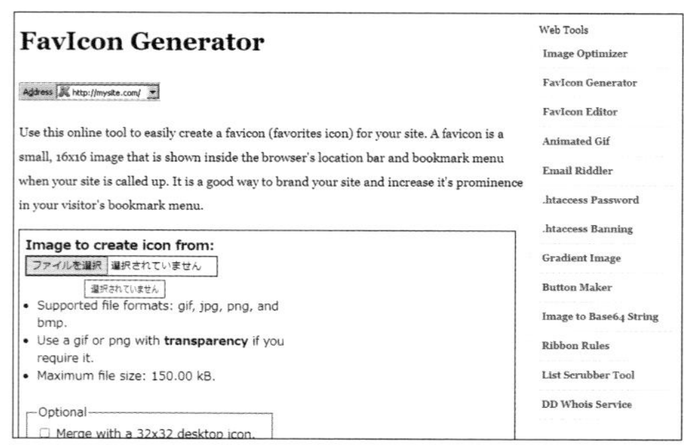

「ファイルを選択」をクリックしてください。保存しておいた画像をアップロードしましょう

①「ファイルの選択」から作成しておいたファイルを選択してアップロード

②「Optional」枠内の2つのチェックボックスにチェックを入れる

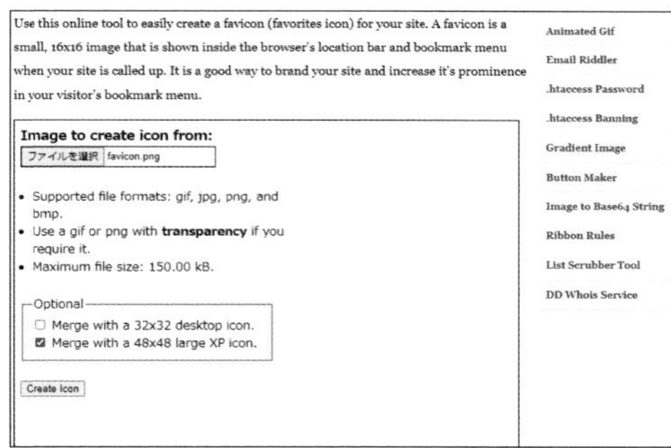

③「Create Icon」をクリックしてプレビューを表示させる

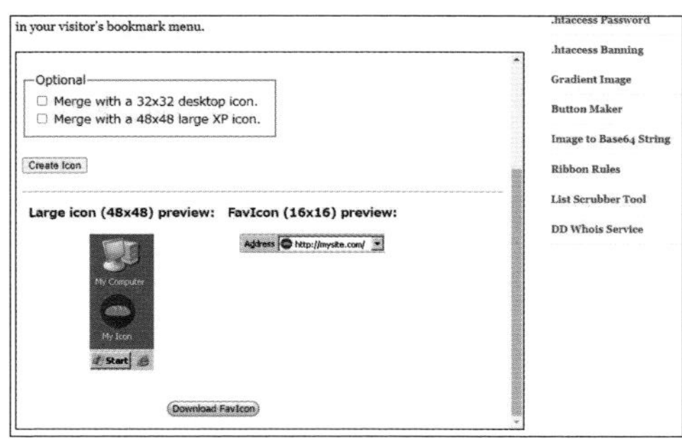

④「Download Favicon」をクリックしてダウンロードし、作業フォルダに保存します

HTMLにLINK要素を追加

ファビコンの画像を表示させるためには、HTMLファイルにlink要素を追加し、画像をリンクさせる必要があります。この記述はすべてのページに対して行う必要があるので、注意しましょう。今回はindex.htmlを記入例としています。

①index.htmlを開き、head要素内の7行目に以下のコードを記入

```
<link href="favicon.ico"
rel="shortcut icon">
```

②ブラウザを起動して確認

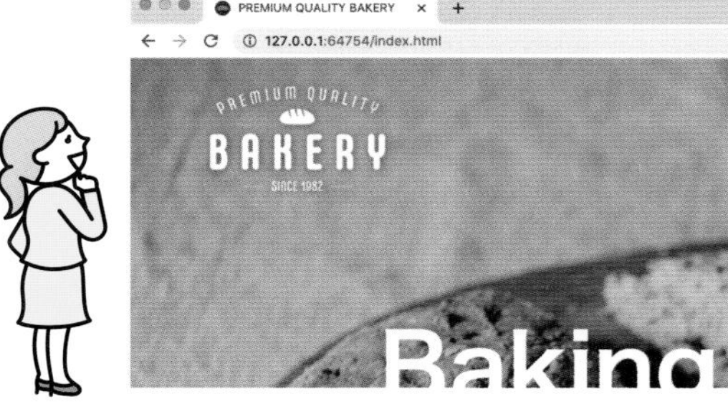

WEB DESIGN
MIRUDAKE
NOTE

CHAPTER 05

Webの公開

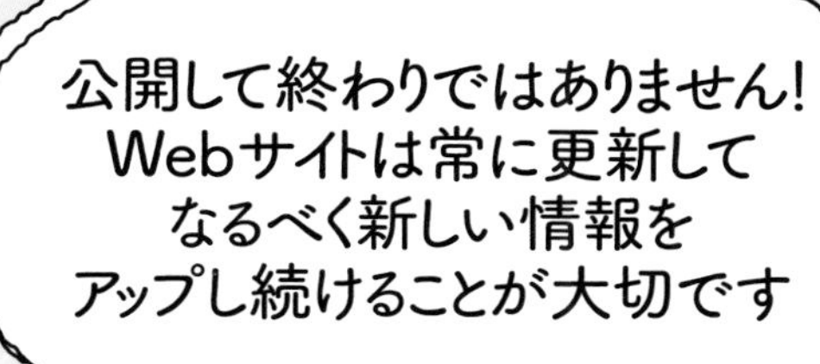

公開して終わりではありません!
Webサイトは常に更新して
なるべく新しい情報を
アップし続けることが大切です

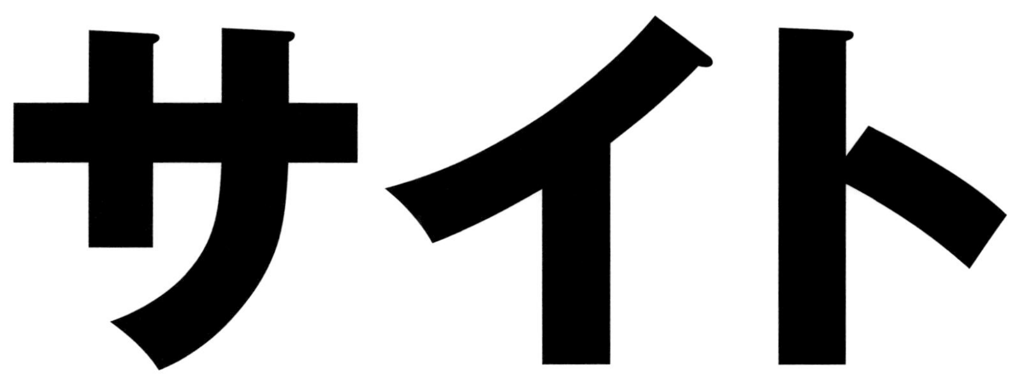

ファイルが完成したら、いよいよWebサイトの公開です。作成したファイルは、インターネット上で公開することで初めて、世界中からアクセスできるようになります。目的にあったレンタルサーバの選び方から、Webサーバーへの接続方法やアップロードの手順、そして最終確認まで。Webサイト公開まであと一歩です。最後まで気を抜かず、楽しんで情報発信しましょう。

KEY WORD レンタルサーバー

CHAPTER 05

01 Webサイト公開までの準備

ついにWebデザインが完成しました。「お疲れ様でした」と、言いたいところですが……作ったWebサイトを多くの人に見てもらうためには、さらにひと手間が必要です。あと少しで晴れてインターネット上に公開できますので、もう少しがんばりましょう。

Webサイト公開の第一歩として、Webサーバーの契約が必要です。本書21ページで解説した**レンタルサーバー**を契約し、自分の公開スペースを持ちましょう。また16ページで説明した通り、有料でも月額で概ね500～600円程度ですが、無料サービスもあります。ただし、無料の場合は容量や機能が劣ります。

有料と無料のレンタルサーバーの違い

プロパティ	使用料	広告表示	容量	ドメインの設定自由度	機能
レンタルサーバー（有料）	200～600円程度	なし	多い	高い	多い
プロバイダの有料サーバー	200～300円程度	なし	やや少ない	やや高い	少ない
プロバイダの付属サーバー	無料	なし	少ない	低い	少ない
プロパテ無料のレンタルサーバーィ	無料	あり	少ない	やや低い	少ない

集客目的であれば
有料のサーバーを
おすすめします

こうして比較してみると、すべての項目が優れていて、使いやすいのはやはり有料のレンタルサーバーでしょう。月額数百円で利用できる上、大容量なので重いWebサイトでもサクサクと開けるのが最大のメリットです。広告表示もないので、見る側も煩わしさを感じることはありません。

アップロードから公開までの流れ

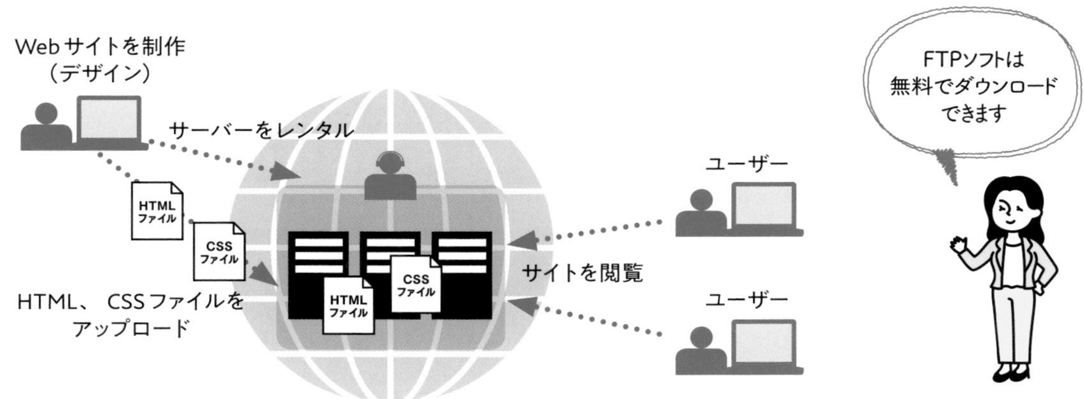

作成したHTMLファイルとCSSファイル。これをレンタルしたWebサーバーにアップロードすることで晴れてWebサイトは公開されます。かつてサーバーにファイルをアップロードする際にはFTPソフトを使用するのが一般的でしたが、最近はFTPソフトを接続せずともアップロードができる仕組みになっていることも多いです。

初心者向けのレンタルサーバー

ロリポップ!レンタルサーバー

https://lolipop.jp/
国内シェアNo1。月額100円～のプランもあり。

さくらレンタルサーバー

https://www.sakura.ne.jp/
月額131円から使用できる。電話サポート、バックアップ機能もあり。

05 Webサイトの公開

CHAPTER 05

KEY WORD FTP ソフト

02 Webサーバーに接続する

最近はFTPソフトを使用しなくてもWebサイトをアップできるサーバーが多いことは前項でも少し触れましたが、念のためFTPソフトの起動方法や実際にWebサーバーに接続する流れなどをもう少し説明します。FTPソフトには様々な種類がありますが、今回はFileZillaを紹介します。

FileZillaは2001年にリリースされた歴史ある無料のFTPソフトで、初心者向けとしても好評です。FTPソフトの中ではFileZillaとFFFTPが比較されることがありますが、FileZillaはFFFTPの倍以上の速度でファイルをアップすることができるうえ、最新版へのチェックも自動で行え、簡単にアップデートできます。

FileZillaの設定と起動

FileZillaの設定と起動

FileZillaをダウンロードしたら、まずは言語設定を日本語にしてください。Macでは「アプリケーション」フォルダ内のFileZillaをダブルクリックすれば開きます。いつでも使えるように、Macを使用している場合はDockに追加しておくといいでしょう。Windowsの場合はスタート画面からFileZillaをクリックして起動してください。

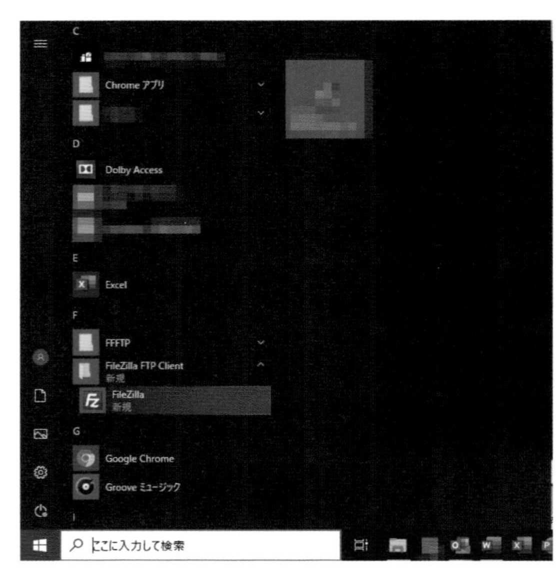

「ファイル」→「サイトマネージャー」と進み、「新しいサイト」ボタンをクリックしてください。その後で新規サイト名を入力します。続いて、右側にあるホスト名、パスワードなどの情報入力を行います。

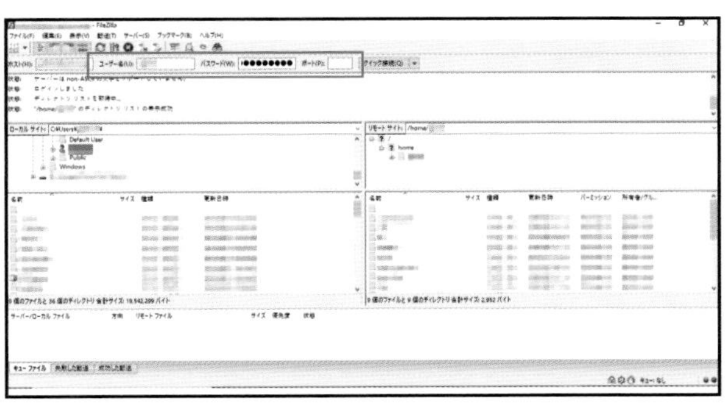

①必要事項の入力

「ホスト」欄に「ホスト名」、「ユーザ名」欄に「ユーザ名」、パスワード欄に「FTPパスワード」を入力します。これらはレンタルサーバーの申し込みの際に発行されるもので、接続の際に必要になるので忘れずにメモしておきましょう。

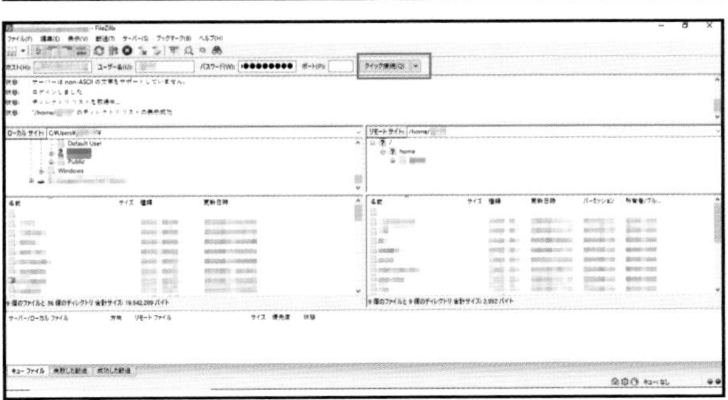

②接続と終了

「クイック接続ボタン」をクリックすれば、それでWebサーバーへの接続は完了です。

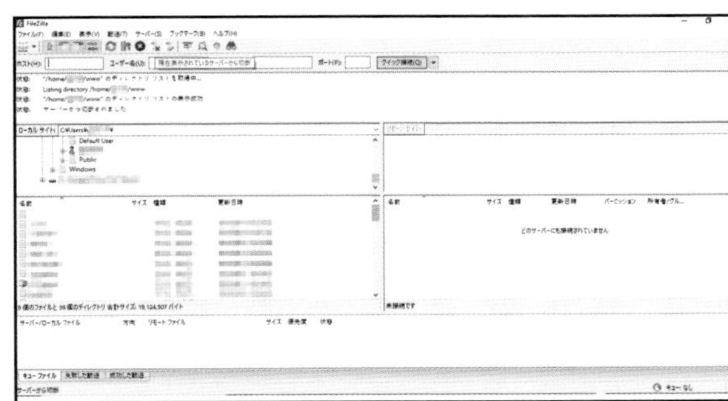

③サーバーから切断

Webサーバーとの通信を終了するときには「現在表示されているサーバから切断」ボタンをクリックして通信を切断することができます。

④Webサーバーと再接続

以前に接続したWebサーバーと再び接続する場合は、「クイック接続」ボタンの右にある「▼」ボタンをクリックし、そこから「ユーザー名@ホスト名」と書かれた項目をクリックすると再接続できます。

サーバーのホスト名やパスワードをいちいち入力するのは面倒……という場合は、それらを記憶させることも可能です。Webサイトは公開するだけでなく、定期的な更新などが必要になるので、ぜひ利用したい機能です。

CHAPTER 05

KEY WORD ファイルをアップロード

03 ファイルをアップロードする

いよいよ、ファイルをアップロードします。ここまで来たらゴールは間近。でも、ここでファイルがうまくアップロードされないと手間取ってイライラすることになるので、一つひとつの手順をしっかりと確認しながら進めましょう。

①アップロードの方法

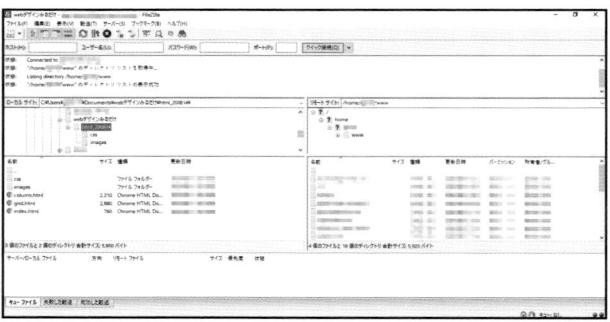

まずはFileZillaを立ち上げて、FileZillaのローカルサイトから「ユーザー名」→「デスクトップ」→「ドキュメント」にアクセスし、「ドキュメント」内にある対象フォルダ（アップロードするファイルを収めたフォルダ）をダブルクリックします。

②フォルダの中身を確認

左側にアップするフォルダの中身が表示されたことを確認します。

上の工程で大事なことは、アップロードするファイルを間違えずに選択することでしょう。ここで間違えてしまうと違うファイルがアップロードされてしまいます。焦らず、対象のファイルを選択するようにしてください。

③アップロード開始

Webサーバーに接続し、対象フォルダ内のすべてのファイルを選択してください。そのまま右側にドラッグすればアップロードが開始されます。大きなファイルが含まれる場合、少し時間がかかりますが、アップロードが済むまではそのまま待ちましょう。

④上書きする場合

Webサイトを更新する場合など、ファイル名が同じだとダイアログが出てファイルのアップロードがされませんが、「上書き」を選べば最新のファイルに置き換えられます。

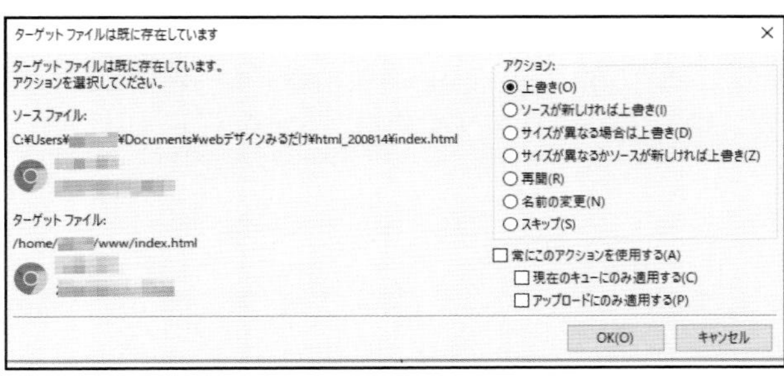

⑤アップロード完了

FileZillaの動作が止まればアップロードが完了した合図。Windows10ではデスクトップにアップロード完了の通知が来ます。これで無事に自ら作ったWebサイトが公開されました。

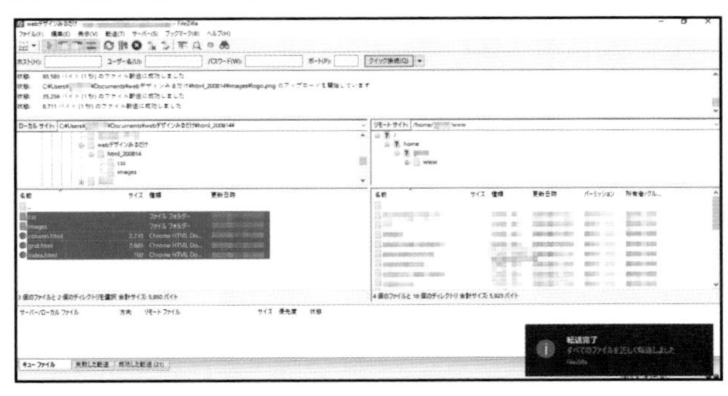

Webサイトのイメージ固めから始まり、HTMLやCSSのコード書きなど、慣れない作業の連続で混乱したかと思いますが、するべきことはこれでほぼ完了しました。最後は、自ら作ったWebサイトがイメージ通りに公開されているか最終確認をしましょう。

CHAPTER 05

KEY WORD 最終確認

04 Webサイトを確認する

長い工程を経て、ようやくWebサーバーへのアップが完了しました。長かった工程もこれで終了です。最後に実際に自分で確認してみて、きちんと望み通りの状態で公開されているかどうかを確認してみましょう。

初めてのWebデザインで、慣れない人がHTMLやCSSと格闘し、ファイルを書き上げていく大変さは並大抵ではありません。しかし、その苦労も自分で作ったWebサイトを見れば報われることでしょう。

URLを入力して確認しよう

①公開状態を確認する

まずはブラウザーを立ち上げて、アドレスバーに自分のWebサイトのURLを入力。Enterキーを押します。きちんと表示されていれば、アップロードは成功したことになります。ざっと見てみて、画像は正しく表示されているか、クリックボタンを押すとリンク先に飛べるか、などを確認してください。

思った通りのデザインで表示されているか確認してみましょう

パソコンでの確認が終わったら、スマートフォンやタブレットなど、お手持ちの他の端末でも正しく、マルチデバイス対応なども、この段階で再チェックしておきましょう。想定通りの形で表示されているかを確認します。

②ページの概要を記録する

検索したユーザーに内容がわかりやすいよう、ページの概要を記しておきましょう。検索結果にはタイトルと概要が表示されるので、ユーザーが概要を見て、役立ちそうかを考える判断材料となります。具体的には下の青枠のようにテキストを追加することで、概要が表示されるようになります。なお、テキストは70文字前後にしましょう。

```
<!DOCTYPE html>
<html>

<head>
    <meta charset="UTF-8">
    <meta name="description" content="天然酵母を使ってふっくら焼き上げた自家製のパンを各種取り揃えております。地元の野菜を使った四季折々の味わい、素材を厳選したこだわりのドリンクメニューもお楽しみいただけます。">
    <title>サンプルベーカリー</title>
    <link href="css/style.css" rel="stylesheet">
</head>

```

③タイトルをつける

HTMLファイルを作成したとき、<title>～</title>タグに囲まれたテキストを作成したと思います。これは検索したときのタイトルとして、一番目立つところに表示されるので、もう一度見直し、ページの内容が一目でわかるようなタイトルにしましょう。

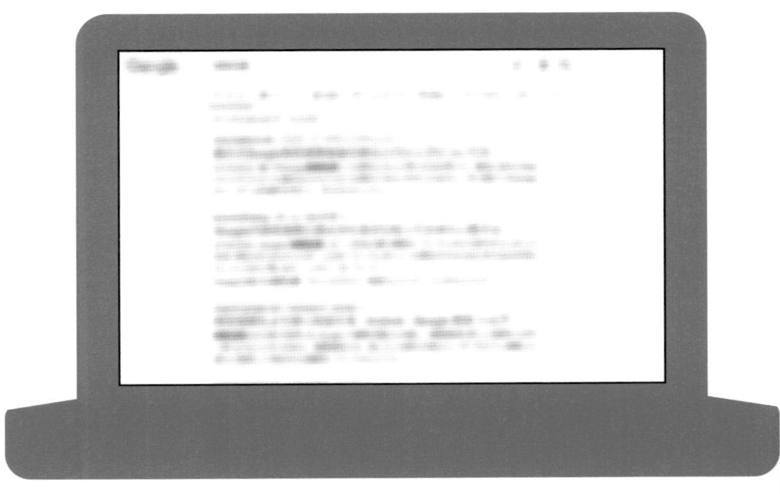

実際に検索した時に
何がどのように表示されるかも
非常に重要です。
しっかりと確認しておきましょう

これでWebサイト作成とWebデザイン、そしてアップロードの工程は終了です。あとは定期的な更新作業を行い、閲覧数を増やしていくことが大切です。本書を参考にぜひ魅力的なWebサイトを制作し、集客などビジネスに役立てましょう。

掲載用語索引

アルファベット

あ行

か行

さ行

た行

な行

は行

ま行

や行

ら行

わ行

特別ダウンロード特典

以下URLにて本書で作成したWebサイトが公開されています。こちらから各サイトのHTMLとCSSをコピーすることができます。ぜひご活用ください。

①フルスクリーン

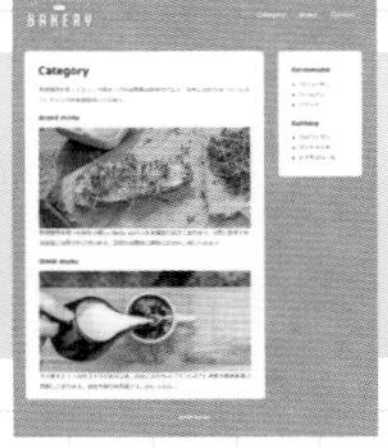

②2カラム

③グリッドレイアウト

お問い合わせページ

① https://hattoriyuki.com/mirudake-note/
② https://hattoriyuki.com/mirudake-note/category.html
③ https://hattoriyuki.com/mirudake-note/bread.html
④ https://hattoriyuki.com/mirudake-note/contact.html

ユーザー名：user
パスワード：mirudake

主要参考文献

HTML & CSSとWebデザインが1冊できちんと身につく本
服部雄樹　著（技術評論社）

いちばんやさしいHTML5 & CSS3の教本
赤間公太郎、大屋慶太、服部雄樹　著（インプレス）

1冊ですべて身につくHTML & CSSとWebデザイン入門講座
Mana　著（SBクリエイティブ）

スラスラわかるHTML & CSSのきほん　第2版
狩野祐東　著（SBクリエイティブ）

目的別に探せて、すぐに使えるアイデア集　Webデザイン良質見本帳
久保田涼子　著（SBクリエイティブ）

初心者からちゃんとしたプロになるWebデザイン基礎入門〈HTML、CSS、レスポンシブ〉
栗谷幸助、おのれいこ、藤本勝己、村上圭、吉本孝一　著（エムディエヌコーポレーション）

STAFF

編集	坂尾昌昭、小芝俊亮（株式会社G.B.）、平谷悦郎
編集・執筆協力	内山慎太郎
執筆協力	アシカガコウジ（2～3章）、服部雄樹（4章p154-209）、仲山洋平（4章p192-209）
本文・カバーイラスト	フクイサチヨ
カバー・本文デザイン	別府拓（Q.design）
DTP	矢巻恵嗣（ケイズオフィス）

監修 服部雄樹（はっとり ゆうき）

愛知県名古屋市出身。2014 年までインドネシア・バリ島で活動し、世界各国のクリエイターと交流。多くの海外案件に携わる。帰国後、服部制作室を設立。2018 年に法人化し「株式会社服部制作室」発足。Web サイトの制作だけでなく、各種 Web サービスのテンプレートデザインや UI 設計、セミナー登壇、書籍の執筆など精力的に活動中。“かっこいいを簡単に”をモットーに、海外の Web デザインを日本向けにローカライズした新しいデザインを提案している。著書に『HTML & CSS と Web デザインが 1 冊できちんと身につく本』(技術評論社)、共著に『いちばんやさしい HTML5 & CSS3 の教本 人気講師が教える本格 Web サイトの書き方』（インプレス)、『ジンドゥークリエイター　仕事の現場で使える！ カスタマイズとデザイン教科書』（技術評論社）などがある。

HTML & CSS の基本がゼロから身につく!

Webデザイン見るだけノート

2020年9月25日 第1刷発行

監修　服部雄樹

発行人　蓮見清一
発行所　株式会社 宝島社
〒102-8388
東京都千代田区一番町25番地
電話　編集:03-3239-0928
　　　営業:03-3234-4621
https://tkj.jp

印刷・製本　株式会社リーブルテック

ISBN978-4-299-00899-2